メカニズムはもちろん、
パソコンの誕生から歴史、
さらに製造工程までも徹底解説！

史上最強 カラー図解

プロが教える パソコンのすべてがわかる本

早稲田大学名誉教授
平澤茂一 監修

ナツメ社

CONTENTS

はじめに …………………………………… 7

第1部 パソコンの基礎のキソ

第1章 パソコンとは？

- ■パソコン抜きに語れない私たちのビジネス…… 10
- ■パソコン抜きに語れない私たちの日常………… 12
- ■急速に普及したパソコン…………………… 14
- ■パソコンとインターネット………………… 16
- ■デスクトップパソコンとノートパソコン…… 18
- ■デスクトップパソコンの構造……………… 20
- ■ノートパソコンの構造……………………… 22
- ■パソコンが動く仕組み……………………… 24
- ■演算装置と記憶装置………………………… 26
- ■入力装置と出力装置………………………… 28
- コラム／スーパーコンピューター…………… 30

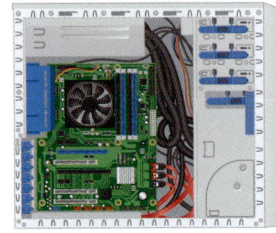

第2章 パソコンをつくる

- 現地取材 **パソコン工場**………………………… 32

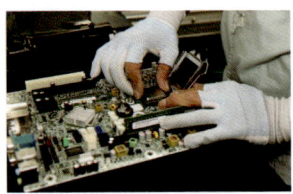

第2部 パソコンのしくみ

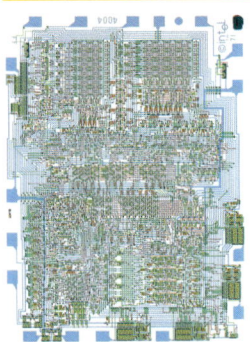

第1章 パソコンが動くしくみ

- ■CPUの仕組み………………………………… 44
- ■CPUの構造…………………………………… 46
- ■CPUの高速化………………………………… 48
- ■最新CPUの構造……………………………… 50
- ■メモリーの仕組み…………………………… 52
- ■メモリーの構造と高速化…………………… 54

- ■キャッシュ………………………………………… 56
- ■マザーボード……………………………………… 58
- ■バス………………………………………………… 60
- ■チップセット……………………………………… 62
- ■拡張スロット……………………………………… 64
- 現地取材 **マザーボード工場**………………………… 66

第2章　データを保存するしくみ

- ■データを保存する装置…………………………… 78
- ■ハードディスクドライブの仕組み……………… 80
- ■ハードディスクドライブの記録方法…………… 82
- ■ネットワーク接続ストレージ（NAS）………… 84
- ■USBメモリーとメモリーカード……………… 86
- ■光ディスクドライブの仕組み…………………… 88
- ■CD-R、RW ……………………………………… 90
- ■DVD ……………………………………………… 92
- ■ブルーレイディスク（BD）……………………… 94

第3章　パソコンを操作するしくみ

- ■進化する入出力装置……………………………… 96
- ■キーボード………………………………………… 98
- ■ポインティングデバイス………………………… 100
- ■タッチパネル……………………………………… 102
- ■スキャナー………………………………………… 104
- ■液晶ディスプレイ………………………………… 106
- ■有機ELディスプレイ …………………………… 108
- ■3Dディスプレイ（1）…………………………… 110
- ■3Dディスプレイ（2）…………………………… 112
- 現地取材 **液晶ディスプレイ工場**…………………… 114
- ■プリンター………………………………………… 120
- ■インターフェース………………………………… 122

CONTENTS

第3部 パソコンの歴史

第1章 パソコンの誕生から普及まで

- ■コンピューター黎明期……………………… 126
- ■パソコンの登場……………………… 128
- ■8ビットパソコンの時代 ……………… 130
- ■パソコンの発展……………………… 132
- ■パソコンの普及……………………… 134
- ■ノートパソコンの歴史……………………… 136

第4部 パソコンを動かそう

第1章 ソフトウェアとは？

- ■パソコンはプログラムで動く……………… 140
- ■ワープロソフト……………………… 142
- ■文字コード……………………… 144
- ■フォント……………………… 146
- ■グラフィックソフト……………………… 148
- ■データベース……………………… 150
- ■OSの役割（1）……………………… 152
- ■OSの役割（2）……………………… 154
- ■OSの種類……………………… 156
- ■デバイスドライバー……………………… 158

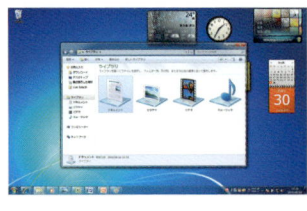

第2章 プログラムをつくる

- ■2進法……………………… 160
- ■ネイティブコードとアセンブリ言語………… 162
- ■プログラムのつくり方……………………… 164

- ■プログラミング言語の歴史……………………… 166
- ■C言語とJava ……………………………………… 168
- ■Webプログラミング ……………………………… 170
- コラム／演算回路 ………………………………… 172

第3章 マルチメディアとパソコン

- ■マルチメディア端末としてのパソコン……… 174
- ■アナログとデジタル……………………………… 176
- ■音楽配信の仕組み……………………………… 178
- ■動画配信・共有の仕組み……………………… 180
- 現地取材 動画共有サービス企業 ……………… 182
- ■動画再生の仕組み……………………………… 188
- ■地デジ対応パソコン…………………………… 190
- ■スマートテレビ………………………………… 192

第5部 パソコンの未来とネットワーク

第1章 インターネットを利用する

- ■インターネットとは……………………………… 196
- ■IPとIPアドレス ………………………………… 198
- ■TCP、UDP ……………………………………… 200
- ■ドメイン名……………………………………… 202
- ■サーバーの仕組み……………………………… 204
- ■インターネットへのつなぎ方（1）…………… 206
- ■インターネットへのつなぎ方（2）…………… 208
- ■無線LAN ……………………………………… 210
- ■プロバイダー…………………………………… 212
- ■Webブラウザー ………………………………… 214
- ■メール…………………………………………… 216

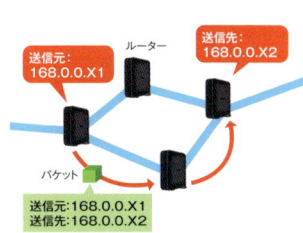

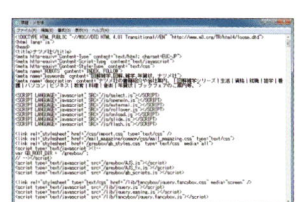

CONTENTS

- ■ファイル共有……………………………………… 218
- ■Webページの検索 ……………………………… 220
- ■IP電話 …………………………………………… 222
- ■ウイルス………………………………………… 224
- ■セキュリティー（1）…………………………… 226
- ■セキュリティー（2）…………………………… 228

第2章 パソコン最新情報

- ■情報の取得から情報発信へ…………………… 230
- ■クラウドコンピューティング………………… 232
- ■ブログ…………………………………………… 234
- ■SNS ……………………………………………… 236
- ■FaceBookとTwitter …………………………… 238
- ■iCloud …………………………………………… 240
- ■そのほかのクラウドサービス………………… 242
- ■HTML 5 ………………………………………… 244
- ■スマートフォン………………………………… 246
- ■タブレット端末と電子書籍…………………… 248

索引……………………………………………………………………………………… 250
取材・撮影協力／写真・画像・資料提供／参考文献／参考Webサイト … 255

- ●編集・執筆　　小澤典生（アーク・コミュニケーションズ）
- ●取材・執筆　　上泰治
- ●執筆　　　　　田中雄二、小島知之
- ●編集協力　　　成田潔（アーク・コミュニケーションズ）
- ●編集担当　　　伊藤雄三（ナツメ出版企画）
- ●本文デザイン　小西幸子（始祖鳥スタジオ）
- ●イラスト　　　日野賢治（エアー・ファクトリー）、石玉サコ、小西幸子
- ●撮影　　　　　武田光司

※本書の内容は、2012年4月1日現在のデータです
※名称の一部は、協力者の呼称に準じています

はじめに

　パソコンが現在のような形で登場したのは30年ほど前の話です。その後、パソコンは日進月歩の進化を続け、処理速度の高速化、本体サイズの小型化が進められてきましたが、パソコンを構成する基本的な構造は大きくは変わっていません。本書前半では図表を用いて、パソコンの基本的な構造や、構成する各装置の仕組みについて説明し、機械としてのパソコンの最新動向について紹介します。

　一方、パソコンの使い方はこの30年で大きく変化しました。とくに、90年代にインターネットが登場してからその動きは顕著です。パソコンは、複雑な数式計算やビジネス文書を作成するための機械から、インターネット上のさまざまな情報を閲覧したり、コミュニケーションやエンターテイメントに活躍する極めて多機能な機械になってきています。本書後半では、それらの最新事情を紹介しながら、多機能を実現しているさまざまな仕組みについて解説します。

　最近は、従来パソコンで行っていたことをスマートフォンやタブレット端末で代用するユーザーも増えてきています。パソコンから生まれた技術やライフスタイルは、家電や携帯電話とも相互に影響を与え合って、私たちの生活に大きな変化をもたらしているのです。身近でありながら、現代技術の粋を集めたパソコンを、あらためてひもとくことで、そのテクノロジーが持つ可能性を、今後の暮らしやビジネスに役立てていただければと思います。

　パソコンの現状をよく理解し、これからも発展を続けるパソコンの将来を推測し、動向を見極めてください。

平澤 茂一

パソコンの基礎のキソ

第1部

第❶章────パソコンとは？

第❷章────パソコンをつくる

パソコンはビジネスでも、プライベートでもなくてはならない存在になった。まず、パソコンは私たちの生活にどのくらい普及しているのかを見ていこう。その後、パソコンの種類や構成要素などを紹介しながら、パソコンがどうやってつくられるのかを解説する。

第1章 パソコンとは？

パソコン抜きに語れない私たちのビジネス

もはや私たちの仕事はパソコンなしではやっていけない。
ビジネスの現場でパソコンはどのように活用されているかを見てみよう。

●日常の書類作成からネットワークによるデータやスケジュールの共有も

　現在、私たちの日常生活でパソコン※はなくてはならない存在になった。とくにビジネスでは、パソコンなしでは仕事は成り立たない。ビジネスの現場では、1人1台のパソコンが与えられ、各自がワープロや表計算ソフト、プレゼンテーションソフトなどを使って、ビジネス文書を作成するのが当たり前になっている。

　パソコン導入による最も大きな変化の1つが、**電子メール**によるコミュニケーションだろう。電子メールが登場する前、ビジネスの現場では電話が主なコミュニケーション手段だった。電話の場合、相手が不在だとコミュニケーションできなかったが、電子メールなら自分の都合のよいタイミングでメールを送ったり、読んだりできるので、仕事の時間の使い方に大きな影響を与えた。

　電子メールだけでなく、電子掲示板やドキュメント共有、スケジュール管理、会議室予約などの機能をもった**グループウェア**を導入している企業も多い。電子掲示板は、その言葉通り、掲示板を電子的にパソコン上で実現した機能。ドキュメント共有は、文書ファイルのひな形や、製品情報などをまとめたファイルをネットワーク上に保存しておき、社員が利用できる機能だ。また、スケジュール管理や会議室予約の機能を使えば、社員1人1人の予定や会議室の空き状況をリアルタイムに確認できるので、スケジュール調整が非常に簡単にできる。また、出張届の提出や各種稟議を電子化する企業も多くなった。

　最近は、インターネット回線を使ったテレビ電話も普及していて、離れた支店との打ち合わせは、テレビ会議で行うことも増えている。

●パソコンで変わるビジネススタイル

　パソコンで仕事をするようになると、必要な文書はパソコンに保存しておけばいいので、一部の企業では、社員が固有のデスクを持たず、フリースペースのデスクを必要に応じて利用するというビジネススタイルも生まれつつある。

　固定の場所を持たないという意味では、インターネットを活用することで、オフィスに行かなくても働くことができる在宅勤務などのビジネススタイルも確立されつつある。インターネット環境は、近年急速に整備されつつあり、外出先でも高速にインターネットにつなぐことができるようになった。そこで、職場で使用するソフトウェアや文書ファイルをインターネット上で管理して、必要に応じてアクセスすれば、どこでも仕事ができる環境を構築できるというわけだ。

　このようにパソコンの導入で、ビジネススタイルは大きく変わってきたが、今後さらに技術革新が進むことで、まったく新しい仕事のやり方が生まれるかもしれない。

※パソコンはパーソナルコンピューター（Personal Computer:PC）の略

第1章　パソコンとは？

パソコン抜きに語れない私たちの日常

インターネットへの接続やデジタルコンテンツの視聴など、ここ十数年で私たちの日常生活にパソコンは必要不可欠な存在になりつつある。

●インターネットに接続することでさらにパソコンの可能性が広がる

　パソコンは、ビジネスだけではなく、私たちの日常生活でも当たり前の存在になっている。

　私たちが日常生活でパソコンを使うシーンは数多くあるが、その中でも**インターネット**への接続は代表的な使い方だろう。家族や友人とのメールのやりとりはもちろん、Webブラウザーでの情報収集は、私たちの日常で当たり前の行為になった。また、最近は、家にいながら、インターネットでショッピングを楽しむ人も増えてきている。

　このほか、インターネットの分野で、近年急速に利用者を増やしつつあるのが、FacebookやTwitterなどの**SNS**（Social Networking Service）である。SNSは、インターネット上で、自分の状況や日常思っていることなどを発言しながら、友人などと相互につながっていくサービス。これらのサービスを利用することで、インターネット上に新しいコミュニティーが生まれ、情報を受け取るだけでなく、自ら情報を発信していく利用者が増加している。

日常生活にも浸透しているパソコン

公共機関でもパソコン
図書館など、公共の機関でもパソコンを利用できるところが増えている

カフェでパソコン
カフェでインターネットなど、パソコンを使う人もよく見かける

電車でもパソコンで作業
電車でノートパソコンを膝の上に置いて作業する人を見かけるようになった

スマートフォンが広く普及
パソコンと同じWebページが見られたり、さまざまなアプリが使えるスマートフォンが広く普及した

●パソコンでデジタルコンテンツを楽しむ

　パソコンで、写真や映像、音楽などの**デジタルコンテンツ**を楽しむ人は多い。

　デジタルカメラの普及で、写真はデジタル画像がほとんどになった。デジタル画像は、従来の銀塩写真に比べて加工が容易なため、パソコンを使ってフォトレタッチソフトで修正を加えたり、電子アルバムを作ったり、デジタルならではの方法で写真を楽しむ人が増えている。

　DVDやブルーレイなどの光ディスクドライブを搭載しているパソコンでは、再生機能を利用して映画やドラマなどを楽しむ人も多い。最近は**ビデオオンデマンド**と呼ばれる、インターネット経由で映像を配信するサービスも数多くあり、ブロードバンドの普及に伴い利用者を増やしている。さらに、地上デジタル放送を受信できるパソコンも普及しており、テレビ番組を視聴したり、ハードディスクに録画するなど、テレビの代わりにパソコンが利用されている。

　音楽の分野では、**音楽配信サービス**でアーティストの楽曲データをパソコンにダウンロードして、そのデータを携帯音楽プレーヤーに入れて楽しむスタイルも一般的になりつつある。

　このように日常生活でパソコンはさまざまな方法で使われているが、最近はパソコン以外のデジタル機器でもパソコンと同様のことができるようになってきている。たとえば、携帯電話は**スマートフォン**の登場で、パソコンと同じWebページが見られるようになったり、アプリ（アプリケーションソフト）をインストールすることでパソコンのような使い方ができるようになってきている。

子供部屋にもパソコン
勉強や趣味の調べものや、映画や音楽の視聴など、子供部屋でパソコンを使う中高生も増えている

学校でもパソコン教育
学校でもパソコンの使い方や、パソコンによる情報収集の方法を教えるようになっている

家事の合間にインターネット
家事の合間にブログやSNSを楽しむ人も増加している

CDから音楽配信へ
音楽配信サービスが普及したことで、CDショップではなく、パソコンからアーティストの楽曲が簡単に購入できるようになった

急速に普及したパソコン

個人でも利用可能な"パーソナルなコンピューター"が登場したのは1970年代なかば。
爆発的な普及のきっかけは1995年に登場したWindows 95である。

●パソコン普及のきっかけになったWindows 95

　パソコンの原型にあたるものが登場したのは1970年代中頃で、当時は一部のマニアがプログラミングやゲームを楽しむ程度だった。その後、パソコンの処理速度の向上やソフトウェアの開発で、本格的に漢字が使えるようになると、日本でもオフィスを中心にワープロや表計算ソフトを使ったビジネス文書の作成にパソコンが利用されるようになっていく。ただし、当時のパソコンは非常に高価で、操作にも専門的な知識が必要だったため、一般の人々には敷居が高く、依然パソコンは一部のユーザーのものだった。

　パソコンが大きく普及するきっかけとなったのは、1995年発売のマイクロソフト社のOS（詳しくは156ページ参照）、**Windows 95**の登場である。私たちがパソコンを操作するとき、デスクトップにファイルを置いたり、フォルダーでファイルを管理する。このように感覚的にパソコンを扱えるようになったのは、高価だったアップルコンピュータ社のMacintoshを除けば、Windowsが登場してからである。

　Windows 95が登場して以降、パソコンはコストパフォーマンスを向上させながら、急速に家庭に普及していく。普及当初の購入者は、オフィスにパソコンが導入され始めたビジネスパーソンが中心だったが、Windows 95にはTCP/IPというインターネットに接続するための通信手順が用意されていたので、ネット接続を目的にパソコンを購入する一般の人も徐々に増加していった。

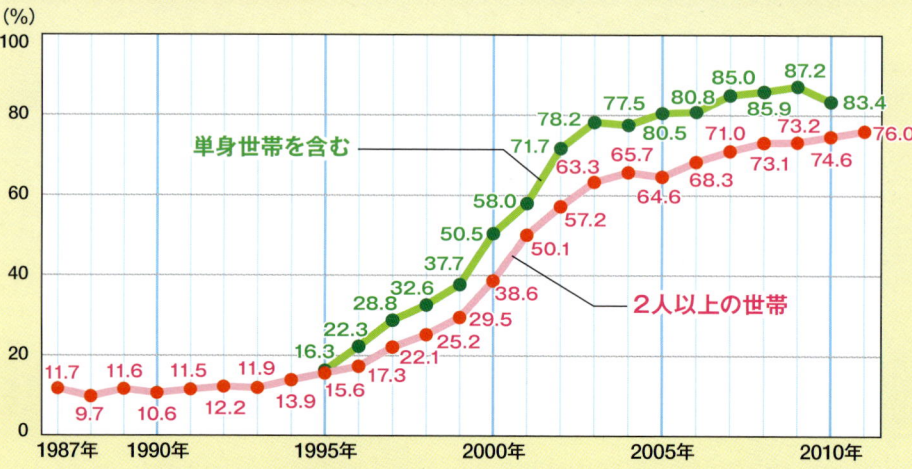

パソコン世帯普及率の推移

（データの出典：2人以降の世帯／内閣府「消費動向調査」より、単身世帯を含む／総務省「通信利用動向調査」より）

社会現象にもなったWindows 95

　Windows 95は、販売元のマイクロソフト社が大規模なプロモーション活動を実施した影響もあって、発売前から街角の至る所にポスターが貼られ、テレビのニュースでも頻繁に取り上げられるなど大きな話題となった。

　1995年11月23日、日本での発売当日には、秋葉原のパソコンショップでカウントダウンイベントが行われ、Windows 95を求める多くの人々で溢れかえった。その模様がテレビや新聞で報道されると、さらにこのブームは盛り上がり、パソコンを持たない人までWindows 95を購入するという珍現象まで引き起こした。

秋葉原では深夜販売するショップも
©AP／アフロ

Window 95の発売日は秋葉原で深夜販売が行われ、たくさんの人々が訪れた

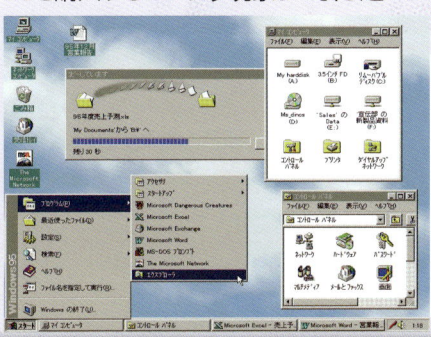

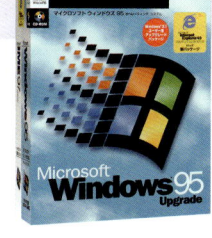

Windows 95
現在のWindowsの操作と同様な操作ができるようになったのはWindows 95（左）から。当時は、パソコンを持たない人まで、このパッケージ（上）を求めてパソコンショップに向かったそうだ　（写真提供：日本マイクロソフト）

●日本での普及を後押ししたノートパソコンの性能アップ

　日本の住宅事情を考えると、**ノートパソコン**のコストパフォーマンス向上もパソコン普及の大きな要因である。

　Windows 95が登場したとき、パソコンの動作は遅く、ストレスなく操作することは難しかった。このため、パソコンが普及し始めた当初は、少しでも性能が良いパソコンを求めて、ノートパソコンよりコストパフォーマンスに優れていたデスクトップパソコンが選ばれる傾向があった。しかし、デスクトップパソコンは大きく、場所を取ってしまう欠点があった。とくに、当時のディスプレイは、ブラウン管を使ったCRTが主流だったため、パソコンを設置するのに苦労する家庭は多かった。

　一方、ノートパソコンはその間も進化を続け、2000年前後にはデスクトップパソコンの代わりに使っても、それほど問題のないレベルまでパフォーマンスは向上していた。そのため、国内では1台目のパソコンにノートパソコンを選択する人が増え、2000年頃を境にノートパソコンの出荷台数がデスクトップパソコンを上回るようになり、さらにパソコンの普及は進んでいった（左グラフ）。

第1章 パソコンとは？

パソコンとインターネット

かつてはオフィスや家庭内でプリンターと接続する程度だったパソコンが、やがて通信機能を備え、現在ではインターネットを使って全世界とつながるようになった。その普及の過程を見ていくことにしよう。

●パソコン通信からインターネットへ

インターネットが普及する以前、パソコンの通信といえば、電話回線経由でホストコンピューターと接続して、電子メールや電子掲示板、チャットを楽しむ**パソコン通信**というサービスを指すことが多かった。パソコン通信は、ファイルのアップロードを行うこともできたが、基本的には文字をベースにした情報交換を目的としたサービス。電子メールといっても、インターネットのように、誰とでも送受信できるわけではなく、同じパソコン通信サービスに加入している人同士でしかメッセージのやりとりはできなかった。

1993年、イリノイ大学の米国立スーパーコンピューター応用研究所のマーク・アンドリーセンらによって、**NCSA Mosaic**と呼ばれる最初のWebブラウザーが開発された（右上図）。しかし、当時日本でインターネットに接続するには、非常に高価な専用の回線を引き込む必要があったため、その利用は一部の研究所や大学、大手企業、通信・コンピューター関連企業に限られていた。

1990年代中頃、パソコンを使い、電話回線でインターネットに接続するための**ダイヤルアップ接続**用のアクセスポイントが地方でも設置されるようになると、一般でも徐々にインターネットにつなぐ人が出始めるようになった。

しかし、ダイヤルアップ接続中は、通話料が別途かかるため、インターネットにつなげばつなぐほど電話代がかさんでしまうという問題があった。それを解消したのが、1995年にNTT東日本と西日本が始めた**テレホーダイ**というサービス。あらかじめ設定した電話番号に対して、深夜23時から翌朝8時までは定額で電話がかけられるサービスで、1990年代後半、このテレホーダイを使って深夜にインターネットに接続するパソコン利用者が急増した。

また、当時インターネットにつなぐ作業は、煩雑で、設定にはインターネットに対してある程度の知識が必要だった。そこで、1998年に登場した**iMac**は、通信契約を行えば簡単にインターネットにつながる仕組み

インターネット世帯利用率

1996年 3.3 / 6.4 / 11 / 19.1 / 34 / 60.5 / 81.4 / 88.1 / 86.8 / 87 / 79.3 / 91.3 / 91.1 / 92.7 / 93.8 / 2010年

1年間でインターネットを利用したか

（データの出典：総務省「通信利用動向調査」より）

最初のWebブラウザー
イリノイ大学の米国立スーパーコンピューター応用研究所が開発した初期のWebブラウザー「NCSA Mosaic」
©NCSA/University of Illinois

©Universal Images Group/アフロ
簡単にインターネットに接続できたiMac。iMacでインターネットを始めた人も多かった

を用意し、そのデザインと価格で人気となった（右上写真）。このような経緯を経て、日本でも徐々にインターネットの利用者が増加していった（左グラフ）。

●ブロードバンド接続の低価格化で利用者が増加

　ダイヤルアップ接続は、初期のインターネット利用者を獲得することにはある程度成功したが、回線の速度が遅いため、本格的にインターネットを利用するには不満な点も多く、もっと高速で常時インターネットにつながっている**ブロードバンド**接続の環境が求められた。

　インターネットのブロードバンド接続が普及し始めたのは2000年前後。最初は、ケーブルテレビ事業者が、放送周波数帯とは別の帯域を使って月額数千円程度の定額制のブロードバンド接続サービスを開始した。しかし、ケーブルテレビ事業者は地方限定のため、サービス提供の地域には偏りがあった。

　その後、NTTなどの通信事業者が、従来のアナログ回線を使って高速インターネット接続を可能にする**ADSL**によるブロードバンド接続サービスを開始する。とくに、2001年にソフトバンクグループとヤフー（現ソフトバンクBB）が、月額2000円台で提供を始めた「Yahoo! BB」は当時としては衝撃的な価格で多くのユーザーが加入した。

　2000年代後半には、ADSLに代わり、より安定した通信環境を実現する光回線を使った**FTTH**が普及し、多くの人に利用されている（下グラフ）。

インターネット接続方法の推移
（データの出典：総務省「通信利用動向調査」より）

第1部　第1章　パソコンとは？

第1章 パソコンとは？

デスクトップパソコンとノートパソコン

パソコンには大きく分けて、デスクトップパソコンとノートパソコンがある。
デスクトップパソコンながら省スペースを実現した一体型パソコンも人気だ。

●拡張性が高いデスクトップパソコン

　パーソナルなコンピューターと呼びながらも、パソコンの基本的な構成はほとんど大型コンピューターと変わらない。スーパーコンピューターと呼ばれる超高性能コンピューターにしても、実はパソコンと同程度のコンピューターを複数台同時に動かし、それを並列で処理することで高い計算能力を誇っている。

　そもそもパソコンは、高価だったコンピューターの部品を、性能は劣るが安価な部品に置き換えて、個人向けにしたのが出発点である。そこで、まず登場してきたのが、パソコン本体やディスプレイ、キーボードなどが別々になった、机などに据え置きで利用する**デスクトップパソコン**である（下図）。

　デスクトップパソコンは、個別に大量生産された部品や機器で組み立てていることから、高性能のパソコンでも比較的低コストで生産できる。また、1つ1つの部品の交換や、さまざまな部品の後付けが容易なことから、拡張性が高いことも特徴になっている。デスクトップパソコンは筐体（ケース）の大きさや拡張性によって、タワー型、ミニタワー型、スリム型などに分類されることがある。

　ただ、最近は大きなスペースを取ることからデスクトップパソコンは敬遠され、日本で出荷されるパソコンに占める割合は3割程度に下がっている。

デスクトップパソコン
拡張性やコストパフォーマンスに優れるデスクトップパソコンだが、場所を取ってしまうため、日本ではあまり人気がない

本体 さまざまな部品が組み込まれていて、演算処理はこの本体内部で行われる。大きさに応じてタワー型、ミニタワー型などに分類される

ディスプレイ 文字や画像など本体での処理結果などを表示する機器。現在は、液晶ディスプレイが主流で、ワイド画面タイプも増えてきている

マウス ディスプレイ上に表示される矢印（ポインター）を操作できる機器。ファイルを開いたり、ソフトウェアを起動させたりできる

キーボード パソコンに文字入力するための機器。国によってキーの配列は異なる。複数のキーを組み合わせて、パソコン操作もできる

●省スペースの一体型パソコンとノートパソコン

　デスクトップパソコンは、本体とディスプレイが別で場所を取ってしまう。また、本体とディスプレイ、キーボードをつなぐための配線が必要になり、家庭のリビングなどに置くには見た目が美しくない。そこで省スペース化と美観のために、ディスプレイとパソコン本体を1つにしたものが**一体型パソコン**だ（下図左）。

　液晶ディスプレイと本体を一体化させるため、ディスプレイの裏面などにパソコン部品が詰め込まれている。大きさは、ほとんどディスプレイと変わらず、壁掛けテレビのように設置できる機種もある。こうしたレイアウトの自由度の高さから、一体型パソコンは一般家庭での人気が高い。ただし、本体とディスプレイが別々のデスクトップパソコンに比べて、省スペースを実現するために拡張性は犠牲になっている。

　一方、持ち運びができるようにパソコンとディスプレイ、キーボードを一体化して、バッテリーを内蔵したパソコンが**ノートパソコン**だ（下図右）。ただ、ノートパソコンという名称は和製英語で、ひざ（lap）の上に載せて使えるパソコンということで、世界的にはラップトップパソコンと呼ばれている。

　製品としてはパソコンの大きさに合わせて、A4ノートパソコン、B5ノートパソコンなどとジャンル分けされることもあるが、最近はさらに小型化が進みタブレットPCと呼ばれるジャンルも登場している。

　小型という性質上、周辺機器との接続や拡張性に乏しいデメリットがあるものの、最近では無線でインターネットに接続できる機器も増え、利便性がより高まっている。パソコンが日常生活に不可欠なツールとなるにつれ省スペースが支持され、日本では出荷台数の6割を占める主流のパソコンになっている。

一体型パソコン
本体とディスプレイを1つにした一体型パソコンは省スペースに優れる

ノートパソコン
ノートパソコンは充電可能なバッテリーを内蔵することで、電源がないところでも利用できる

第1章 パソコンとは？

デスクトップパソコンの構造

さまざまな部品で構成されているデスクトップパソコン。
その内部をのぞいてみると、余裕を持って設計していることがわかる。

●余裕のある構造で機器の追加や変更が容易

　デスクトップパソコンの大きな特徴は高い拡張性である。たとえば、記憶容量を増やすためのメモリーの増設やハードディスクの追加など、パソコンの性能アップが簡単に行える。

　拡張性が高い理由は、パソコンの筐体と**マザーボード**の構造にある。デスクトップパソコンの筐体は、もっとも大きなタイプのタワー型の場合、光ディスクドライブなどが設置される「5.25インチベイ」が2～3カ所、ハードディスクなどが設置される「3.5インチベイ」が3～4カ所設けられている。しかし、パソコンの購入時はたいてい、それぞれ1カ所にしか機器が収められていない。最初から増設する可能性を踏まえて、スペースが空けられているのだ。

　パソコンの電子部品を差し込むマザーボードも、同様に空きスペースが設けられている。たとえばメモリースロットは、初期状態で2枚のメモリーが差し込まれていれば、たいてい2枚分の空きスロットがある。また、マザーボードにはオンボードグラフィックといわれる、グラフィックの機能があらかじめ組み込まれているが、より高画質を実現するためのグラフィックボードを搭載する拡張スロットも設けられている。

　ハードディスクやグラフィックボードなどは規格に沿って設計されていて、規格さえ合えばどんなデスクトップパソコンでも使うことができる。そのため、搭載されている部品の交換や増設も簡単にでき、高い拡張性を支えている。

●前面に各種ドライブ、背面にさまざまな端子を配置

　では、デスクトップパソコンの内部は、どのような部品で構成されているのだろうか（右図）。

　筐体の前面にはCDなどメディアの出し入れが必要な機器が収められている。まず、DVDなどの光ディスクを使って、データの読み書きを行う光ディスクドライブは、ほぼすべてのデスクトップパソコンに搭載されている。また、SDカードなどのメモリーカード（87ページ参照）の読み書きを行うカードリーダーが搭載されるタイプもある。ハードディスクは、光ディスクドライブと並ぶ大きな機器なので、多くの筐体では光ディスクドライブの下に収められている。

　一方、パソコン筐体の背面には、さまざまな入出力端子が備えられている。ディスプレイに接続するアナログRGB端子やDVI端子、スピーカーやマイクと接続するオーディオ端子、ネットに接続するLAN端子、周辺機器と接続するUSB端子などである。これらはすべてマザーボードに接続されている。現在、これらの端子はマザーボードに組み込まれていることが多く、マザーボードを筐体内部に立てかけるように置くと、ちょうどそ

れらの端子が筐体の背面にぴったり収まるよう設計されている。

　パソコンの基幹部といえるマザーボードには、多くの部品が搭載され、大量の情報がやりとりされている。それに比例して多くの電気が流れ、パソコンが起動している間、大量の熱を発している。そのため、パソコンがオーバーヒートを起こさないよう、とくに熱を発するCPUやチップセットには放熱用のファンやヒートシンクが取り付けられ、筐体にも換気口が設けられている。場合によっては、筐体内部の熱い空気を放出するためのファンが取り付けられることもある。

デスクトップパソコンの内部（断面図）

拡張性を確保するため、デスクトップパソコンの内部は余裕を持った設計になっていることが多い

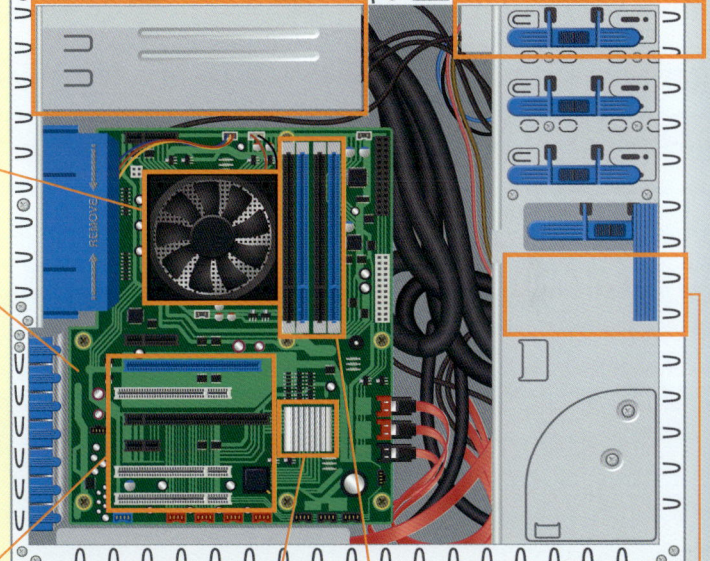

電源ユニット
コンセントから取り入れた電気を変換して各部品に供給する装置。電源ユニットから延びたケーブルが各部品に接続される。供給できる電力が大きいほど、多くの部品に接続できる

光ディスクドライブ
CDやDVDなど光ディスクのデータを読み取ったり、書き込んだりするための装置

CPU
さまざまな計算や制御を行う、中央演算処理装置と呼ばれるパソコンの心臓部。動作中は大量の熱を発するため、放熱用のヒートシンクや電動ファンが取り付けられる

マザーボード
さまざまな電子部品がコンピューターとして働くようにスロットやチップセットなどを配置した電子回路基板。基板の大きさによって規格がある

拡張スロット
パソコンの機能を追加したり、性能アップを実現したりする拡張ボードを追加するためのスロット

チップセット
パソコン内部での情報の流れを制御する装置群。CPUに次いで流れる情報が多く、発熱するため、ヒートシンクを備え付けることが多い

メモリー
パソコンが起動している間、一時的に情報を記憶しておくための装置。主記憶装置とも呼ばれる

ハードディスクドライブ
情報を記録しておくための補助記憶装置。主要な記憶媒体であり、記憶容量を増やすために複数台、搭載することも多い

第1章　パソコンとは？

ノートパソコンの構造

ノートパソコン内部のスペースは非常に限られている。
そのため、小型化された必要最低限の部品で構成されている。

●小型化した部品を効率よく配置

　ノートパソコンは、ディスプレイやキーボードと一体化されているため、外観や構造はデスクトップパソコンと大きく異なっている。しかし、内部を構成している部品は、実はほとんど変わらない。異なるのは、その部品のサイズや形状である。

　たとえばマザーボードは、デスクトップパソコンでは汎用性のために規格化されているが、ノートパソコンでは機種に応じてマザーボードが設計されていることが多い。ノートパソコンという限られたスペースの中に、必要な部品を最適に配置していくためである。

　メモリーにしても、デスクトップパソコンではマザーボードに垂直に差し込むが、ムダな空間が生まれるため、ノートパソコンではマザーボードと平行に、「差し込む」というよりは「はめ込む」ように取り付けられる。

　また、拡張スロットは将来的に使われるかもしれないが、当面は必要ない。そこでノートパソコンでは、機能の追加や性能の向上を外部機器との接続だけで実現すると割り切り、拡張スロットは最低限、もしくは設けられないことが多い。

　これはハードディスクドライブや光ディスクドライブも同様だ。ハードディスクはデスクトップパソコンで使われている3.5インチと呼ばれる規格を小型化した2.5インチ規格のハードディスクを1つだけ搭載し、バックアップなど追加のハードディスクが必要なときは、外付けのハードディスクを用いる。光ディスクドライブも、比較的大きなサイズのノートパソコンには着脱可能なドライブが1つ設けられるが、小型のノートパソコンでは光ディスクドライブのスペースは確保されず、外付けの光ディスクドライブを利用することが前提となっている。

　パソコンが動くための最低限の機能に絞って、小型軽量化し、限られたスペースを最大限に利用しているのが、ノートパソコンといえるだろう。そのため、私たちが目にしたり触ることができるノートパソコンの表面は、ディスプレイやキーボードなどが配され、キーボードをはずした内部にパソコンの部品が隙間なく搭載されるというのが、ノートパソコンの基本的な形状といえる。

　ただ、ノートパソコンにはデスクトップパソコンと違った、難しい問題が2つある。電源と放熱だ。そもそもノートパソコンは持ち運ぶことが前提のため、電源がないところでも使えるように充電式バッテリーが搭載されている。

　また、高密度化されたノートパソコンではデスクトップパソコンより熱がこもりやすい。そのためノートパソコンでは、デスクトップパソコンのような単純な空冷方式ではなく、高効率な放熱装置が必要不可欠となっている。ノートパソコンの構造は、こうしたきわめて多くの細かな工夫の上に成り立っている（右図）。

ノートパソコンの内部

デスクトップパソコンに比べてスペースに余裕がないため、各部品は小型化され、隙間なく配置されている

キーボード
入力用インターフェースというだけでなく、Fnキー（ファンクションキー）でノートパソコンのコントローラーとしても用いられる

タッチパッド
マウスと同様の役割を果たすポインティングデバイス。タッチパネル上で指を動かすことで生まれる微少な電流を用いて操作を行う

CPU
使用中に発する大量の熱をデスクトップパソコンのようには放熱できないため、ヒートパイプなどにより熱を移動させて効率よく放熱させる場合もある

マザーボード
デスクトップパソコンと異なり、省スペースのため平面的な構造になっている。また、ほかの機器との接続スペースを節約するため、ケーブルを使わず直接、接続できる端子も設けられている

液晶ディスプレイ
表示には液晶パネルが用いられ、背面にはディスプレイから生じる熱の放熱装置が備えられていることもある。タッチパネルになっている製品もある

バッテリーパック
リチウムイオン二次電池を用いた充電式の電源

光ディスクドライブ
パソコンを持ち運ぶ際の軽量化のため、取り外せることが多い。小型のノートパソコンでは搭載されないこともある

ハードディスクドライブ
通常の3.5インチハードディスクより一回り小さい、2.5インチハードディスクが用いられることが多い

第1部　第1章　パソコンとは？

第1章 パソコンとは？

パソコンが動く仕組み

パソコンは大きく5つの装置に分類できる。
ここではパソコンがどうやって動いているのか、大きな流れを5つの装置を使って説明する。

●パソコンは5つの装置で構成されている

　私たちがパソコンを使うとき、たとえばパソコンに保存してある音楽を聞きたければ、マウスを使ってファイルをクリックすると、スピーカーから音楽が流れてくる。気に留めることもないごく普通の操作だが、このときパソコンは、いったい内部でどのように動いているのだろうか。

　まずパソコンを動かすには、パソコンの外部から何らかの方法で指令を出さなければならない。先の例では、再生する音楽ファイルを選び、クリックして「再生」という指令を出している。こうした外部の指令を伝える装置、たとえばマウスやキーボードのことを**入力装置**という。

　この入力装置を通してパソコンに伝えられた指令は、情報としてパソコンの内部に書き込まれる。この情報を書き込んでおくスペースが**記憶装置**である。記憶装置には、パソコンが命令を処理するときに使うデータを保存しておく、メモリーなどの**主記憶装置**と、必要に応じてメモリーに読み出されるデータを保存しておく、ハードディスクなどの**補助記憶装置**がある。

　そして、このメモリーに書き込まれた情報は、パソコンの頭脳ともいえる実際にデータを処理する**演算装置**を含むCPUに伝えられ、適切に処理された上で再びメモリーに保存される。先の例では、演算装置は記憶装置から、再生する音楽データと音楽データを再生するためのコンピューターへの指令（プログラム）を呼び出して動かし、そして音楽という「音」を再生するように後述の出力装置に伝える。このとき、音楽データとプログラムがどこにあるかといった、処理に必要な情報を演算装置に伝えているのが**制御装置**である。この演算装置と制御装置は非常に密接な関係であり、パソコンではCPUに一体化されている。

　最後に、処理された情報を、私たちが実際に理解できる形に表現するための装置がある。先の例では、音楽を音の情報として私たちに聞かせるスピーカーであり、ディスプレイやプリンターなども同様の役割を果たしている。これらがいわゆる**出力装置**である。

　この入力装置、記憶装置、演算装置、制御装置、出力装置の5つは、コンピューターの基本的な構成で、一般にコンピューターの五大装置といわれる（右図）。

　また、こうした情報の流れ、すなわちプログラムもデータも、制御装置が必要に応じて記憶装置から呼び出して処理しているという考え方は、**ノイマン型コンピューター**といわれ、現在のコンピューターの基礎的な概念である。

ジョン・フォン・ノイマン
ノイマン型コンピューターと呼ばれる、プログラムを記憶装置に保存して、順番に読み出して実行していくという、今日では当たり前になったパソコンの仕組みを考案した数学者

©Science Photo Library/アフロ

パソコンの五大装置　データの流れ →

CPU

制御装置
処理を行うのに必要な情報がどこにあるのかを演算装置に伝えるなど、パソコンの情報の流れを管理するのが制御装置の役割。演算装置とともにCPUに格納されている

演算装置
主記憶装置から読み出された指令を実行するのが演算装置の役割。コンピューターへの指示（プログラム）を順番に実行していく

入力装置
キーボードを使って文字を入力したり、マウスを使ってディスプレイ上の矢印（ポインター）を動かしながら、コンピューターに指令を与えるのが入力装置の役割である

キーボード

マウス

記憶装置
パソコンへの指令や、処理する際に必要となるデータを書き込んでおき、必要に応じて演算装置に伝えるのが記憶装置の役割

主記憶装置
メモリー

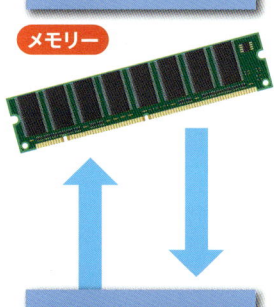

補助記憶装置

ハードディスク

出力装置
入力装置で入力されたコンピューターへの指令や、演算装置で処理された結果を表示するのが出力装置の役割。ディスプレイやプリンターは代表的な出力装置である

ディスプレイ

プリンター

パソコンでは、入力装置によって伝えられた指令に従って演算装置と制御装置が、記憶装置に保存されている情報（プログラム）を処理して、その処理結果を出力装置を通して外部に伝えている。こうしたパソコンの働きに必要な基本的な構成が五大装置である

第1部　第1章　パソコンとは？

第1章 パソコンとは？

演算装置と記憶装置

パソコンを構成する部品は機能によって分けることができる。
ここでは、演算機能と記憶機能を担当する部品について解説していこう。

●CPUとメモリー

　CPUは中央演算処理装置とも呼ばれる、パソコンの心臓部にあたる部品。パソコンでさまざまな処理を実現するための演算はCPUで行っている。また、バスと呼ばれるパソコン内部の回路（情報転送の通路）を通して、記憶装置や入出力装置と接続し、それらを制御するのもCPUの大切な役割である（下図左）。

　パソコンで実現する高度な処理を考えると、CPUも複雑な計算を行っているのだと想像してしまうが、実はCPU内部で行われていることを分解するとスイッチのオンとオフという単純な作業だけ。このスイッチのオン／オフを上手に利用することで驚くような複雑な処理を実現しているのだ（172ページ参照）。

　ただし、CPU内部でこのオン／オフ作業は超高速に行われていて、その速度を**動作周波数**（単位はHz（ヘルツ））で表現する。ちなみに1MHz（メガヘルツ）なら、1秒間に100万回、スイッチのオン／オフを行えることを表している。

　メモリーは、情報を記憶する装置の中でもすぐにCPUで利用される情報を記憶しておくところで、主記憶装置（主メモリー）とも呼ばれている。ハードディスクなどに記録されている情報も、いったんメモリーに読み出してからCPUで利用される。

　メモリーは、**ランダムアクセスメモリー**（Random Access Memory：RAM）と呼ばれることもあり、格納された情報は任意にアクセスできるため、読み出しや書き込みがしやすく、すぐに利用したい情報の一時的な保管場所としては最適だ（下図右）。

　CPUにとっては、すぐに利用できる状態になった情報が多ければ、ハードディスクから情報を読み出す回数が減るのでパソコン全体の処理速度は向上する。つまり、メモリーの容量が多いほどパソコンの性能は高くなるのだ。

CPU
膨大な回数のスイッチのオン／オフを繰り返すことでさまざまなデータの処理を行っている
（詳しくは44ページ）

メモリー
CPUが頻繁に扱うデータを一時的に記憶させておくことでデータ処理を高速化している。ノートパソコン向けに少し小型のものもある
（詳しくは52ページ）

●ハードディスクと光ディスクドライブ

　メモリーは保存できる情報量に限界があり、またパソコンの電源を切るとデータが消えてしまうため、長期的にデータを保存するためには**ハードディスクドライブ**などの補助記憶装置が必要となる。

　ハードディスクドライブは、磁気ディスクの表面を磁化することで、情報を長時間記憶しておける機器であり、現在最も活用されている補助記憶装置である。回転する磁気ディスクに対して同心円状に磁気ヘッドを移動させることで、必要な情報を読み出したり、空いているスペースに情報を書き込んだりしている。

　現在、ハードディスクドライブには複数枚の磁気ディスクが収められていて、記録できる情報量を増やしている。また、ハードディスクドライブの読み出しや書き込み速度は、磁気ヘッドの移動速度や磁気ディスクの回転数で決まり、日々高速化が図られている（下図左）。

　光ディスクドライブは、CDやDVD、ブルーレイディスク（BD）などの光ディスクを利用して、情報を読み出したり、書き込んだりする補助記憶装置。第三者からデータを受け取ったり、渡したりする際に便利に活用できる。また、ハードディスクの記憶容量がいっぱいになった際のバックアップメディアとしても活用されている。

　現在、市販のパソコンにはBDの読み書きができるBDドライブが多く採用されている。BDドライブといってもBDしか利用できないわけではなく、ほとんどの場合、DVDやCDの読み書きにも対応している。

　CDからDVD、さらにBDと光ディスクが進化していくに伴い、1枚のディスクに記憶できる情報量も飛躍的に増加した。ただし、それに伴い気になるのが記録速度で、大容量の情報を記録するにはそれなりの時間がかかる。光ディスクドライブでは、「〇倍速」という表現で情報を記録する速度を表現している（下図右）。

ハードディスクドライブ
磁気ディスクにデータを記憶させておく、一般的な補助記憶装置
（詳しくは80ページ）

光ディスクドライブ
ハードディスクなどのデータを光ディスクに保存するなど、データのバックアップや受け渡しに用いられる　　（詳しくは88ページ）

第1章 パソコンとは？

入力装置と出力装置

パソコンを操作するためになくてはならないのが入力機器と出力機器。
ここでは、パソコンの入出力機能を担当する各機器について解説する。

●キーボードとマウス

　パソコンに操作の指示を与える入力機器で、もっとも基本的なものが**キーボード**と**マウス**である（下図）。また、ノートパソコンの場合、その形状の制約からマウスの代わりにキーボードの手前に**タッチパッド**が用意されている（下図右）。

　キーボードは、主に文字入力を行うための入力機器。アルファベットや数字、記号、ならびにCtrlキーなど動作用のキーで構成されている。文字入力以外にも、動作用のキーとアルファベットキーなどを組み合わせることで、ファイルの保存や検索など、マウスを使った操作を代用することもできる。

　キーボードには、Windows用やMacintosh用などOSによっての違いがあり、動作用のキーの構成や配列が大きく異なる。

　マウスは、パソコンのディスプレイ上に表示される矢印（ポインター）やアイコンを操作する**ポインティングデバイス**と呼ばれる機器の1つ。ポインティングデバイスには、ほかにノートパソコンで主流のタッチパッドや、丸いボールを転がしてポインターを移動させるトラックボールなどもあるが、現在もっとも普及しているのはマウスである。

　マウスにはボタンがあり、従来はMacintosh用は1つ、Windows用は2つボタンのマウスが一般的だったが、多機能化によりそれ以上のボタンがあるマウスも多い。とくに、スクロールに使用できるホイールが、左右ボタンの間に設けられたマウスが増えている。

　キーボードとマウスをパソコンに接続するには、現在ではUSBを用いた接続が一般的だが、利便性から無線通信を使うことも増えている。

マウス

視覚的な操作をするために画面上の矢印（ポインター）を動かす装置
（詳しくは100ページ）

キーボード　文字情報や一定の命令を入力する装置
（詳しくは98ページ）

タッチパッド

●ディスプレイとプリンター

　ディスプレイは、パソコンの操作画面や処理結果を表示する機器。出力装置の1つである。かつてはブラウン管を用いたCRTディスプレイが主流だったが、現在は液晶ディスプレイが一般的に用いられている。映像の信号の伝送がRGBアナログ信号の場合はVGA端子、デジタル信号の場合はDVI端子やHDMI端子などでパソコンと接続される。

　ディスプレイのサイズは、まず画面の物理的な大きさが、画面の対角線の長さ（インチ）によって表される。横×縦の比率は従来、基本的な表示規格に準じた4×3だったが、最近では横長サイズで8×5や16×9のワイドディスプレイと呼ばれるディスプレイが多く利用されている。

　次に、画面を構成する素子（画素）の数によって視覚的な画面の緻密さが表される。これがピクセルという単位で表記される**解像度**で、たとえばWUXGAという規格では1920×1200ドット、つまり横一辺に1920個の素子（ドット）、縦一辺に1200個のドットがあることを示している。つまり、物理的に同じ画面サイズでも、ピクセル数が多ければそれだけ画面を広く使えるようになる。ディスプレイの性能はほかにも、白黒の比率や画面の明るさ、表示が切り替わる速度などの数値で表される（下図左）。

　ディスプレイと同様、コンピューターの主要な出力装置の1つに**プリンター**がある。コンピューターから送られてきた情報を、紙などの媒体に印刷する。

　パソコンとはUSB端子による接続が主流となっているが、近年では複数のパソコンを持つ家庭や、パソコン以外の機器から印刷する機会が増えた影響から無線でパソコンと接続できるプリンターも増えている。また、オフィスではネットワークにつながったすべてのパソコンから印刷できるネットワークプリンターが主流である（下図右）。

プリンター
紙などの媒体にパソコンのデータや処理結果などを印刷するための装置
（詳しくは120ページ）

ディスプレイ
パソコンのデータや処理結果などを画面に表示する装置
（詳しくは106ページ）

スーパーコンピューター

超高速な演算処理を実現するスーパーコンピューター。
気象予報や遺伝子の解析など、膨大な計算を必要とする分野で活躍している。

スーパーコンピューターは超高速な大型コンピューター

　スーパーコンピューターとは、演算処理が非常に高速なコンピューターのこと。スーパーコンピューターと聞くと、パソコンにはできない何か特別なことをやっているイメージがあるが、計算処理を行うという基本的役割自体は変わらない。

　ただし、パソコンが1回の処理サイクル（1クロック）で、1つないし数個の計算しかできないのに対して、スーパーコンピューターは数万単位のCPUを並列で動かすことで、1回の処理サイクルで大量の計算を行うことができる。

　この数十年でパソコンの処理速度は飛躍的に向上したが、膨大な計算を必要とする各種の予報や予測、シミュレーションなどの分野では、まだまだ力不足でスーパーコンピューターの高い計算処理能力が求められる。

　現在、スーパーコンピューターが活躍する代表的な分野の1つが気象予報である。気象は、局所ごとに発生している現象が全体に影響を与える。そのため、気象予報では局所ごとに状況を分析して、その影響を計算していく必要がある。予報の精度を上げるには、局所の絞り込みを細かくしていかなければいけないが、細かくすればするほど負荷のかかる処理になり、スーパーコンピューターでなければ現実的ではない膨大な時間がかかってしまう。

　最近注目されているバイオ分野でも、スーパーコンピューターは重要な役割を果たしている。約30億個のヒトゲノムから遺伝子を解読したりする作業は、膨大なデータ処理が必要になり、スーパーコンピューターの高い計算能力が必要になる。

　また、天体力学の分野で、銀河系やブラックホールのメカニズムを解明する際の大規模な重力計算などにもスーパーコンピューターは活躍している（下表）。

スーパーコンピューターの活用事例

気象予測	予測範囲の面積をメッシュ状に分割して、局所の現象から全体への影響を予測する
バイオインフォマティックス	遺伝子情報の解明。ヒトゲノムの解析やタンパク質の構造解析で活躍している
構造解析	自動車の構造を入力して、仮想衝突実験で状況をシミュレートするなど、対象となるものの構造をメッシュ状にして、各種の数値解析を行う
物質シミュレーション	ナノ構造の設計や創出などで、原子レベルでのシミュレーションを行うために高い処理能力が求められている
天体力学	銀河系やブラックホールのメカニズムを解明するための大規模な重力計算で使用

世界一を獲得した「京」

スーパーコンピューターの世界では、年に2回、処理速度を計測して上位500位までを発表する「TOP500」というランキングがある。そこで、2011年2期連続で1位を獲得したスーパーコンピューターが、理化学研究所と富士通で共同開発中の「京」である（右写真、下表）。

スーパーコンピューターには、複数のデータを並行して処理できる**ベクタープロセッサー**というCPUを搭載する**ベクター型**と、汎用のCPUを並列に搭載することで高速な処理を実現する**スカラー型**があり、京はスカラー型を採用している。CPUを8万8128個搭載し、整数の演算より処理に時間がかかる浮動小数点演算と呼ばれる計算を毎秒1京510兆回行うことができる（2011年11月現在）。

京は、処理速度だけではなく、信頼性の高いシステムを実現するためにもさまざまな工夫がされている。CPUは高速な演算処理を行うと熱が発生し、高温で処理を続けると安定性が低下する。そのため、京ではCPU自体の信頼性を高めるため、水冷方式を採用している。また、CPU内の回路にエラー検出機能を搭載し、万が一、エラーが発生した場合でも、エラー訂正機能やエラー検出された命令を再度実行する命令再実行機能によって、全体のシステム動作には影響を与えないようになっている。

また京は、CPUとCPUをつなぐネットワークにも、高性能・高信頼性を確保するために「Tofu」と呼ばれる独自の設計が施されている。1つのCPUが故障しても代替経路を設けることで、システム全体が停止するリスクを低減させている。

TOP500で1位を獲得した「京」

© RIKEN

2011年6月と11月にTOP500で1位を獲得した、理化学研究所と富士通で共同開発中の「京」

TOP500（2011年11月現在）の上位5位までランキング

	名称	サイト	ベンダー	国
1位	京（けい）(K computer)	理研　計算科学研究機構（AICS）	富士通	日本
2位	Tianhe-1A（天河1A号）	天津スパコンセンター	NUDT	中国
3位	Jaguar	オークリッジ研	Cray	米国
4位	Nebulae（星雲）	深圳（しんせん）スパコンセンター	Dawning	中国
5位	TSUBAME2.0	東工大学術国際情報センター（GSIC）	NEC/HP	日本

第2章　パソコンをつくる

パソコン工場

現地取材

低価格化の進むパソコン。その舞台裏であるパソコンの生産工場は、非常に効率化されている。都内にある日本HPのパソコン工場の秘密を覗いてみよう。

効率化が進むパソコンの生産

　パソコンはさまざまな部品から構成されているが、マザーボード、CPU、メモリー、ハードディスクなどほぼすべての部品は、現在では専業のメーカーが製造している。そのため、パソコンの生産は、各メーカーからこれらの部品を生産予定に沿って調達して、流れ作業で組み立てる場合がほとんどである。

　パソコンの生産は、世界的に人件費の安い中国や東南アジアで行われることが多い。パソコンを構成する各部品も同様の地域で製造されていて、そうした地域では輸送の手間を省くため、しばしば工業団地のような形で近接して工場が建設されていることも多い。そのようにして生産されたパソコンが、世界各国に輸出されていくのだ。

　こうした傾向は日本も同様で、国内でパソコンを生産している工場は数えるほどしかない。そうした中で唯一、東京でパソコンを生産しているのが、日本ヒューレット・パッカード（日本HP）の昭島工場だ。

　この工場では顧客の注文を受け、生産を行う受注生産が基本。東京都内という立地条件を生かして、注文からわずか5日間という短期間で納品を行う。このことからとくに法人向けの需要が高く、オフィス向けのパソコンの設定やソフトウェアのインストールなど、細かなカスタマイズにも対応している。

　ではその5日間、どのようにしてパソコンがつくられているのか。工場での作業を詳しく見ていこう（下図）。

昭島工場でのパソコン生産の大きな流れ

1日目	生産計画を立てる
2日目〜3日目	部品をそろえる パソコンの組み立て 注文に従い、OSやソフトなどのインストール
4日目	パソコン出荷
5日目	商品到着

注文から5日間でパソコンが届く

　日本HPのパソコンは、基本的にインターネットで注文を受け付けている。インターネットでの注文は、自動的に処理され、たとえば午前中に注文を受けると、その日の午後には工場にその情報が入ってくる。

　この工場では、注文内容に基づいて生産を行う。効率的な生産を行うために、初日はまず、2日目以降の生産計画を立て、必要な部品の在庫確認を行う。というのも、この工場で生産している製品は24種類あり（2011年8月現在）、注文によってはCPUやメモリー、ハードディスクなどのカスタマイズも必要になる。当然、必要な部品は多岐にわたるため（下写真）、生産計画が重要になるのだ。なお、この工場には倉庫が併設されていて、部品が在庫切れを起こさないよう入念な管理が行われている。

　2日目と3日目は、パソコンを手作業で1台ずつ組み立てて、検査を行い、梱包していく期間。実際のパソコンの生産は2日間もかからず、検査や梱包を含めてもデスクトップであれば3～4時間、ノートでも6時間程度で組み立てられる。しかし、法人向けのカスタム設定などのサービスや、生産計画が混み合うこともしばしばあるので、余裕を持って計画が設定されているようだ。

　こうして組み立てられ、包装まで終えたパソコンは、出荷待機スペースに一時保管される。そして、4日目の朝、一斉に出荷され、5日目には顧客の手許に届けられる。

第1部　第2章　パソコンをつくる

パソコン組立て前のパーツ

パソコンの組み立て部品の一例。写真に見える筐体（ケース）やハードディスク、光ディスクドライブだけでなく、マザーボードに搭載する部品も含めると、必要な部品は数多い

第2章 パソコンをつくる

工程1 流れ作業で進められる「パソコンの組み立て」

　組み立て工程ではまず、筐体（ケース）の表面にキズがないか確認して、1つ1つにシリアルナンバーが記されたシールを貼り付けていく 1 2。

　このシリアルナンバーはユーザーが利用するだけでなく、工場での製品管理のためにも用いられる。

　筐体は作業中キズがつかないように緩衝材でできたシートに乗せられて、ラインを流れる。筐体はマザーボードなどの部品を組み込めるように準備され、筐体が乗せられたシートとセットになるように隣のシートに組み込む部品も乗せられていく 3。ハードディスクや光ディスクドライブなどの部品にも、シリアルナンバーの入ったシールが貼られる 4。

　パソコンの組み立ては、筐体と部品がラインに乗せられ、流れ作業で進められるが、実はこの工場の1つのラインの長さはたったの6mほどに過ぎない。狭い空間で熟練した作業員が、手際よく担当作業を行って、次々にパソコンが組み立てられていく 5。

　昭島工場では、1日で数千台のパソコンが組み立てられるとのことだ。

筐体はユーザーが常に目にするので、入念に外観をチェックした後、シリアルナンバーを貼って、部品を組み込めるよう分解する

1

2

3

4

パソコンの内部に組み込まれる部品にもシリアルナンバーを貼っていく

筐体はすぐに部品を組み込めるよう開けられ、シートに乗せられた筐体と部品が1セットになってラインを流れていく

5

マザーボードにCPUやメモリーを取り付けていく

　ワンセットになったパソコンの組み立て部品は、実際に組み立てる前に、部品に貼り付けたシリアルナンバーをすべてバーコードで読み取る❻。注文された製品の詳細な情報はデータベースに登録されていて、実際に組み込む部品がそのデータベースの情報と相違ないかを確認するためだ。シリアルナンバーをバーコードリーダーで読み取って、そろっている部品が正しければブザー音が鳴るが、音がしないと先に進むことができない。

　つまり、シリアルナンバーはこの工場での作業指示書と言える。重要な役割を果たすだけに、1台のパソコンに貼るシールはすべて1枚の用紙にまとめられ、シールの貼り忘れがあれば一目でわかるようになっている。

　こうして作業の準備が整えられたセットは、まずマザーボードにCPUとメモリーをそれぞれのスロットに差し込み、CPUの放熱ファンを取り付けていく❼❽。

　CPUやメモリーは実際の注文で、ユーザーがカスタマイズをよく行うパーツ。初日の生産計画ではできるだけ同じCPUやメモリーの注文をまとめ、部品を混同しないようにしているが、小ロットで生産される場合にはバーコードを読み取って、データベースの画面に表示される部品を確認して、1つ1つの製品に応じたCPUやメモリーを選んで装着していく。

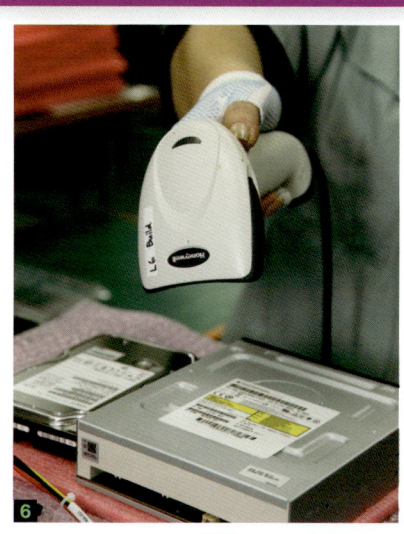

光ディスクドライブなどに添付されたシリアルナンバーのバーコードを読み取っている

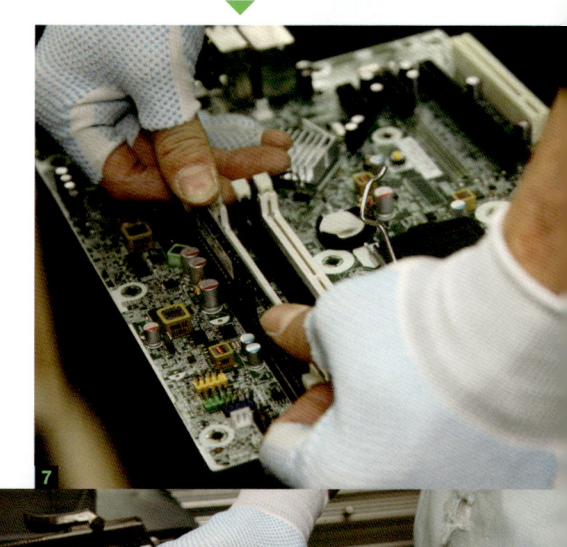

メモリーとCPUをスロットに差し込む。CPUはパソコンの中心となる精密部品だけに細心の注意が必要だ

第1部　第2章　パソコンをつくる

ハードディスクやドライブをケースに組み込む

　マザーボードのソケットに部品を取り付けると、今度はハードディスクドライブや光ディスクドライブを取り付けていく❾〜⓬。これらの機器はCPUやメモリーと異なり、1つで単体の電子機器となっていて、マザーボード上の所定のスロットとケーブルで接続し、パソコンの筐体の所定の格納箇所に取り付ける。

　ドライブ類の取り付けを細かく見ると、「格納する」と「ねじ止め」の作業に分かれるが、実はここに小さな工夫がされている。従来は、筐体内部の金属板に開けられている穴にねじを通して、ドライブを取り付けていた。しかし、これでは筐体の穴にねじを通したり、筐体を大きく動かしたりする必要があり、時間がかかってしまう。

　そこで、ねじ止めする金属板の穴の一部を欠けさせ、あらかじめねじの付いた機器を引っかけることでドライブを取り付けられるようにした。そうすることで小さな筐体の中で、細かなねじ止めの作業をしなくても済むようになる。

　組み立て作業では、こうした作業時間短縮のための細かな工夫が随所で行われている。さらに、ねじ止めやケーブルの接続など1つ1つの作業を分業することで、手際よく速やかに各機器が取り付けられる。

機器を取り付けるため、あらかじめねじを付ける。作業が行いやすいよう、機器は緩衝材でできた作業台にはめておく ❾

ハードディスクとマザーボードのSATAスロットをケーブルで接続し、筐体に収めていく。光ディスクドライブも同様に取り付けていく ❿ ⓫ ⓬

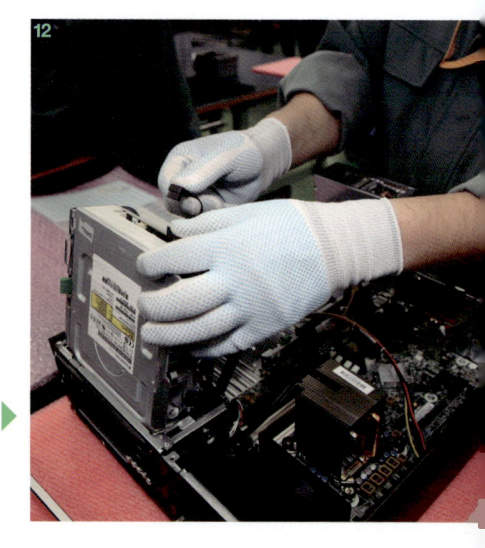

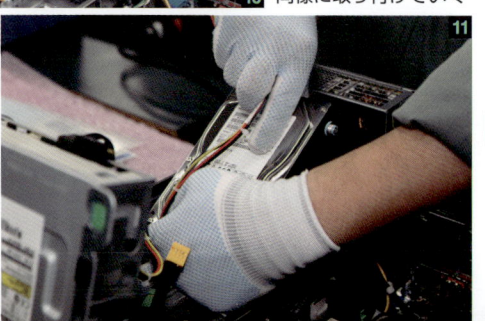

人の目で組み立てや配線などを確認

　パソコンの筐体内部には機器を接続するケーブルだけでなく、放熱ファンなどを動かすための電源ケーブルも配線されている。そのため、各機器を取り付け後にこうしたケーブルを接続して、筐体内部がケーブルで乱雑にならないよう括られる13。

　こうして筐体内部を組み終えた製品には、筐体にこの工場のブランドでもある「MADE IN TOKYO」のロゴシールを丁寧に貼り付ける14。

　そして、経験豊富な作業員が務める「インスペクター」と呼ばれる最終確認者が、ケーブルの差し込みや貼り付けシールのゆがみなど、組み立てに問題ないかをチェックして筐体を閉じる15。最後に筐体の外観やキズの有無、歪みがないかを1つ1つ確認して問題なければ、これで無事、組み立て工程を終え、製品はテスト工程へ回される16。

13 マザーボードへの配線。ケーブルは括られ、きれいに収まっている

14 工場のブランドである「MADE IN TOKYO」のシールを丁寧に貼り付ける

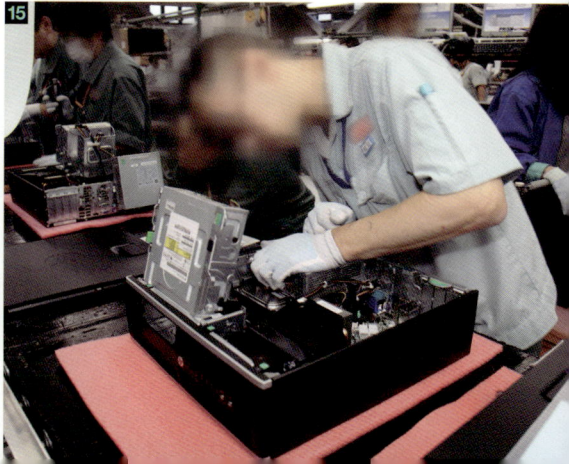

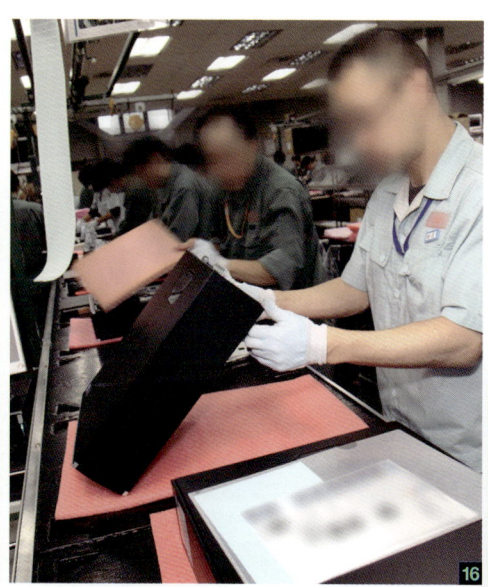

16 ベテランの作業員が厳しい目で、筐体内部の組み立てや、外観の仕上がりを1つ1つ確認する

第1部　第2章　パソコンをつくる

第2章　パソコンをつくる

工程2　初期動作試験

　組み上がったパソコンでまず行うのが、「プリテスト」と呼ばれる初期動作試験[17]。
　プリテストでは、パソコンにディスプレイやマウス、キーボード、スピーカーといった入出力機器をつなぎ、ネットワークケーブルでテスト用の管理サーバーと接続する。すると、テスト用の診断ソフトがダウンロードされ、同時にサーバーからシリアルナンバーが要求される。筐体に貼り付けてあるシールのバーコードを読み取れば、サーバーはその時点で、生産用のデータベースに入っているその製品を構成する部品がすべてわかる。後はパソコンと接続して得られる電気的な情報と照らし合わせて、オーダー通りの製品になっているかを確認する。
　続いて診断ソフトでは、接続された機器にさまざまな信号を送り、それを検査員が対面で見ながら、製品が正しく動いているか確認していく。たとえばUSB端子では、USBのスロットにレーザー式のマウスを接続してマウスの赤いレーザーが発光すれば、正常に働いていることがわかるというわけだ。プリテストはおよそ20分かけて行われる[18]。

[17] さまざまな周辺機器が接続されプリテストが行われている

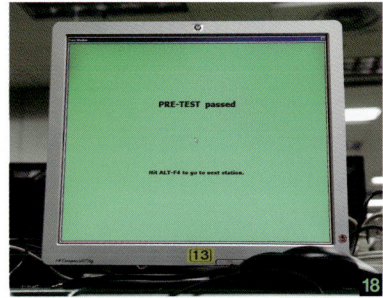

[18] プリテストの合格画面。合格した場合は緑色の画面だが、不具合があった場合は赤色の画面となる

ヒューマンエラーを防ぐ工夫

　プリテストでディスプレイに正しい信号が送られているかを確認しているのが右の写真。光の三原色を送り、赤緑青が正しく表示されていれば問題がない状態である。ただ、検査合格時に「ENTER」キーを押すだけでは、注意が散漫になってヒューマンエラーを起こしかねない。そのため各色の下に数字をランダムに表示し、毎回違うキーを押すことで注意力を喚起し、チェックミスを防いでいる。

[14] ディスプレイに表示されている3原色のチェック画面。表示されている数字をキーボードで打って、次のテストに進む

第1部 第2章 パソコンをつくる

工程3 連続動作試験

　プリテストに合格した製品は、続いて「ラン・イン」と呼ばれる連続動作試験に入る。ラン・インではパソコンをラックに積み上げ、電源とLANケーブルだけ接続して、サーバーがネットワークを介して自動的にテストを行う[19]。

　サーバーは、製品からプリテスト時にハードディスクに書き込まれたシリアルナンバーや構成情報を取得して、パソコンの設定を行い、電源のオンオフやメモリーのテストなどを実施していく。

　この検査で問題なければ、データベースの情報を元に、OSやOfficeといったさまざまなソフトウェアを自動的にダウンロードして、次々にインストールする[20]。

　ちなみに、このテストを行うサーバーは、数百台、数千台の製品が同時に接続してそれぞれのテストを行うため、とても高い性能が求められる。この工場でもサーバーの開発・管理にはずいぶん力を注いでいる。

[19] ラックに積まれた状態で、製品の構成にもよるが数時間かけてラン・インのテストが行われる

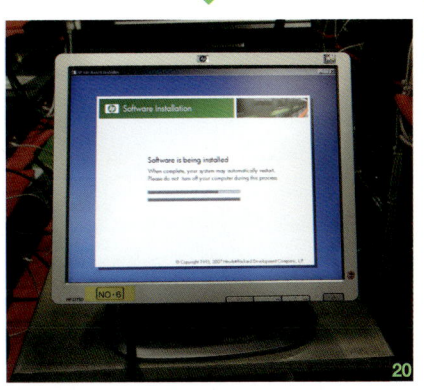

[20] ディスプレイを接続すれば、テスト状況がわかる。写真はソフトウェアをインストールしている画面

担当者に聞く　高い生産効率を誇る昭島工場

　日本国内、しかも都内にパソコンの組み立て工場があるというと、皆さん大変驚かれます。ただ、これは特別な意味があるのではなく、純粋に生産効率が高く、営業実績もよいため、ここ昭島工場で組み立て作業を行っているのです。

　当工場はとくに法人向け製品に強いのですが、各種カスタマイズなど、国内生産ならではの細かなサービスや5日間でのお届けに加え、法人が多く所在する首都圏に位置していることで、輸送による初期不良や輸送コストも抑えられるというメリットもあります。

　最高のパフォーマンスを発揮できるよう日々、作業の改善を行いながら、お客さまのニーズに的確に応えていきたいと思っています。

パソコン工場を案内してくれた日本HPのパーソナルシステムズ事業統括 PSGサプライチェーン本部の斉藤さん

第 2 章　パソコンをつくる

工程 4　梱包から出荷

　テストを終え、OSやソフトウェアがインストールされたパソコンは包装工程のラインに乗せられ、マニュアルなどが詰められた付属品の箱と、あらかじめ梱包されて納品されているキーボードなどとセットになってラインを流れていく21。そして、これらを一緒に梱包する段ボール箱に保証書の袋や管理用のバーコードシールを貼り付け、最後にパソコンを包装して段ボール箱に詰め、機械で箱を閉じる。これで最終完成品の出来上がりである22 23。

　これらの完成品は出荷スペースに運び込まれ、管理用データベースを元に出力された伝票を貼り付け、注文から4日目の朝、一斉に出荷される24。

21 パソコン本体の上にキーボードの箱、付属品の箱を重ねて1セットにして、包装工程を進めていく

22 管理用のバーコードシールを貼り付ける。梱包されていても管理データにアクセスすれば中身が把握できる

23 パソコンは静電気防止の袋に包まれ、緩衝材を取り付けて箱詰めされる

製品の段ボール箱に添付された管理用バーコードを読み取ると、自動的に配送伝票が打ち出される

24 配送伝票が貼り付けられた製品の箱が、伝票に従って輸送用の台車に仕分けられていく

工程 5 抜き取り検査

　いくつもの工程を経て出荷されるパソコンだが、この工場では出荷時に抜き取り検査を実施している。最終段階のバーコードシールの作成時、ランダムに抜き取り検査の指示が印字され、その製品は出荷スペースから再び工場内に戻され、さまざまな厳しいテストが行われる25。

　抜き取り検査ではテストプログラムを動かしたり、プリンターに接続してのテストプリント、光ディスクドライブを使用したDVDディスクへの書き込みテストなどを行う26。抜き取り検査は、製造時の試験よりもよりユーザーの使用環境にあわせ、さまざまな使用環境で正常に動作するかを確認している27。

　変わったところでは、パソコン本体の上にユーザーが重いCRTディスプレイを置いて使用することを想定した、漬け物石を用いた荷重テストや、トラックでの輸送時に細かな振動を受けることを想定した振動テストなどがある28。

　テストで問題なければ、クリーニングをしてキズなど外観をチェックした後、あらためて梱包され出荷される。

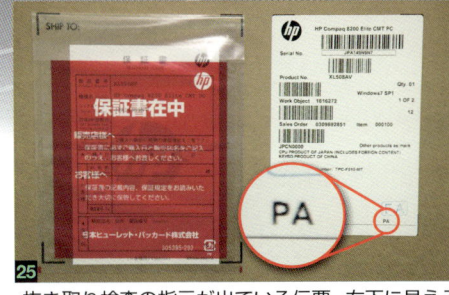

25 抜き取り検査の指示が出ている伝票。右下に見える小さな「PA」の文字が抜き取り検査を指示している

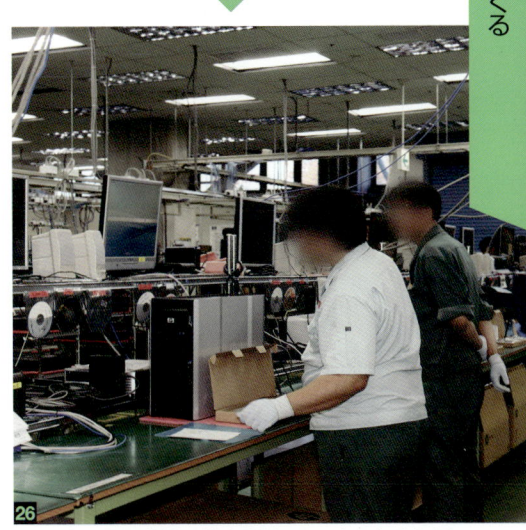

26 梱包された製品の箱を開け、テストのために周辺機器に接続している

27 抜き取り検査中のパソコン。ディスプレイを置いているラックにテスト用のDVDとCDが掛けられている

28 CRTディスプレイの重量に相当する漬け物石を用いた荷重テスト。日本HP独自のテストとのこと

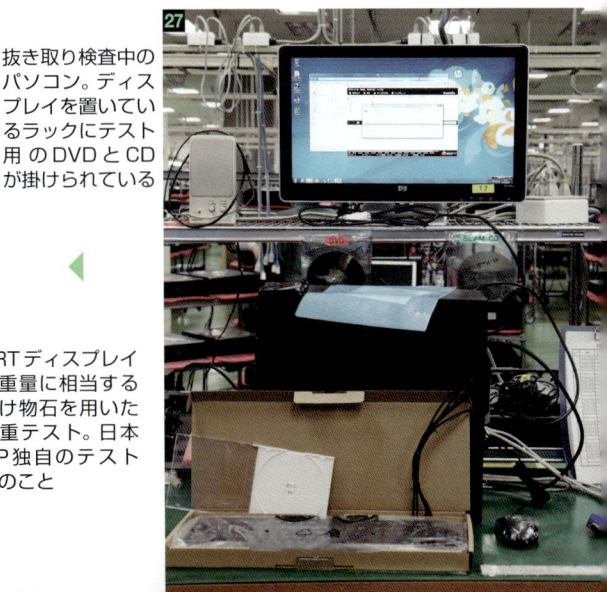

第1部　第2章　パソコンをつくる

パソコンのしくみ
第2部

第 1 章 ── パソコンが動くしくみ
第 2 章 ── データを保存するしくみ
第 3 章 ── パソコンを操作するしくみ

パソコンは、演算・制御・入力・出力・記憶の５つの機能があり、それらの機能が連携しながら各種の処理を実現している。各機能を提供する部品や装置の具体的なしくみを解説することで、パソコンがどうやって動いているのかを見ていくことにしよう。

第1章 パソコンが動くしくみ

CPUの仕組み

CPUは命令に従って演算を行うパソコンの心臓部にあたる部品で、4つのステップで演算処理を行っている。

●演算機能を担うパソコンの心臓部

CPU（Central Processing Unit：中央演算処理装置）は、パソコンで高度な処理を実現するための演算と、パソコン内の各部分を制御する役割を果たしていて、パソコンの心臓部にあたる装置である。

演算機能と制御機能を実現するため、CPU内部には、演算の命令や演算に使うデータを格納するための**レジスタ**や、CPUが動作するタイミングとなるクロック信号を発生させる**クロック回路**が用意されている（下図左）。

制御機能によってレジスタに読み込まれた命令やデータを演算装置で処理して、必要に応じて演算結果をレジスタに戻すという流れを、クロック回路でタイミングを取りながら行っているというのが、CPUの大まかな仕組みである。

レジスタは格納する命令やデータの種類によっていくつかの種類に分かれる。大別すると命令やデータそのものを格納するレジスタと、メモリーのどこに命令やデータがあるのかを示す値（**メモリーアドレス**）を格納するレジスタに分けられる。たとえば、命令そのものは命令レジスタ、次に実行する命令が格納されているメモリー上のアドレスはプログラム・カウンター、任意のデータは汎用レジスタに格納される（下表）。

アドレスを格納するレジスタが必要なのは、レジスタに読み込まれる命令やデータはメモリー上にあり、該当の命令やデータを読み出すにはアドレスを事前に知っておく必要があるからだ。

CPUの機能

演算機能と制御機能を実現するため、命令やデータを格納するレジスタや動作するタイミングとなるクロック信号を発生させる機能も用意される

代表的なレジスタ

レジスタ名	説明
命令レジスタ	命令そのものを格納する
プログラム・カウンター	次に実行される命令がメモリー上のどこにあるのかを示す値（アドレス）を格納する
汎用レジスタ	演算で使用する任意のデータや演算結果などを格納する
フラグ・レジスタ	演算処理後のCPUの状態を格納する

●演算処理は4ステップで進む

　CPUは4つのステップで演算処理を進めていく。具体的には、(1)命令の読み出し(**フェッチ**)→(2)命令の解読(**デコード**)→(3)命令の実行→(4)結果の書き込み、の4つである(右図上)。

　まず、命令の読み出しではプログラム・カウンターに格納されているアドレスにある命令を制御機能を使って、メモリーから命令レジスタに読み出す。次にその命令を解読して、命令に書かれた演算を実行する。その際に必要となるデータは、メモリーから読み出され、汎用レジスタに格納される。演算した結果は別の汎用レジスタに書き込まれ、格納される。汎用レジスタは複数個用意されていて、必要に応じてデータの読み書きが行われる。汎用レジスタを設けることで、メモリーへのアクセスを少なくでき、処理速度の向上が期待できる。

　ここまでCPUの仕組みを論理的に説明してきたが、物理的にはこれらの仕組みは電流を流すか、流さないかの組み合わせで実現していて(172ページ参照)、CPU上には大量の電流が流れている。CPU内部は微細な回路だが、回路に電流が流れるたびに配線の電気抵抗により発熱し、総量としては大きな熱を持ってしまう。

　大きすぎる熱を持った電子製品は正常に機能しない。そこでCPUをパソコンに搭載する場合、熱を放熱する仕組みが必要になり、**ヒートシンク**や**ファン**と呼ばれる機器が取り付けられる(右図下)。

　ヒートシンクは、金属板に羽根や突起物を付けて表面積を大きくしたもの。CPUに取り付けるとCPUで生じた熱がヒートシンクに移動し、より大きな表面積で空気と接することで、効果的に放熱する仕組みである。多くのデスクトップパソコンでは、さらにファンを使ってヒートシンクを冷却している。

CPUの演算処理の順序
CPUは下記の4つのステップで演算処理を進めていく

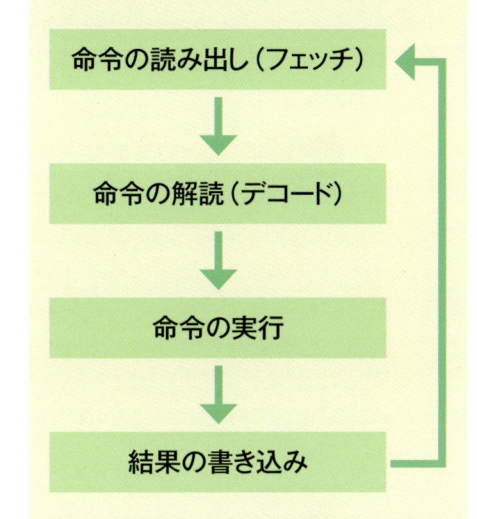

命令の読み出し(フェッチ)
↓
命令の解読(デコード)
↓
命令の実行
↓
結果の書き込み

CPUには冷却が必要

CPUは熱を持つため、正常に動作させるためには冷却が必要。ヒートシンクやイラストのようなファンを取り付けることで放熱している

第1章　パソコンが動くしくみ

CPUの構造

CPUの正体は複数のトランジスターが集積されたマイクロプロセッサー。
ここではCPUの構造について説明しよう。

● 1枚の半導体チップに大量のトランジスターを集積

　CPUは、演算器、命令やデータを格納するレジスタ、メモリーの入出力をコントロールする制御回路、クロック回路などで構成されていて、このような処理装置を総称して**プロセッサー**と呼ぶ。**マイクロプロセッサー**とは、このプロセッサーの機能を1つの半導体チップに集約した電子部品のことで、パソコンのCPUはマイクロプロセッサーで提供されている。

　パソコンの演算機能を担っているCPUだが、その演算の正体はスイッチのオンとオフ。電流が流れる、流れないという2つの状態をコントロールすることで高度な処理を実現している（172ページ参照）。

　CPUは、**ダイ**と呼ばれる1枚の半導体チップに大量のトランジスターで回路が構成されていて、1つ1つのトランジスターがスイッチの役割を果たしている。1971年に登場した世界初の商用マイクロプロセッサーであるインテル社の「Intel 4004」は1枚のダイに2300個のトランジスターを集積していたが（下写真）、最新のCPU「Intel Core i7」では7億3100万個ものトランジスターを集積する。

　大量のトランジスターは、演算やレジスタ、制御などの役割に応じて、ユニットという単位に分けられる。これをCPU設計という。CPU設計は年々進化を続けていて、いまでは処理速度を向上させるためのキャッシュメモリー（56ページ参照）や、グラフィックに特化したユニットもCPU内に設けられている。

世界初の商用マイクロプロセッサー

世界初の商用マイクロプロセッサー「Intel 4004」。右側はIntel 4004のダイの写真で、2300個のトランジスターを集積している

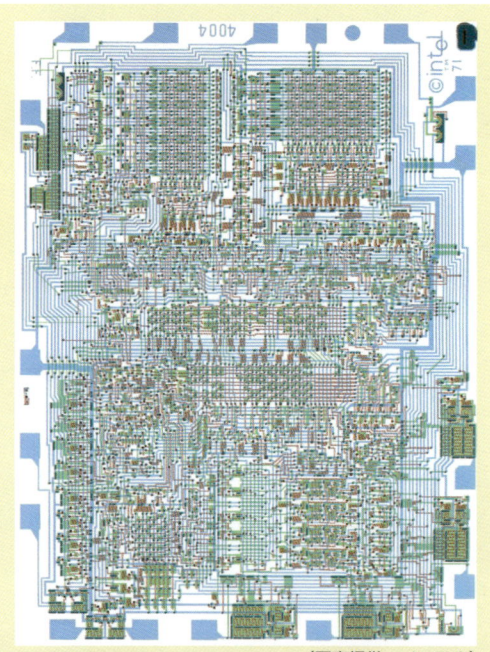

（写真提供：インテル）

トランジスターとは何か

　銅やアルミニウムなどの電流がよく流れる物質を導体、ゴムや紙など電流が流れない物質を絶縁体というが、**半導体**はその中間的な特性を持ち、特定の条件までなら電流は流れないが、その条件を超えると電流が流れる物質のことをいう。

　半導体には、電子が余っている状態のn型半導体と、電子が足りない（ホール）状態のp型半導体がある。ちなみに余った電子を自由電子、電子が足りていないホールを自由ホールと呼び、自由電子はマイナスの電荷、自由ホールはプラスの電荷を帯びている。この2つの半導体を組み合わせて、電流を制御している電子部品が**トランジスター**である。

　トランジスターにはいくつかの種類があるが、CPUやメモリーに採用されているのは**電界効果トランジスター**（Field Effect Transistor：FET）である。FETは、1つの半導体（たとえばp型半導体）の中に、異なる半導体（たとえばn型半導体）による2つの電極を持つ。電極は一方をソース、もう一方をドレインと呼び、ソースからドレインに向かって電流が流れるが、その電流はゲートと呼ばれる金属に電圧をかけるか、かけないかで制御されている（右図）。

　FETでは、ゲートと半導体は絶縁膜を介してつながっている。通常、ゲートにプラスの電圧をかけても絶縁体があるため電流は流れないが、さらに高いプラスの電圧をかけると絶縁膜付近にプラスの電荷が溜まり、つながっているp型半導体に影響を与える。プラスの電荷に影響されたp型半導体では、プラスの電荷を帯びている自由ホールが反発して、p型半導体内にわずかに残る自由電子が引き寄せられ、最終的にはソース電極とドレイン電極に達するようになる。その結果、n型半導体の電子が通ることができるチャネルができ、電流が流れるようになる。

電界効果トランジスターの仕組み

構造
p型半導体の両側にn型半導体による2つの電極（ソースとドレイン）がある。上部にはゲートと呼ばれる金属があり、ゲートとp型半導体の間には電流を流さない絶縁膜が存在する

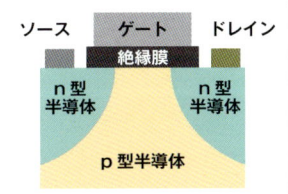

❶ゲートに強い電圧をかけるとゲート内の絶縁膜付近にプラスの電荷が溜まる

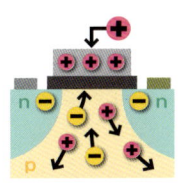

❷絶縁膜付近のプラスの電荷に影響されて、p型半導体内ではプラスの電荷を持つ自由ホールは反発して、わずかに残るマイナスの電荷を持つ自由電子が引き寄せられる

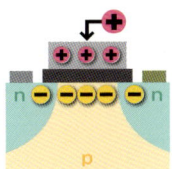

❸p型半導体の絶縁膜付近に自由電子が集まり、最終的に自由電子は両側にあるn型半導体に達する

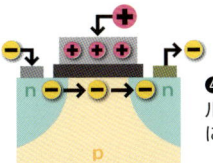

❹結果、電子が流れる道（チャネル）ができ、ソースからドレインに電子が流れるようになる

第1章　パソコンが動くしくみ

CPUの高速化

パソコンの性能を決めるCPUの性能は、集積化とマルチコア化により高められてきた。
ここではCPUの高速化の歴史を見ていこう。

●半導体チップの集積度が向上するとCPUは速くなる

　パソコンの処理速度が向上するにはさまざまな要素が必要になるが、最も重要なのは演算を行うCPUの処理速度の向上である。

　CPUの処理速度を向上させる方法はいくつかあるが、マイクロプロセッサーの集積度を上げるのが一番わかりやすい。集積度が上がれば、1枚の半導体チップにスイッチのオン／オフを行うトランジスターをより多く搭載することができるため、それだけ演算機能も向上する。また、1つ1つのトランジスターも小さくなるので、ソースとドレインの幅も短くなり、高速に動作するようになる。このため、CPUの動作のタイミングとなるクロック周波数を高くすることができ、1つのトランジスターの時間あたりの処理能力も向上する。

　このことから、CPUの高速化はトランジスターの集積化にほぼ比例すると考えられ、集積化の速度を予測したのが、**ムーアの法則**と呼ばれる経験則である（下図）。ムーアの法則は1965年、今や世界的な半導体メーカーとなったインテル社の共同創業者であるゴードン・ムーアによって発表された。当時、「トランジスターの集積化は約2年で2倍となっており、今後も指数関数的に倍々に集積されていく」と予測したのである。

　実際のCPUの性能は、必ずしも計算の速さだけではなく、集積化だけで単純に計算が速くなっていくわけではないが、この半世紀近くの長きにわたってムーアの法則は、経験的に証明されてきた。たしかにCPUの性能は、倍々ゲームで高まってきたのである。

　半導体チップの集積化は、回路の微細加工の限界によりペースが鈍る傾向にあるが、周辺技術の開発によって補われ、そのペースは今もおよそ変わらない。開発に何年もかかる電子産業にとってムーアの法則は、大きな指標といえる。

ムーアの法則　インテル社製CPUの半導体チップのトランジスター数の推移。多少のばらつきはあるが、ムーアの法則が示すとおり、「約2年ごとに倍増」している

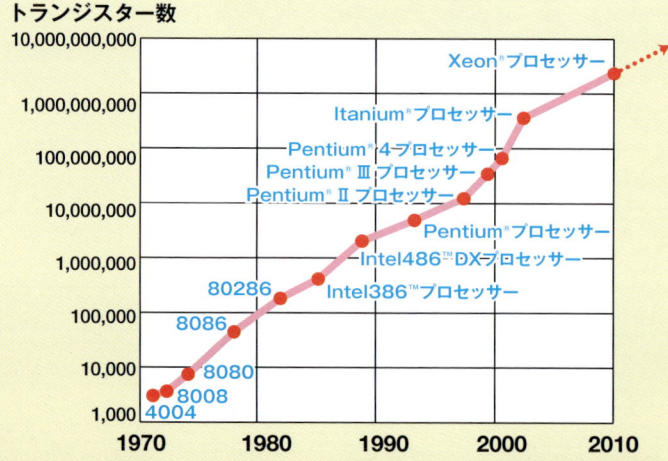

（資料提供：インテル）

●マルチコア化するCPU

　CPUは従来、演算回路やレジスタなどで構成された1つのプロセッサとして、演算の役割を担ってきた。だが、電子技術が発展するにつれてCPUを含む半導体チップの開発は、微細回路の加工技術となり、従来のようなペースでの開発が難しくなってきた。また、動作クロックの高速化に伴うCPUの発熱をヒートシンクやファンで冷却することも難しくなり、CPUの演算能力を向上させるには別のアプローチが必要になった。

　そこでCPUは、集積化によって単に高速化するのではなく、従来のCPUを構成してきた1つのプロセッサ（プロセッサコア）を複数個搭載することで、より多くの計算が行えるように進化した。これがマルチコアと呼ばれるCPUだ（右図）。複数のコアを搭載することで、並列処理を行いCPUの処理速度を向上させる。

　また、**マルチコア**のCPUは、コアごとに動作クロックをコントロールしたり、余裕があるときはコアそのものを休止状態にすることで、消費電力の低減や発熱の抑制を実現している。

　はじめてのマルチコアCPUは、2005年にインテル社が発表した2つのコアを持つデュアルコア「Pentium エクストリーム・エディション」であり、同年にはインテル社のライバル、AMD社も「Athron64 X2」を発表した。しかし、実際に広く普及するきっかけとなったのは、翌2006年にインテル社がPentium Dの後継として発表した「Core2 Duo」である。

　もっともマルチコアの登場当初は、並列処理に対応したプログラムが少なかったこともあり、本来の性能はあまり発揮できなかった。それが次第に、OSをはじめとするソフトウェアがマルチコアに対応するようになり、特性が生かせるようになってきた。現在では、コアが2つの**デュアルコア**や4つの**クアッドコア**をはじめ、複数のコアを搭載したマルチコアがCPUの主流となっている。

マルチコア化が進むCPU

〜2004年
Pentium エクストリーム・エディション以前

Pentium エクストリーム・エディション以前のプロセッサーは、ハイパー・スレッディング・テクノロジーなどの技術で仮想的にデュアルプロセッサー環境を実現していたものの、構造自体はシングルプロセッサーだった

2005年〜
Pentium エクストリーム・エディション以降

1つのCPUダイに2つのコアを搭載するデュアルプロセッサーはPentium エクストリーム・エディションで初めて登場。しかし、広く普及し始めたのは、Core2 Duo登場以降である

2006年〜
クアッドコア Xeon、クアッドコア Core2 Extreme 以降

2006年に登場したサーバーやワークステーション向けのXeon、高性能パソコン向けのCore2 Extremeではクアッドコアが採用され、1つのCPUダイに4つのコアを搭載できるようになった

第1章 パソコンが動くしくみ

最新CPUの構造

CPUは進化するにつれ、単なるデータ処理のプロセッサーとしてだけでなく、さまざまな機能を新たに組み込んでさらなる高速化を図っている。

●領域が分かれたCPUダイ

　CPUの外見は1つの半導体チップ（CPUダイ）だが、実際は役割ごとに細かく領域が分かれている。インテル社の最新CPUである、第二世代Core i7を例に見てみよう。

　CPUの中心的な役割を果たしているのが、演算処理を行う最小単位、コア（Core）である。下図ではコアの数が6個となっているが、CPUによって2〜8個と数は異なる。また、CPUでの演算処理を待っているデータを保存しておくキュー（queue）や、CPUから外部へのデータの入出力を管理している領域はアンコア（uncore）と呼ばれ、ひとかたまりになっている。

　これらの領域がCPU本来の役割を果たしているのに対し、三次キャッシュ（L3）は一時的なデータの保管領域である。CPU内に高速でアクセスできる記憶領域を設けることで、CPUの処理速度を高めている。また、メモリーとのデータ転送を制御するメモリーコントローラーも、近年は高速化のためCPUに組み込まれる傾向にあり、第二世代Core i7でもCPUの一部となっている。

●高機能化するCPU

　第二世代Core iシリーズではさらに、従来のCore iシリーズに比べ、大容量データの処理を高速化する技術も搭載されている。Sandy Bridge（サンディブリッジ）マイクロアーキテクチャーと呼ばれる新たな電子回路技術である。

　たとえば「Intel AVX」と呼ばれる機能では、演算器が1回に処理するデータ量を倍増させることで、とくに動画や3D画像など大容量データの処理時間を短縮させている。また、同様に大容量データに用いられる浮動小数点データと呼ばれるデータを、4つまとめて1つのレジスタに格納することで、高速に処理することも可能にしている。

　さらにSandy Bridgeマイクロアーキテクチャーでは、画像処理を担当する部品であるGPU（Graphics Processing Unit）を改良し、CPUの内部に完全に取り込んだ。このことで、3Dグラフィックスなどの描画に必要な大量の計算がCPU内部で行われることになり、より

第二世代Core i7の構造

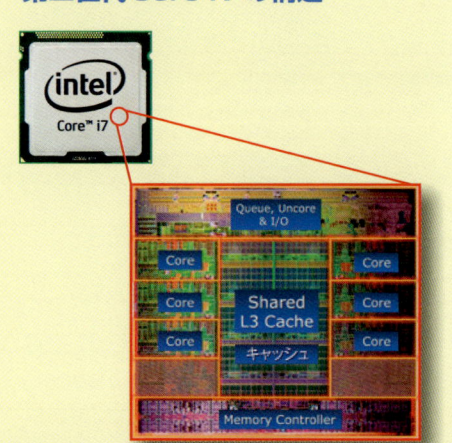

最新のCPUである第二世代Core i7の内部を、顕微鏡レベルで見た写真。実際にCPUの計算を行うコア領域のほか、CPUやメモリーの動作を制御する領域や記憶領域に整然と分かれている

（写真提供：インテル）

ハイパースレッディング・テクノロジー

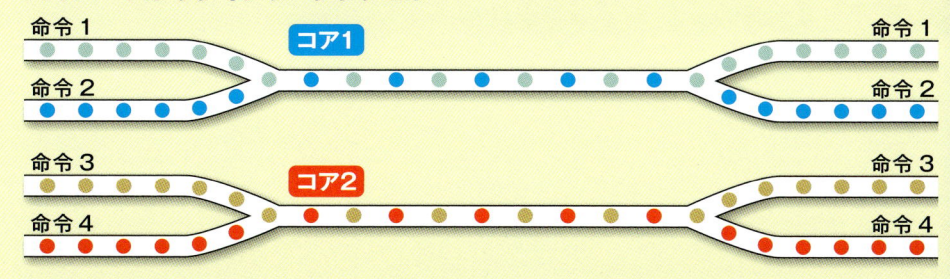

ハイパースレッディング・テクノロジーではあらかじめ2つのバスが設けられていて、1つのCPUコアに、同時に2つの異なる命令を伝えられる。そのため、仮想的に2つのコアのように利用できる。しかし、実際に演算を行うコアの数は変わらないので、性能の向上はおよそ20％ほどといわれている

高速に処理されることとなった。それにあわせ、従来からCPUに用いられていた**ターボ・ブースト・テクノロジー**と呼ばれる技術を、GPUにも適用されるようにした。

ターボ・ブースト・テクノロジーは、大量のデータ処理が求められCPUに負荷がかかったとき、一時的に定格を超えてCPUの性能（クロック数）を上げる技術である（下図）。潜在的な性能に比べ、通常時の性能が抑えられるため、CPUをはじめパソコンの消費電力や回路への負担を下げられるメリットがある。

また、第二世代Core iシリーズでは、第一世代のシリーズでは搭載されなかった**ハイパースレッディング・テクノロジー**と呼ばれる、インテル社が従来から持っていた技術をあらためて搭載した。この技術はCPUで一時的に空いた回路を活用して、並列して別の計算を行わせるものである（上図）。いわば、仮想的にプロセッサコアを作り出す技術といえる。この技術は、マルチコアCPUが生まれる前に開発されたものだが、この技術を用いることでコア数が仮想的に増え、処理速度を高めることができる。

これらの機能によって第二世代Core iシリーズでは、第一世代に比べてコンテンツ製作では20％、3Dグラフィックス処理やゲームでは60％以上、性能が向上しているといわれている。大容量のデータ処理に適応したCPUが、近年のトレンドといえる。

ターボ・ブースト・テクノロジー

ターボ・ブースト・テクノロジーはCPUに要求される計算量が多いときにのみ、CPUのクロック周波数を上げて、データ処理能力を向上させる。この技術により、比較的低いクロック数のCPUでもより高い計算能力を持つことができる

通常時

負担の大きな作業のときは…

ターボ・ブースト動作時

第2部 第1章 パソコンが動くしくみ

第1章　パソコンが動くしくみ

メモリーの仕組み

メモリーはCPUが直接アクセスできる唯一の記憶装置。
メモリーとCPUがどうやって命令やデータをやりとりしているのかを見ていこう。

● CPUが直接アクセスできる記憶装置

主メモリー（以下メモリー）は**主記憶装置**とも呼ばれ、CPUが直接アクセスできる記憶装置である。CPUで処理する命令やデータは必ずメモリーに格納されて、CPUに読み出されていく。

たとえば、下図のように2つの値の足し算をCPUが行う場合、まず、1つ目の値を読み出せという命令がメモリーからCPUに渡される（処理1）。次にこの命令に従って、CPUがデータAを読み出し（処理2）。2つ目の値も同様の手続きで読み出された後（処理3と4）、この2つの値の足し算が行われる（処理5）。そして、その結果をメモリーへ書き込めという命令が読み込まれた後（処理6）、最終的にメモリーに結果が書き込まれて処理が完了する（処理7）。このように単純な加え算でも、CPUとメモリーは頻繁に命令やデータのやり取りを行いながら、処理を進めていく（下図）。

メモリー内の各命令やデータは、それぞれ住所の番地のように区分けされて管理されていて、**メモリーアドレス**と呼ばれている。メモリーアドレスを把握することで、CPUはメモリーから命令やデータを読み出すことができる。

CPUが直接アクセスできる記憶装置はメモリーだけだが、その記憶容量は限られていて、さらにパソコンの電源を落とすと記憶された命令やデータは消えてしまう。そのため、必要に応じて命令やデータは、ハードディスクなど大容量で、電源を落としても消えることのない補助記憶装置に保存される。

メモリーがCPUに命令を渡していく流れ

CPUは基本的に同時に複数のことができない。そこでメモリーは保存している命令をCPUに渡していく

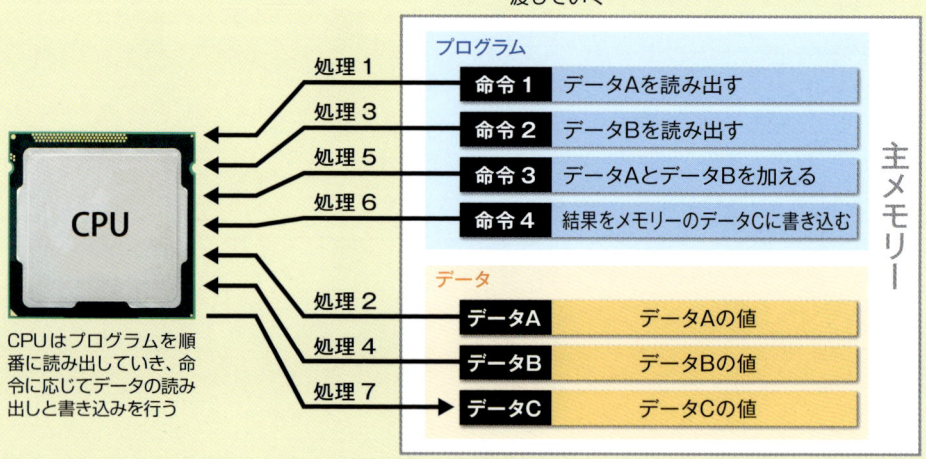

プログラム		
命令1	データAを読み出す	
命令2	データBを読み出す	
命令3	データAとデータBを加える	
命令4	結果をメモリーのデータCに書き込む	

データ		
データA	データAの値	
データB	データBの値	
データC	データCの値	

主メモリー

CPU

CPUはプログラムを順番に読み出していき、命令に応じてデータの読み出しと書き込みを行う

- 処理1・処理3・処理5・処理6（命令の読み出し）
- 処理2・処理4（データの読み出し）
- 処理7（データの書き込み）

●情報の受け渡しはバスを介して行う

　CPUとメモリーの間では多くの情報が受け渡されるが、これらは**バス**と呼ばれる回路を介して電気信号として転送されている。バスには、CPU内部の回路である**内部バス**とCPUとさまざまな電子部品を接続するための**外部バス**がある。CPUとメモリーとの接続はもっとも重要な外部バスである。

　外部バスは、信号線の束であり、転送する情報の内容によって**データバス**、**アドレスバス**、**コントロールバス**の３種類に分けられる。データバスは、命令やデータそのものを転送するためのバス。アドレスバスは、メモリーアドレスなどのアドレスを転送するためのバス。コントロールバスはCPUと外部の回路の間で情報が受け渡されるために必要な制御情報を転送するためのバスである（下図）。

　こうした情報の受け渡しを電気信号で行うときに重要になってくるのがタイミングである。情報の送り手側と受け手側がタイミングを合わせないと、情報を受け渡すことができないのだ。そこでマザーボードには、時計などに用いられる水晶振動子が取り付けられていて、この振動子が発するタイミングに従って、パソコンの部品は情報の受け渡しや動作を行っている。このタイミングのことを**外部クロック**と呼ぶ。

　振動子の発振タイミングは水晶の大きさなどによって変わってくるが、ジェネレーターと呼ばれる装置で調整することで、現在のパソコンでは100MHz（１秒間に１億回の振動）もしくは133MHzに外部クロックが設定されている。また、CPUはメモリーなどの外部装置との情報の受け渡しは外部クロックに従うものの、CPU内部ではこの整数倍のタイミングで動作を行うことで、より多くの処理を行っている。

３種類のバス　CPUとメモリーは３種類のバスを介して情報の受け渡しを行っている

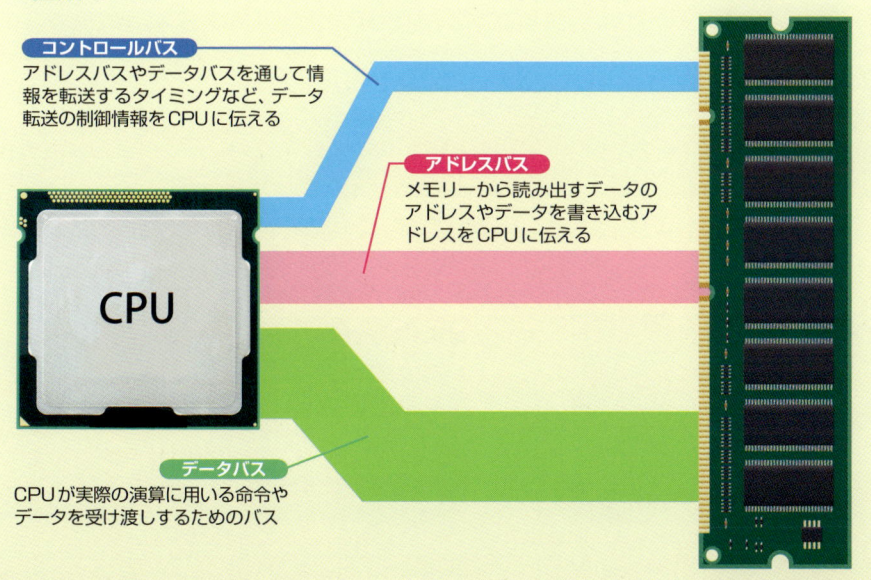

コントロールバス
アドレスバスやデータバスを通して情報を転送するタイミングなど、データ転送の制御情報をCPUに伝える

アドレスバス
メモリーから読み出すデータのアドレスやデータを書き込むアドレスをCPUに伝える

データバス
CPUが実際の演算に用いる命令やデータを受け渡しするためのバス

主メモリー

第1章 パソコンが動くしくみ
メモリーの構造と高速化

メモリーで実際にデータを格納しているのは、IC（半導体）メモリーチップ（DRAM）である。ここでは、メモリーの構造と高速化技術を紹介する。

●メモリーチップを基板に搭載

メモリーは、**メモリーモジュール**と呼ばれる基板に、複数の**メモリーチップ**（**DRAM**※）と、メモリーに関する情報を書き込んだSPDと呼ばれる小さなチップを搭載している（下図）。モジュールとしてメモリーチップを集約することで、メモリーの取り扱いが容易になり、増設なども簡単に行うことができる。

実際にCPUで処理される命令やデータはDRAM内に格納される。DRAM内部は格子状に配線されていて、横に引かれた配線をワード線、縦に引かれた配線をビット線と呼び、両者が交差する位置（**セル**）にデータを格納している。

各セルには、電荷を蓄えることができるコンデンサーがあり、ワード線とビット線の電圧を上げ下げすることで、電気を蓄えたり、放電させたりしている。コンデンサーの電荷の有無がデータの正体で、電気が蓄えられている状態を「1」、蓄えられていない状態を「0」とすることでデータ化している。

メモリーモジュールには、マザーボードと接続する端子の形状や電気的な特性の違いによりいくつかの規格がある。現在のデスクトップパソコンには、端子の裏表から同時に異なるデータを送ることができる**DIMM**と呼ばれるメモリーモジュールが採用されている。一方、ノートパソコンはスペースに制約があるため、DIMMより小さいサイズの**SO-DIMM**を採用していることが多い。

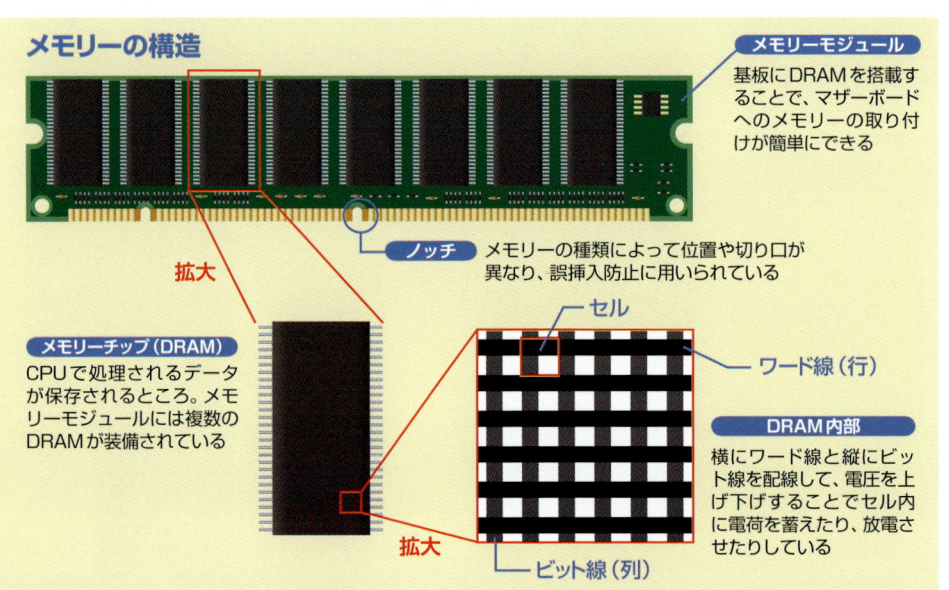

※DRAMは「Dynamic Random Access Memory」の略

メモリーの構造

メモリーモジュール
基板にDRAMを搭載することで、マザーボードへのメモリーの取り付けが簡単にできる

ノッチ
メモリーの種類によって位置や切り口が異なり、誤挿入防止に用いられている

メモリーチップ（DRAM）
CPUで処理されるデータが保存されるところ。メモリーモジュールには複数のDRAMが装備されている

セル

ワード線（行）

ビット線（列）

DRAM内部
横にワード線と縦にビット線を配線して、電圧を上げ下げすることでセル内に電荷を蓄えたり、放電させたりしている

●進化を続けるメモリーの高速化技術

パソコンの処理速度を向上させるには、メモリーの高速化も避けられない課題。CPUの処理速度がいくら向上しても、CPUに命令やデータを転送するメモリーが遅ければ、CPUの待ち時間が増えるだけだ。

2000年頃までメモリーに搭載されるDRAMには、外部クロックと同期する**SDRAM**が採用されていた。ただし、CPUの処理速度の向上に伴い、さらに高速なメモリーが求められていた。そこで登場したのが、**DDR**（Double Data Rate）というデータ転送技術である。

SDRAMでは外部クロックと同期して、クロック信号の立ち上がり時にデータを出力していた。DDRでは、それをクロック信号の立ち下がり時にも、データを出力するようにしている。そのため**DDR SDRAM**は単純に、SDRAMの2倍のデータを出力できるようになった。

DDR SDRAMは、2001〜2005年頃のパソコンに採用されていたが、それ以降のパソコンにはさらに高速になったDDR2 SDRAMやDDR3 SDRAMが採用されている。DDR2 SDRAMでは外部クロックがDDR SDRAMの2倍、DDR3 SDRAMでは4倍で動作することで高速化を実現している（下図）。

メモリーの高速化技術

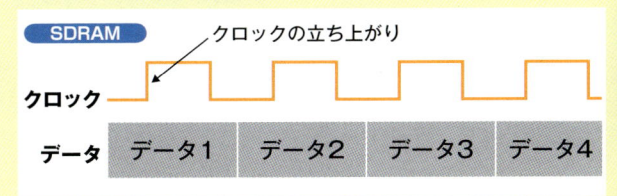

SDRAM
SDRAMはクロックの立ち上がりにデータを出力する

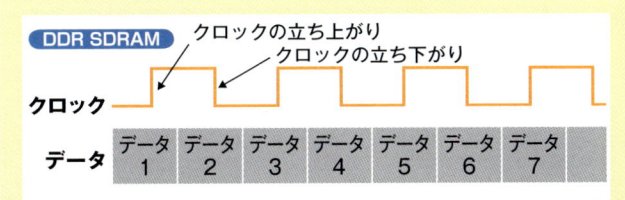

DDR SDRAM
DDR SDRAMはデータの立ち上がりと立ち下がりにデータを出力

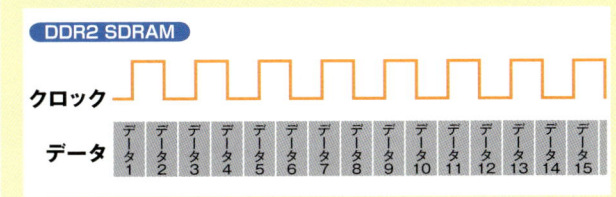

DDR2 SDRAM
DDR2 SDRAMはDDR SDRAMに比べて外部クロック速度が2倍

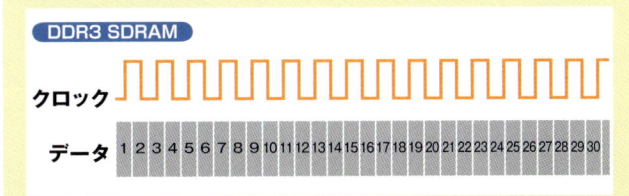

DDR3 SDRAM
DDR3 SDRAMはDDR SDRAMに比べて外部クロック速度が4倍

DDR SDRAMでは立ち下がり時にもデータが出力され、同じ外部クロックのSDRAMに比べ2倍のデータが出力されている。DDR2 SDRAMではDDR SDRAMに比べて外部クロック速度が2倍に、DDR3 SDRAMでは4倍になることで、より多くのデータが出力できる

キャッシュ

CPUの処理は高速なため、メモリーの転送速度がボトルネックになるときがある。ここでは、その問題を解決するキャッシュについて解説する。

●メモリーより高速にデータの読み書きができる

55ページのようにCPUとメモリー間のデータの受け渡しは、外部クロックでタイミングを合わせながら行われている。一方、CPU内部は外部クロックの整数倍のタイミングでデータが処理されている。これを**内部クロック**と呼ぶ（下図）。

メモリーのデータ転送技術は年々進化しているものの、それでも外部クロックは内部クロックより遅いため、CPUの処理にデータ転送が追いつかず、パソコンが高速処理をするときのボトルネックになっている。

そこで、CPUを効率よく使うため、CPUとメモリーの間に、高速にデータの読み書きができる記憶装置を設けて、CPUが頻繁に利用するデータを格納する仕組みが考案された。この仕組みを**キャッシュ**と呼び、キャッシュに使われているメモリーを**キャッシュメモリー**という。

キャッシュはCPU（演算装置）に近いほうから、一次（L1）キャッシュ、二次（L2）キャッシュ、三次（L3）キャッシュと呼ばれる。以前のCPUでは、二次キャッシュ、三次キャッシュには、DRAMより高速にデータの出し入れができる**SRAM**（Static Random Access Memory）を採用していたが、現在はCPUに組み込まれ、CPUの内部クロックで動作するようになっている。

CPUは、より近いキャッシュのデータにアクセスし、データがないときだけメモリーにアクセスする。そして、メモリーのデータにアクセスしたときには、同時にキャッシュメモリーにもそのデータを書き込んでおくことで、次のデータ読み出しに備え高速化している（右図）。

一方、データの書き込みにあたっては、キャッシュメモリーに書き込んでメモリーに書き込まなければ、キャッシュメモリーとメモリー間のデータが不一致となってしまう。そこで、時間はかかるがキャッシュメモリーとメモリーの両方にデータを書き込む確実な**ライトスルー方式**と、データ制御が煩雑になるがキャッシュだけに書き込む**ライトバック方式**を使い分けながら、効率的にデータを管理している。

CPUの処理速度とメモリーの転送速度

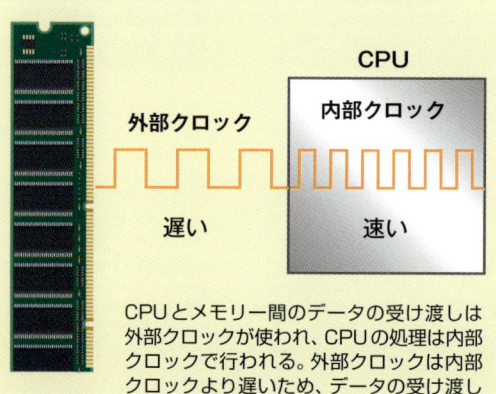

外部クロック　遅い
CPU　内部クロック　速い

CPUとメモリー間のデータの受け渡しは外部クロックが使われ、CPUの処理は内部クロックで行われる。外部クロックは内部クロックより遅いため、データの受け渡しがCPUの処理に追いつかない

●階層構造になっている記憶装置

　キャッシュメモリーのように、高速にデータの読み書きができる記憶装置をメモリーの代わりに使えば、パソコン全体の処理速度は向上する。しかし、キャッシュメモリーに使われるSRAMはDRAMに比べて高価で、メモリーとして使うにはコストパフォーマンスが悪い。

　そこでパソコンの記憶装置は、高価だが高速な記憶装置は小容量にして、低速だが低価格な記憶装置を大容量にする階層構造になっている。パソコンで使うすべてのデータは、ハードディスクなどの補助記憶装置で保存しておき、必要に応じてメモリーに書き込む。さらにCPUでよく使うデータだけキャッシュに格納することで効率的なデータ管理を行い、コストとパフォーマンスの双方のバランスを取っている（右図）。

記憶装置の階層構造

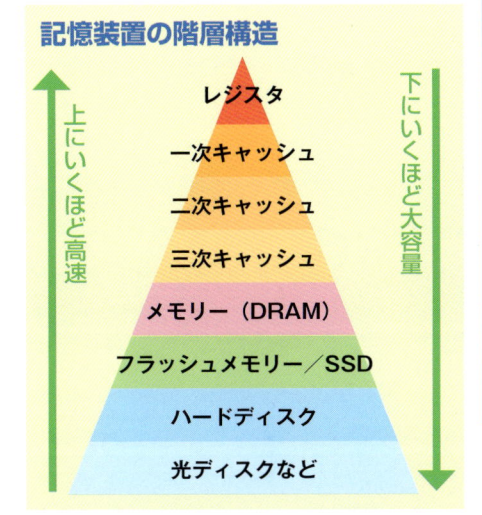

上にいくほど高速／下にいくほど大容量

- レジスタ
- 一次キャッシュ
- 二次キャッシュ
- 三次キャッシュ
- メモリー（DRAM）
- フラッシュメモリー／SSD
- ハードディスク
- 光ディスクなど

一般にレジスタからメモリーまでが内部メモリー、SSD以下が外部（補助）メモリーと呼ばれる。現在キャッシュまではCPUの内部バスで接続されていてデータの転送速度は高いが、下位になるほど転送速度は落ちていく

キャッシュメモリーの仕組み

① キャッシュメモリーにデータがない場合

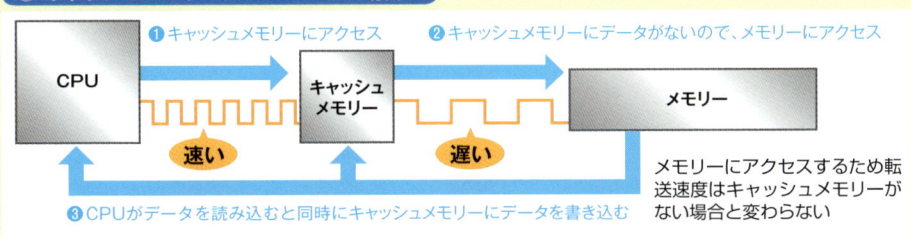

❶キャッシュメモリーにアクセス　❷キャッシュメモリーにデータがないので、メモリーにアクセス

CPU — 速い → キャッシュメモリー — 遅い → メモリー

❸CPUがデータを読み込むと同時にキャッシュメモリーにデータを書き込む

メモリーにアクセスするため転送速度はキャッシュメモリーがない場合と変わらない

② キャッシュメモリーにデータがある場合

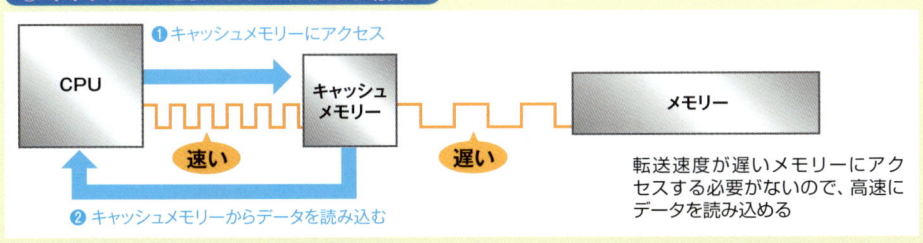

❶キャッシュメモリーにアクセス

CPU — 速い → キャッシュメモリー　　遅い　　メモリー

❷キャッシュメモリーからデータを読み込む

転送速度が遅いメモリーにアクセスする必要がないので、高速にデータを読み込める

キャッシュメモリーにデータがない場合、CPUはメモリーにアクセスするため、データの転送速度は変わらないが、その際にキャッシュメモリーにデータを書き込むため、2回目以降は高速にアクセスできるようになる

第1章　パソコンが動くしくみ

マザーボード

マザーボードはパソコンの電子部品を電気的につなぐため、複雑な配線が施されている基板。電子部品を簡単に着脱できるように各種のスロットや端子を搭載している。

●パソコンの電子部品を電気的に接続

　パソコンはCPUを中心にさまざまな電子部品が連携しながら処理を行っているが、これらの電子部品を電気的につないでいるのが**マザーボード**である。マザーボードはまさしく、パソコンを構成する母体回路そのものといえるだろう。

　マザーボードのベースとなるプリント基板は、絶縁性のある樹脂を塗った板に銅箔などによる複雑な配線を印刷（プリント）技術を使って定着させたもの。ただし、マザーボードは、高度に複雑化した電子回路で構成されているため、配線が施されたプリント基板が複数枚重ねられている。回路そのものは複雑だが、マザーボードには所定の位置に所定の部品が組み込めるように各種のスロットや端子があらかじめ備え付けられていて、CPUやメモリーなどパソコンに必要な多くの電子部品の着脱は容易だ。

　スロットや端子は、パソコンの機能を向上させる機器の接続にも使われる。画像処理能力を向上させるグラフィックボード（65ページ参照）などを追加できる**PCI Express x16**スロットや、ハードディスクや光学ドライブを接続するための**SATA**などはその代表例である。

　ただし、スロットや端子自体はマザーボードに据え付けられているため、設定以上の電子部品を増設することはできない。たとえば、メモリー容量を増やすために、メモリーモジュールを追加する場合、メモリースロットに空きがなければ増設できない。

　スロットや端子以外に、マザーボードにはプリント基板上に直接取り付けられている電子部品も数多くある。そのなかの重要な電子部品の1つが**チップセット**だ。チップセットは、マザーボードに搭載された電子部品同士が、どのようにデータを転送するか、その手順や方法などの制御情報を詰め込んだ半導体チップのことで、マザーボードが回路として働くためになくてはならない部品である。

　マザーボードに組み込まれている部品には、このほか**BIOS**（Basic Input/Output System）を組み込んだ半導体チップもある。BIOSは、起動時にパソコンがハードディスクにデータを読みにいける状態にするまでの処理をまとめた命令群（プログラム）のことだ。私たちがパソコンを起動するとき、メモリー上にはCPUが処理する命令やデータは何も格納されていないので、このままではパソコンは何もすることができない。そこで、マザーボードに取り付けられた**ROM**（Read Only Memory、ロム）という電源を落としてもデータが消えない半導体チップにBIOSが格納され、起動時にBIOSを読み込むことでパソコンが立ち上がる。

　パソコンの各機器がそれぞれの役割を果たすことでパソコンとして機能するが、マザーボードはこのように機器同士をつなぐハブだとも言える（右図）。

マザーボードの主な構成

CPUソケット
CPUの差し込み口。微小な電極が格子状に並んでいてCPUのピンを差し込む

BIOSを格納したROM
起動時に読み込まれる命令群（プログラム）を格納したROM（ロム）

メモリースロット
メモリーモジュールの差し込み口。形状はメモリーモジュールの規格によって異なり、差し込み口は通常2つか4つ

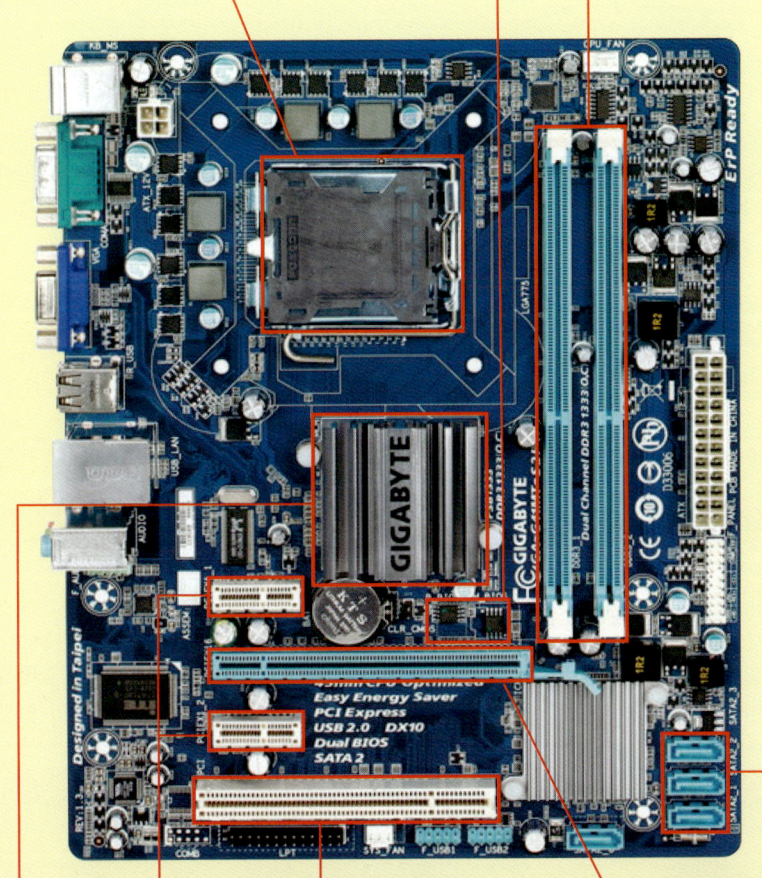

チップセット
マザーボード上でのデータの流れなどを管理するための情報が詰め込まれたチップ群

PCIスロット
かつて主要な規格であったPCI対応のスロット

PCI Express x1スロット
汎用ボードの主な規格となっているPCI Express x1用のスロット

SATA
ハードディスクや光ディスクドライブなどを接続するための端子

PCI Express x16スロット
汎用ボードの主な規格となっているPCI Express x16用のスロット

バス

データの通り道であるバスは、果たす役割によって求められる性能も異なっている。
それぞれのバスは、どのような役割と特徴を持っているのだろうか。

●パソコンに張り巡らされた外部バス

　パソコンはCPUを中心に、筐体内部の電子部品やドライブ類、外部の周辺機器との間で大量のデータがやり取りされる。このデータの通り道である回路のことを**バス**と呼ぶ。

　バスは、**内部バス**と**外部バス**の大きく2つに分けられる。内部バスは、CPU内部の電子回路で構成され、CPUのコアとCPUに内蔵しているキャッシュなどをつなぐ役割を果たしていて、外部バスより高速に設計されている。

　一方、**チップセット**と呼ばれる集積回路によって、データの流れが管理されている外部バスは、CPUとほかの機器を接続するためのもので、接続する機器によってさらに細かく分類されている（下図）。

　まず、CPUとチップセットをつないでいるのが**システムバス**。CPUが各機器に出す命令や情報は、システムバスを経由して、いったんチップセットに伝えられる。その後、チップセットは必要に応じて、各機器とデータのやり取りを行う仕組みだ。大量のデータのやり取りが発生するため、転送速度は高い。

外部バスの構造 チップセットの中でもノースブリッジがバスの中核となり、情報の伝送を司っている。またCPUが高速化するほど、システムバスやメモリーバスは高速化が求められる

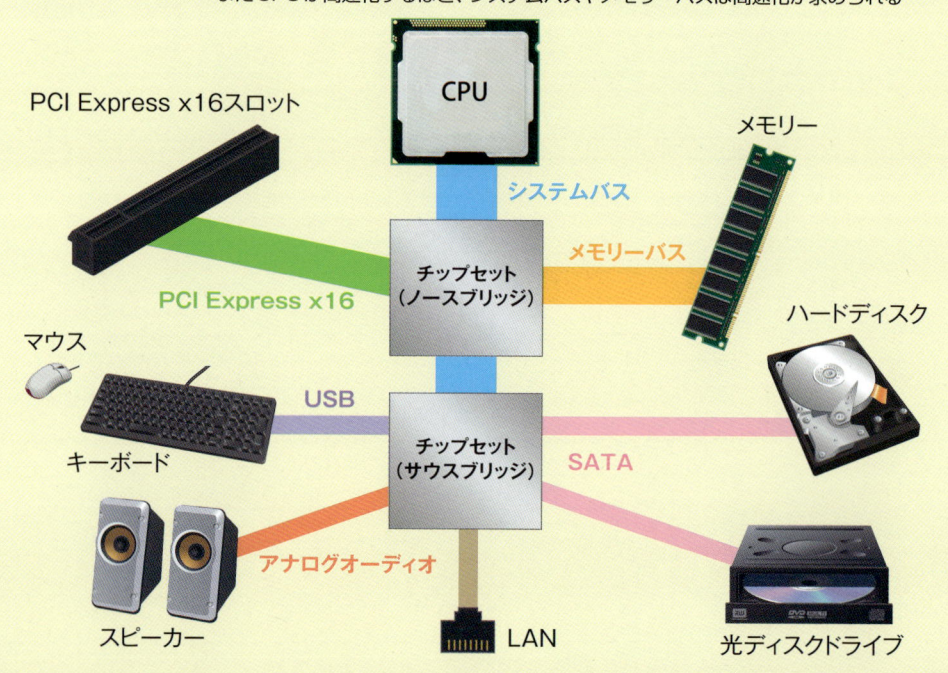

次に、チップセットとメモリーをつなぐのが**メモリーバス**である。CPUが演算を行うのに必要な情報をメモリーからチップセットに伝えたり、CPUがメモリーに記憶させておくためにチップセットに伝えた情報をメモリーに転送する際に使われる。メモリーバスも、システムバス同様、大量のデータのやり取りが必要になるため、転送速度は高い。

ハードディスクや光ディスクドライブ、キーボード、マウスなどの機器とチップセットを接続するバスのことは、総称して**入出力バス**と呼ぶ。これらのバスは、システムバスやメモリーバスに比べて、あまり高速である必要がなく、低速のバスを担当するサウスブリッジと呼ばれるチップセットにつながっている。ただし、グラフィックボードなどを接続するPCI Express x16とは、高速なデータのやりとりが必要となるため、CPUに近いチップセットのノースブリッジが担当している（詳細は62ページ参照）。

●パラレルバスとシリアルバスの特徴

バスはその転送方法によっても、2つに分けられる。**パラレルバス**と**シリアスバス**である。

パラレルバスは1つのデータを小分けし、複数の信号線を通して送る仕組みだ。信号線を増やせば単純に転送できるデータが増えるため、長く主流の転送方法として用いられていた。しかし一方で、信号線相互に干渉を起こしやすく、また小分けにしたデータの到着に時間的なズレが生じ、同期の手間がかかってしまう。こうした弱点は、転送速度が高速になればなるほど顕著になるため、バスの高速化とともに新しい転送方法が模索されるようになった。

一方のシリアルバスは、1本の線で、順番に小分けしたデータを転送する仕組みである。当初は並列でデータが送られるパラレルバスより伝送速度が遅かった。しかし、一本線であることからデータが干渉しにくく、安定的にデータを送信できるなどの利点があった。こうした点は、高速転送には大きなメリットであり、パラレルバスよりバスの高速化が比較的容易だったため、次第に採用されるようになり、いまではバス伝送の主流となっている（左図）。

ハードディスクなどを接続する規格がATAからSATAになったり、拡張ボードを接続する規格がPCIからPCI Expressとなったのも、このパラレルからシリアルへの移行に伴ってのことである。

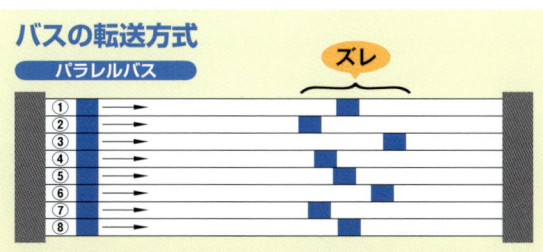

バスの転送方式

パラレルバス

データを送る信号線を増やせばより多くのデータを送れるが、到着にズレが生じ、同期が難しく、また送信時に干渉しやすい

シリアルバス

パケットに分けて転送

並列にデータは送れないが、パラレルのように到着のズレを気にする必要がないのでデータの伝送速度を上げやすい

チップセット

2つのチップで構成されるチップセットが、パソコン内部の情報の流れを制御している。
2つのチップがどのような役割を果たしているのか見ていこう。

●役割分担しているチップセット

バスを流れる情報の制御を行っている**チップセット**は、多くの場合、マザーボード上に2枚のチップとして搭載されている。このうち、CPUに近いほうのチップが**ノースブリッジ**、遠いほうのチップが**サウスブリッジ**である。これはマザーボードの回路図を見たとき、ノースブリッジが地図上で北を示す、上方に位置していることから名付けられたものだ。

このノースブリッジとサウスブリッジの2枚のチップは専用回路で結ばれていて、CPUからチップセットに入った情報は、それぞれ役割分担をして対象となる電子部品や機器とバスで情報の受け渡しを行う。具体的に見ていこう。

ノースブリッジは、チップセットとCPUをつなぐシステムバスと、チップセットとメモリーをつなぐメモリーバスを担当している (60ページ参照)。また、PCI Express x16対応の機器との入出力バスも担当だ。すなわち、高速で動作する機器との情報は、ノースブリッジが担当している。

一方、サウスブリッジは、PCI Express x16対応機器を除く、入出力バス全般を担っている。ハードディスクや光ディスクドライブ、キーボードやマウス、USB機器などとの情報の受け渡しだ。これらの入出力機器に求められる情報処理速度は相対的に高くなく、サウスブリッジは低速なデータ転送を担っている (下図)。

ただ最近は、こうしたチップセットの役割分担も崩れてきている。データの大容量化と処理の高速化により、ノースブリッジの機能をCPUに移転する技術が生まれている。

たとえば、メモリーの情報の入出力を制御するメモリーコントローラーがある。従来、メモリーコントローラーはノースブリッジに含まれる機能だ。しかし、インテル社が08年に発表したCore i7などは、メモリーコントローラーをCPUに組み込んでいる。従来、ノースブリッジを介して接続していたCPUとメモリーが直接つながり、データ転送は高速化されている。

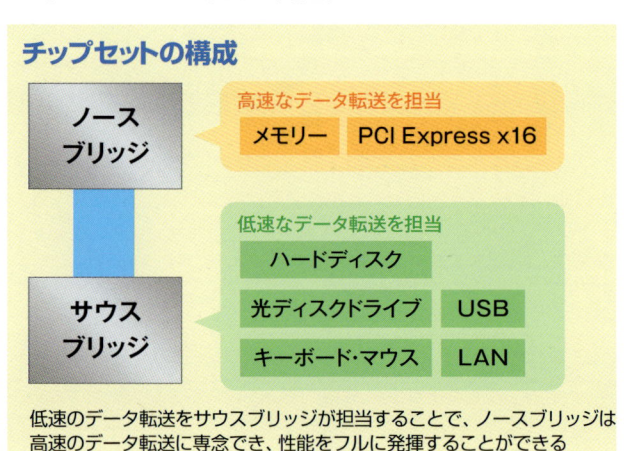

チップセットの構成

ノースブリッジ	高速なデータ転送を担当: メモリー / PCI Express x16
サウスブリッジ	低速なデータ転送を担当: ハードディスク / 光ディスクドライブ / USB / キーボード・マウス / LAN

低速のデータ転送をサウスブリッジが担当することで、ノースブリッジは高速のデータ転送に専念でき、性能をフルに発揮することができる

●チップセットの機能を組み込んだ新世代CPU

データ処理の高速化のためにCPUに組まれたノースブリッジ機能は、メモリーコントローラーに止まらない。インテル社の最新CPUである第二世代Core iシリーズでは、ノースブリッジが担っていた画像処理を行うGPU※の機能まで、CPUに取り込んだ。

もちろん、このことにより画像処理の速度は格段に上がったが、第二世代Core iのチップセットは、結果としてノースブリッジがなくなり、サウスブリッジのみとなった。

変わったのは、チップセットばかりではない。従来、CPUとノースブリッジの間はパラレルバスの形式で、コントロールバス、アドレスバス、データバスがつながっていた。それが第一世代Core iシリーズの登場とともに、パラレル形式が廃止され、高速転送に適したシリアル形式の専用線で接続されることとなった（下図）。この変化はインテル社だけでなく、ライバルのAMD社でも同様だ。

第二世代Core iシリーズでは、1つだけになったチップセットとCPUを結ぶシリアル形式の専用線に加えて、CPUとチップセットの間に画像データの専用線も引かれることとなった。CPUに内包されたGPUが処理する画像データを、既存のCPUとチップセット間の信号線とは別に、サウスブリッジを介してビデオ出力するためである。

データ処理の大容量化、高速化が進む中でのチップセットの変化は、情報を転送するバスの構成も変えつつあるのだ。

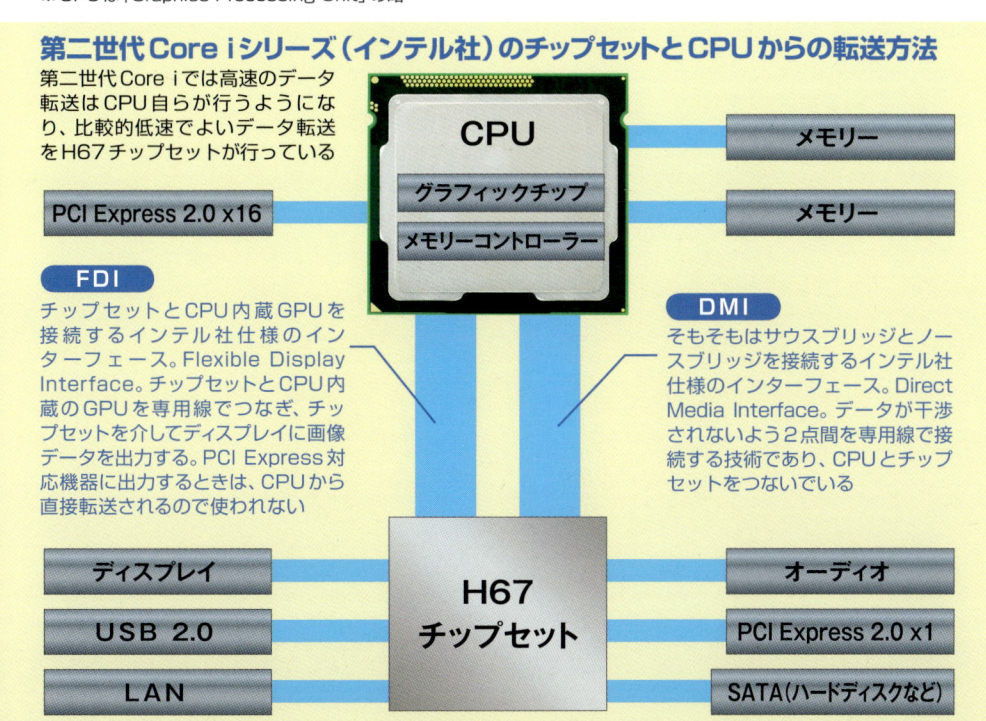

※GPUは「Graphics Processing Unit」の略

第二世代Core iシリーズ（インテル社）のチップセットとCPUからの転送方法

第二世代Core iでは高速のデータ転送はCPU自らが行うようになり、比較的低速でよいデータ転送をH67チップセットが行っている

CPU
- グラフィックチップ
- メモリーコントローラー

PCI Express 2.0 x16
メモリー
メモリー

FDI
チップセットとCPU内蔵GPUを接続するインテル社仕様のインターフェース。Flexible Display Interface。チップセットとCPU内蔵のGPUを専用線でつなぎ、チップセットを介してディスプレイに画像データを出力する。PCI Express対応機器に出力するときは、CPUから直接転送されるので使われない

DMI
そもそもはサウスブリッジとノースブリッジを接続するインテル社仕様のインターフェース。Direct Media Interface。データが干渉されないよう2点間を専用線で接続する技術であり、CPUとチップセットをつないでいる

H67チップセット
- ディスプレイ
- USB 2.0
- LAN
- オーディオ
- PCI Express 2.0 x1
- SATA（ハードディスクなど）

第1章　パソコンが動くしくみ

拡張スロット

パソコンの機能を拡張する拡張スロット。グラフィックボードなどの拡張ボードをセットすることで、パソコンのさまざまな機能が強化される。

●代表的な拡張スロットPCI Expressの仕組み

　マザーボードの拡張スロットは、規格に対応した拡張ボードを差し込むことで、さまざまな機能が追加されるインターフェースである。その規格はいくつかあるものの、現在もっとも広く普及しているのは、**PCI Express**（ピーシーアイ エクスプレス）規格といえるだろう。

　かつての拡張ボードには、PCI規格が広く採用されていた。だが、バスの説明（61ページ）でも触れたように、PCIはパラレル形式のデータ転送だったために、高速化に限りがあった。データの大容量化が進む中で、新しい規格に目が向けられ、シリアル形式を採用した後継規格に後を譲った。それが、2002年に発表されたPCI Expressである。

　PCI Expressの特徴は何より、レーンと呼ばれる信号線にある。レーン自体は、シリアル形式によってデータを転送する信号線に過ぎないが、実際にPCI Express規格を使うときにはレーンを束ねることができる（下図）。

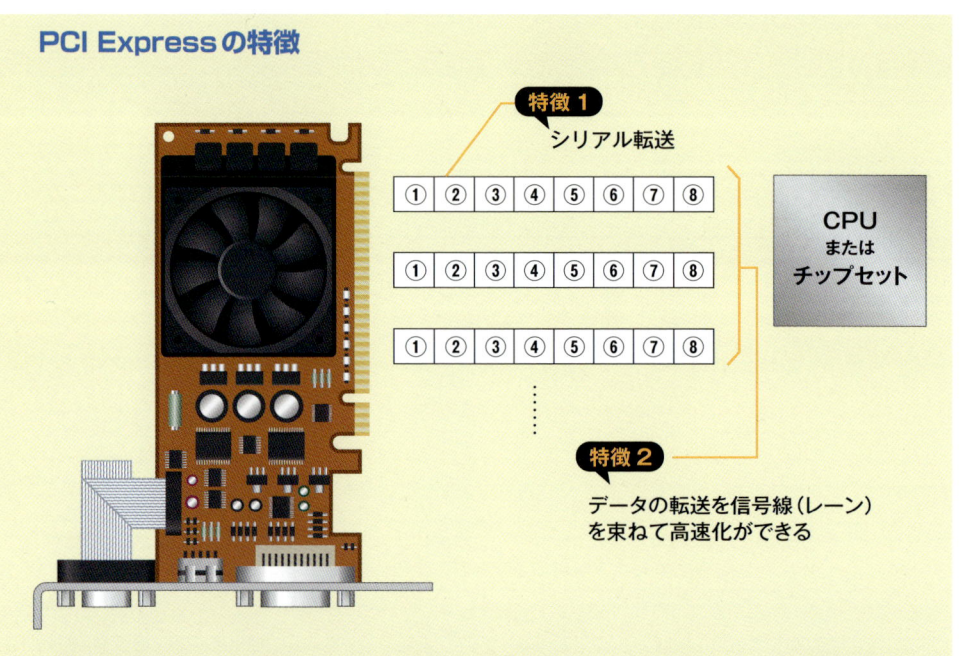

PCI Expressの特徴

特徴1　シリアル転送

特徴2　データの転送を信号線（レーン）を束ねて高速化ができる

PCI Expressではレーンを束ねることで、大容量のデータ転送が行えるインターフェースを構築できる。PCI Express x16は片方向4GB/sの性能を持ち、3Dグラフィックボードとの接続によく利用されている

そのため、レーンを1つしか使わない汎用的なスロットは**PCI Express x1**、グラフィックボードなどに用いられる16レーンを使ったスロットは**PCI Express x16**などと表記されている。サーバーなど特殊な用途に向けたx4やx8などもあるが、マザーボードによく搭載されるのは、もっぱらx1とx16の2種類のスロットである。

このPCI Expressの実効データ転送速度は、1レーンあたり片方向で250MB/sであり、x16では16倍の4GB/sとなる。これは、PCI Express登場当時、グラフィックボードの主流規格であったAGP 8xの転送速度をはるかに上回っていて、3D画像など大容量データを扱うグラフィックボードでは、x16がまたたく間に主流の規格となった。

現在、PCI Express 2.0では片方向500MB/s、PCI Express 3.0で1GB/sと、規格のバージョンアップも進められている。

●描画機能を拡張するグラフィックボード

CPUから送られてくる画像データを処理して、実際にディスプレイに映し出す**グラフィックボード**は、拡張ボードの代表例といえるだろう（右写真）。ビデオボードとも呼ばれ、パソコンとディスプレイを接続するのに欠かせない機器だ。

近年では、あらかじめCPUやマザーボードにグラフィック機能が組み込まれていて、あらためてグラフィックボードを購入するユーザーは少ない。しかし、パソコンに2台のディスプレイを接続するデュアルディスプレイや、高い画像処理能力を必要とする3D映像、高画質な画像を用いたゲームなどを楽しむには、グラフィックボードは欠かせない。

パソコンで動画や3D映像を扱う場合、大量のデータ処理が必要で、CPUだけではその処理が追いつかないことがある。グラフィックボードは、画像処理に特化した電子部品を搭載していて、ボードの種類にもよるが、高い描画機能を提供する。まさしくパソコンの機能を拡張するハードウェアといえる。

グラフィックボードの主要な電子部品は、画像を処理するプロセッサー、**GPU**と、表示する画像データを一時的に保管しておくための**ビデオメモリー（VRAM）**だ。それぞれパソコンにたとえると、CPUとメモリーに相当する。

GPUはパソコン本体から送られてきた画像データを、VRAMを使いながらディスプレイに出力できる信号に変換し、アナログRGBやDVIの外部インターフェースを通して、実際にディスプレイにデータを転送している。

そのためGPUは本家のCPUと同様、大量のデータの処理を行い、電子回路の内部抵抗で大量の熱を持ってしまう。そこで最近は、GPUに放熱ファンを取り付けたグラフィックボードも多い。

グラフィックボード

グラフィックボードは大量の画像データを処理して熱を帯びるため、大きな放熱ファンが備え付けられている　（写真提供：日本ギガバイト）

第1章　パソコンが動くしくみ

マザーボード工場　現地取材

パソコンの各パーツを連携させるためになくてはならないマザーボード。それゆえに品質が求められるが、その製造はどのように行われているのだろうか？

大小さまざまな部材で構成されるマザーボードの生産工程

マザーボードはパソコンに必要なさまざまな部品や機器をつないで、それらのパーツを連携させるとても重要な部品。数mmの大きさしかない砂粒のような電子部品や、ハードディスクなど大きな部品を接続するためのスロットなど、大小さまざまな部材から構成されている。

マザーボードは今やパソコンだけでなく、ネットワークサーバーや携帯電話など、ITの広がりとともにほとんどの電子機器に搭載されている。そして、そのほとんどは現在、台湾のメーカーによって、中国など各地の拠点で製造されている。その中から、今回は日本のパソコン市場でマザーボードのシェア2位を誇るギガバイト（GIGABYTE）社が、パソコンのマザーボードを生産している台北郊外の平鎮市にある、南平工場の製造工程を紹介しよう。

まず、マザーボードを構成するもっとも基本的なパーツは、PCB（Printed Circuit Boards）と呼ばれる基板。プリント基板とも呼ばれ、青色や緑色の基板の上に金色で配線されているものをよく見かける。これは、樹脂でできた基板に銅などの導電体をあらかじめ印刷したもので、最終的に基板に搭載したさまざまな部品を電気的につないで電子回路をつくりだす。ギガバイトではこのPCB製造をアウトソーシングしていて、納品されたPCBにさまざまな電子部品を搭載してマザーボードを製造していく。

製造工程は、大きく4つの工程に分けられる（上図）。小さな電子部品を中心に機械で搭載していくSMTと呼ばれる工程、1ライン20人あまりが手作業でコンデンサーやソケットなどを搭載していくDIPと呼ばれる工程、できあがったマザーボードの動作を確認するテスト工程、そして出荷するための包装工程だ。

マザーボードの生産工程

- **SMT**　小さな電子部品を機械で基板に搭載していく工程
- **DIP**　手作業でコンデンサーやソケットなどを搭載していく工程
- **動作確認テスト**
- **包装工程**

工程 1　基板に小さな電子部品を接着させる「SMT」

「SMT」の工程では、SMT（Surface Mount Technology、表面実装技術）と呼ばれる手法により、小さなチップなどの電子部品を基板に接着させる。

SMTは、あらかじめクリーム状のハンダを塗った基板に電子部品を載せ、高温下で一括してハンダを溶かして部品を基板に固着させる技術。かつては1つ1つの部品を基板にハンダ付けしていたが、この技術により細かなハンダ付けが不要になり、部品や基板の小型化が可能になった。

工場ではまず、何も搭載されていないPCB基板のハンダ付けする箇所にハンダを塗る 1 2 。次に、小さなレジスタやICチップなどを、SMTマシンがPCB基板に載せていく。SMTマシンはマザーボードの種類や搭載する電子部品によって使い分けられ、およそ1秒間に10個という目にもとまらない速さで、部品をマザーボードに載せていく 3 4 。

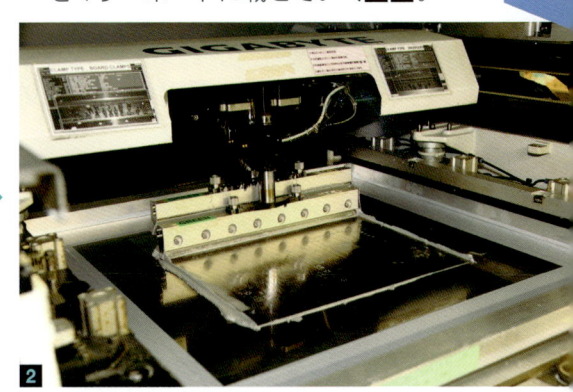

1 まだ電子部品が搭載されていないPCB基板。金色の導電体の部分を電流が流れて、最終的に電子回路がつくられる

2 ハンダが塗られる部分に小さな穴が開いていて、その穴を通して何も搭載されていないPCB基板に銀色のクリーム状ハンダが塗られる

4 テープに貼り付けられた銀色の砂粒のような電子部品が、空気を使ってSMTマシンに吸い上げられ、基板の所定箇所に射出されていく

3 SMTマシンに搭載する部品を入力すると、複数の部品を決められた手順に従って、10個／秒の速度でミシンのように基板に搭載していく

第2部　第1章　パソコンが動くしくみ

67

第1章　パソコンが動くしくみ

赤色ライトで部品の位置を確認

　小さな電子部品が基板に搭載されると、次はチップセットなどやや大きめのICチップの装着。こちらはテープに貼り付けられた小さな電子部品と異なり、トレーに1つ1つ納められ、SMTマシンはトレーから数秒に1個のペースで基板に部品を載せていく。

　その際には赤色ライトで搭載する場所を確認し、ミリ単位の誤差を修正しながら部品を載せる**5 6**。

大きめのICチップの装着ではまず赤色のランプで装着位置の場所を確認した後、1つ1つ丁寧に部品を置いていく

高温炉でクリーム状のハンダを溶かして部品を接着

　こうした電子部品がすべて搭載されると高温下で一気に接着していく。ラインに乗せられた基板が245度の熱風を吹き出している高温炉に入り込むと、あらかじめ塗ってあったクリーム状のハンダが溶け、大小さまざまな電子部品が一度に基板に接着されていく。こうしたハンダ付けの仕組みはリフロー方式と呼ばれている**7**。

熱風が吹き出されている高温炉。ラインはこの中を約15分間かけて流れ、ハンダ付けを行う

電子部品の接着を確認

SMT工程を終えたすべての基板は、次の工程に進む前に一度SMT工程での欠陥がないか厳しく検査する。

テストではまず、検査員の目視とAOI（Automated Optical Inspection）と呼ばれる画像検査装置に基板を通すことで、電子部品が正しく接着されていることを確認する。AOIでは、正しく装着されている画像と出来上がってきた基板の画像を重ね合わせることで、違いがないかを確認していく8。

このテストをクリアすると、次はCircuit Testと呼ばれる電気的な検査を行う。検査台に基板を載せ、さらにその上にテストボードを重ね合わせ、所定の位置に電流を流すことで、基板上を正しく電流が流れているか、装着した電子部品が正しく動くかを確認する9 10。

製造したすべての基板をテストするのは時間がかかる作業なので、この工場では1人が同時に3台のチェックができるようにすることで、1台あたりのテスト時間を短縮している。

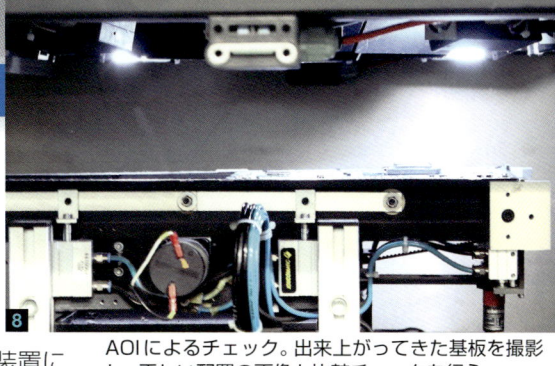

AOIによるチェック。出来上がってきた基板を撮影し、正しい配置の画像と比較チェックを行う

Circuit Test。配線が施されたテストボードを重ねることで、所定の位置に電流を流すことができ、基板上の回路や搭載部品の状況が確認できる

BIOSチップは別ラインで作成

さまざまなプログラムが動くパソコンだが、最初にハードウェアを動かすための最小限のプログラム（BIOS）がなければパソコン自体を起動させることができない。そのため、BIOSはあらかじめマザーボード上のチップに組み込まれ、電源を入れたらすぐに読み込まれる。そんなBIOSチップは別ラインで用意され、適宜SMTのラインに投入されていく（右写真）。ギガバイトではそのチップが読み込めなくなった場合の保険に、予備のBIOSチップを搭載する、Dual BIOS方式を採用している。

BIOSはマザーボードによって異なるため、工場でマザーボードに応じたBIOSのプログラムを空のチップに書き込んで、SMT工程で搭載していく

第2部 第1章 パソコンが動くしくみ

第1章 パソコンが動くしくみ

工程2 手作業が中心の「DIP」

「DIP」の工程は大きく3つのプロセスに分かれている。まず、SMT工程で小さな電子部品がハンダ付けされた基板に、CPUソケットやPCIスロットといったインターフェース、コンデンサーなど比較的大きな部品を取り付けるプロセス。取り付けた部品をハンダ付けするプロセス。そして、取り付け部品やハンダ付けの不具合を確認するプロセスだ。

まずSMT工程から回ってきた基板に問題がないかを作業員が目視で確認する**11**。SMT工程のテストで問題があった箇所には、目印のシールが貼られているので一目でわかるようになっている。

SMT工程が部品の取り付けを機械で行っていたのに対して、DIP工程は作業員が手作業で1つ1つ部品を取り付けていくのが大きな特徴。部品を取り付けるラインの作業員の人数は、マザーボードの種類によって異なるが、およそ20〜30人ぐらい。作業員の人数を増減させることで、さまざまな種類のマザーボードに対応できるため、手作業のほうが効率的なのだ**12**。

DIP工程の後半プロセスである確認作業も、基本的には作業員の目視で行われる。こちらの作業も、確認に時間がかかるところはラインを2列に分けるなど、スタッフの増減でスムーズなラインの流れを確保している。確認作業まで含めると、DIP工程は全体で40〜50人という大人数で構成されている。

11 SMT工程を終え、主要な電子部品が搭載された基板。この基板にDIP工程でさらに部品が搭載されていく

隙間なく人で埋め尽くされたラインを基板が流れていく。作業の効率を上げるため、1つのラインの両側から作業員が部品を取り付けていく

手作業で部品を取り付ける

　DIP工程の前半では、作業員が1つずつ小さな部品を、流れ作業で基板に取り付けていく。取り付けていく部品は、樹脂でできているソケットやスロット、コンデンサーなど13 14 15。

　なお、こうした電子部品類は非常に静電気や埃に弱いため、工場に入る際にはエアシャワーを浴びるなど細心の注意が払われている。

　作業員は、ラインを流れてくる基板に自分の担当する部品を次々に取り付けていく。その際、1人の作業員がスロットなどは1つ、小さなコンデンサーなどは2つ程度を担当することになる。コンデンサーのような小さな部品であっても、後々の不具合を防ぐため必ず同じ向きで取り付ける。

　ラインはおよそ1分間に10枚の基板が流れるくらいのペースで、作業員はそのペースにあわせて部品を取り付ける。もし、そのペースから遅れるようであれば合図をして一度、ラインを止める。ただ、ラインを止めてしまうと生産予定から遅れてしまうので、新人は取り付けが簡単な部品、ベテランは複雑な作業と担当を分け、トイレに行くときやラインが遅れそうなときにはベテランがフォローする体制になっている。

　この工場ではフル稼働すると、1日でおよそ1万2千枚の基板が1つのラインで生産されるとのこと。ラインの途中には、ラインを流れた基板の数をカウントしている電光掲示板があり、作業が順調に進んでいるか遅れているかが、一目でわかるようになっている。

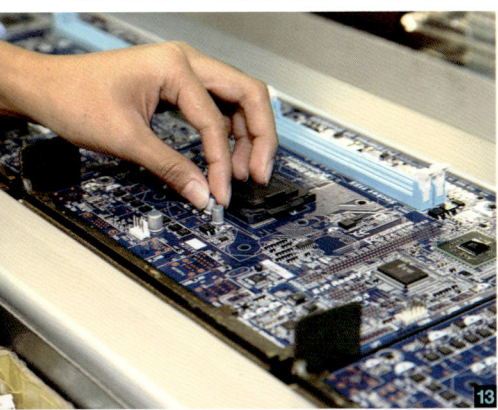

13

14
手作業でコンデンサーやスロットを作業員が1つ1つ基板に取り付けていく。ギガバイト社では、静電気防止用のバンドを手首または足首に装着することで、全身から発生する静電気を防ぎ、品質向上に努めている

15
軽く棒で押すことで、部品の取り付けを確認するとともに、所定の位置にしっかり挿し込む

第2部　第1章　パソコンが動くしくみ

第1章 パソコンが動くしくみ

ハンダでパーツをボードに接着

　DIP工程で搭載する部品が基板に取り付けられると、SMT工程と同様に一括してハンダ付けを行い、部品を基板に接着させる。ただし、DIP工程ではSMT工程とは異なる方法で、ハンダ付けを行う。

　SMT工程で用いられるリフロー方式では、あらかじめ塗っておいたハンダを高温で再溶融させて、部品を接着させる。これに対してDIP工程では、フロー方式と呼ばれる手法でハンダ付けを行う。フロー方式では、高温で溶融したハンダ槽の液面にちょうど基板の裏側が接触するようにラインを流し、ハンダ槽の表面を波立たせることで、部品を基板に取り付けている金属の「足」の部分に、波立ったハンダを付着させる。このことから、Wave Soldering方式とも呼ばれる。そして、温度が下がると付着したハンダが固化して、部品が基板に接着されるのである。

　DIP工程では、この作業だけが自動化されていて、部品が取り付けられた基板が次々に高温のハンダ付けマシンに送り込まれ、出口からは自然冷却でハンダの固まった基板が、数分後に送り出されてくる16 17。

　その後、ハンダ付けされた基板の裏面をロクロのように回るブラシで磨き、ハンダのかすを取り除いて、部品がすべて接着されたマザーボードができあがる18。

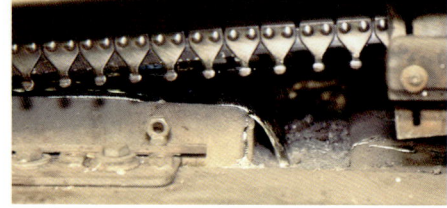

ラインが流れ込んでいくハンダ付けマシン。内部には高温で溶けたハンダ槽が見える

ハンダ付けが終わり、自然冷却で接着された基板が次々に送り出されてくる

ロクロのように回転しているブラシに基板を押し当て、液体ハンダが接触した裏面を磨き上げる

DIP工程で不備がないかを確認

　DIP工程を終えた基板もまた、SMT工程の場合と同様に検査を行う。なお、確認作業はベテラン作業員でも時間がかかるため、取り付け作業では1列だったラインが2列に分かれて、複数の作業員が同時並行で基板を1つ1つ確認していく。

　まず、最初にハンダで部品がしっかり接着されているか、担当する作業員がハンダごてを片手に持ちながら確認する。ハンダ付けが不十分な場合は、作業員がその場でハンダを付け直す[19]。

　また、搭載部品の確認では、基板に取り付ける部品の箇所にだけ穴が開いたシートを基板に重ね合わせ、部品が正しく搭載されているか、部品の向きは正確かなどを確認していく。一度の確認ですべての部品を確認するとミスも増えるので、だいたい2〜3枚のシートに分けて、搭載部品を確認する[20]。

　ここで部品の抜け落ち、向きが違っているなどの基板が見つかれば、不具合の箇所に小さなシールを貼り付けてラインから外す。ラインから外された基板は別の作業員が不具合を確認し、ハンダごてを使って1つずつ正しく付け直した上で、ラインに戻す。この作業は取り付け作業の最終確認ともいえ、全工程に習熟したもっともベテランの作業員が担当している。

　こうした手作業による検査を終えた基板は、SMT工程と同様に電気的な検査を行う。取り付けたスロットに正しく電気が流れているか、テスターを1つ1つのスロットに差し込んで確認する[21]。

　これらの確認作業もまた、取り付け作業のように1人の作業員が確認する箇所、事項は分かれている。担当する箇所をテストすると基板をラインに戻し、流れ作業で次々にテストを行っていく。その結果、DIP工程のラインは、数十人にも及ぶ大人数となっている。

[19] ハンダごてを片手にハンダ付けを確認する作業員。接着が不十分なときは、その場でハンダを付け直す

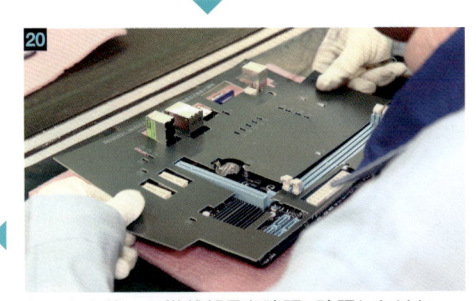

[20] シートを使って搭載部品を確認。確認しなければいけない部品だけがシートからのぞけるので、速やかに確認することができる

[21] SATAのスロットにテスターの端末を差し込んで、電流が流れることを確認。数多く搭載されているソケット、スロット類を1つ1つ流れ作業で確認していく

第1章 パソコンが動くしくみ

工程3 検品テスト

　SMT工程とDIP工程を経て、完成したマザーボードは、すべて正常に動作するかが確認される22。いわゆる検品の作業である。

　マザーボードはCPUやメモリー、ハードディスク、インターフェースなど、さまざまな機器が接続されて本来の働きを果たす。そこで工場では、こうした機器とマザーボードを一時的に接続して電源を入れ、正常に動作するかを確認する。

　しかし、マザーボードには多くのソケットやスロットが搭載されていて、すべての端子のテストを行うために1つ1つ手作業で機器と接続していては時間がかかってしまう。新しい型式のマザーボードなど試作段階では端子1つ1つ手作業で機器に接続してテストをしているが（Manual Test）（下写真）、製造が軌道に乗って大量生産が行われるようになると多くの機器をマザーボードに容易に装着できる「Function Box」と呼ばれる装置を作成して、効率よくテストを行っている23 24。

22 DIP工程を終えて、すべての部品が搭載されたマザーボード。私たちが目にするものと、ほとんど変わらない

23 Function Boxによるテスト。マザーボードに接続する機器が一つの筐体にまとめられている

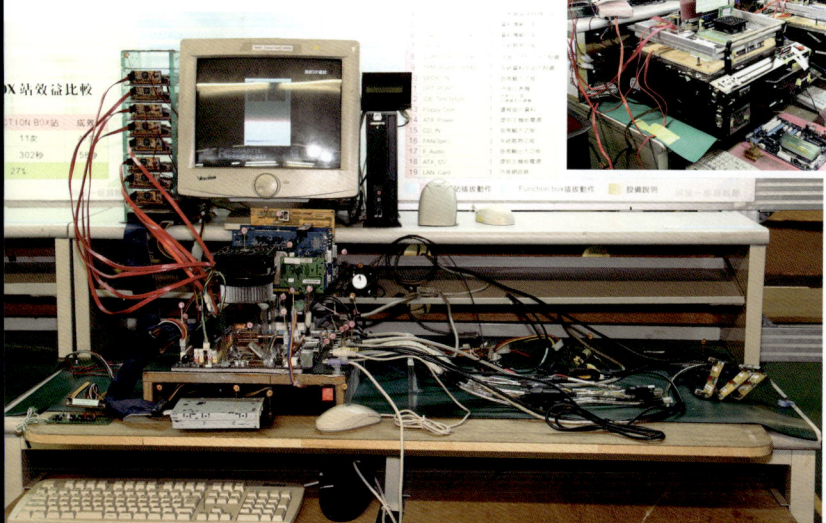

24

Manual Testを行うためのセット。ディスプレイやキーボードをはじめ多くの機器から接続コードが伸びている

抜き取り検査を実施

　接続テストを終えたマザーボードは、基板に貼ってあるバーコードを読み取り、テスト結果を管理データに入力して検品工程を終える25。しかし、マザーボードのテストは、この検品作業だけに止まらず、抜き取り検査も行っている。

　マザーボードは多くの機器と接続して、BIOSの起動や入出力が確認できれば、マザーボード単体としては正常に機能していることがわかる。しかし、マザーボードは通常、それらの機器を接続した上に、WindowsなどのOSをインストールして使用される。そこでギガバイトでは、検品を終えたマザーボードを一定の割合で抜き取り、OSをインストールして正常に起動するかどうかのテストも行っている。写真では、マイクロソフトのWindows 7をインストールしてOSの起動を確認している26。

25 検品を終えたマザーボードのバーコードを読み取って、検品結果を入力している

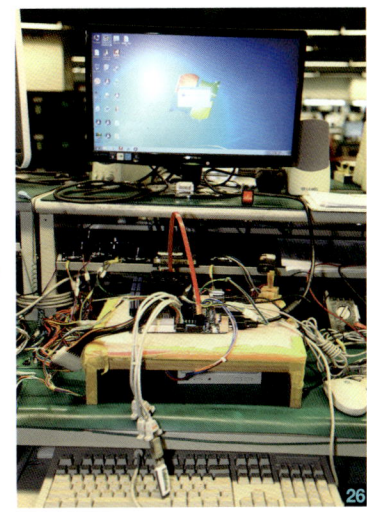

26 インストールしたOS (Windows 7) が正常に起動していることがわかる

高温下や低温下で動作確認

　大量生産に入る前の試作段階では、高温下や低温下でのマザーボードの耐久テストも行っている。具体的には、試作したマザーボードの2%を抜き取り、長時間一定温度に保つことができる恒温槽内を45度と-10度に設定した状態で正常に動くかどうかを確認する。高温テストなら、1分おきに起動し、合計2時間120回の起動テストを行い、その後3時間はほかのテストを実施する(右写真)。

高温テストが行われている恒温槽。多くの機器が接続された状態のマザーボードが並んでいる

第2部　第1章　パソコンが動くしくみ

第1章 パソコンが動くしくみ

工程4 包装

　全工程を終えたマザーボードは包装箱に詰められ、出荷される**27**。この工程もほとんどが手作業で、シール貼りやマザーボードの袋詰め、各種ケーブルなど付属品の投入といった1つ1つの作業に担当の作業員が付いて、流れ作業で行われる。

　包装工程では、まず折りたたんだ状態の包装箱を機械で組み立て、ラインに流す。それに並ぶ形で包装するマザーボードもラインに流し、包装箱には製品管理用のシリアルナンバーのバーコードを貼りつけていく**28**。そして、この包装箱のバーコードとマザーボードに貼られたバーコードを読み取ってデータ化していく**29 30**。この作業でどの箱に何の製品が入っているかや、製品がいつどの工場で製造されたものかがわかるようになる。こうすることで、万が一製品に不具合があったとき、原因の追及や状況の確認が素早く行える。

27 検品を終えたマザーボードのCPUソケットには注意を促す「NOTE!」のシールが貼られる

28 製品の管理用のナンバーが振られたシールを化粧箱に貼り、マザーボードのシリアルナンバーと一緒に読み取っていく

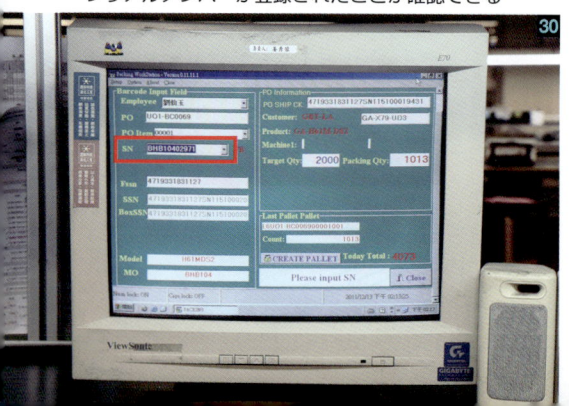

30 シリアルナンバーが登録されたことが確認できる

29

梱包が完了し出荷を待つ

製品管理のデータが入力されたマザーボードには、所定のシールを貼り、静電気防止の袋に入れる**31**。また包装箱には、ケーブルやマニュアル、付属CDなどを次々に投入していく。すべてを入れ終えて箱を閉じる。ここまで来ると、私たちが手にするパッケージと変わりない。これらのパッケージを輸送用の段ボール箱に詰め、出荷を待つ**32**。この工場では1つのラインで、8時間でおよそ5千個の包装を行うことができる。

また、この段階でも抜き取り検査を行い、パッケージに規定の付属品がきちんと入っているかの確認が行われる。

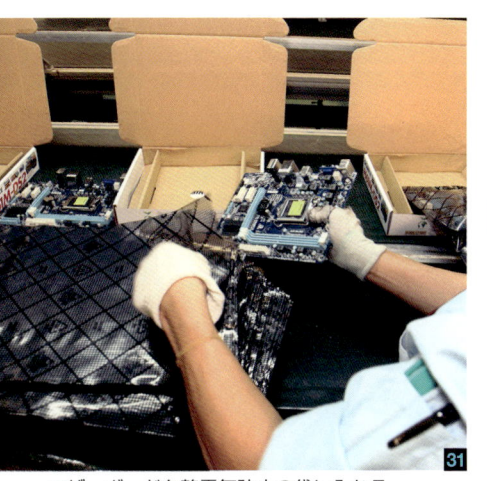

31 マザーボードを静電気防止の袋に入れる

32 段ボールに詰めている奥には、包装工程でも分業体制で多くの作業員が包装を行っているのが見える

担当者に聞く

品質にこだわるギガバイト

マザーボードはパソコンの基本的な部品で、高い品質が求められます。そのため、各工程で何度も入念に検査を行い、また製品管理をしっかり行うことで品質を保っています。

台湾のマザーボード・メーカーのほとんどは、人件費や設備投資が安価な中国で生産を行っています。当社でも上海近郊の寧波や深圳近郊の東莞に工場がありますが、台湾でも生産しているのは当社だけとなりました。そこまで私たちが台湾での生産にこだわっているのは、やはり高い品質のためです。

工場を案内してくれたギガバイトの製程品質管制課課長の陳列貴さん

中国での生産に比べると、熟練した作業員がそろっており、細かく複雑な作業も正確に行え、最高品質の製品を作り出すことができます。

これからもギガバイトならではの高品質のマザーボードを、この南平工場から提供していきたいと思っています。

第2部 第1章 パソコンが動くしくみ

第2章　データを保存するしくみ

データを保存する装置

パソコンに不可欠な補助記憶装置。
パソコンが日常に根づくにつれ、利便性の高いさまざまな記憶装置が登場している。

●パソコンに不可欠な補助記憶装置

　容量が限られ、パソコンの電源を落とすとデータが消えるメモリーの代わりに、大容量のデータを電源オフの状態でも保存しておくのが、**補助記憶装置**である。CPUから直接アクセスできるメモリーを内部メモリーと呼ぶのに対して、これら補助記憶装置はまとめて**外部メモリー**と呼ぶ。

　外部メモリーの種類は多く、主なものは下の表の通り。現在もっとも利用されているのは**ハードディスクドライブ**（HDD）である。データを保存する記憶媒体として複数の磁気ディスクが使われている。そもそもはパソコンの黎明期、外部にデータを持ち出すメディアは薄い磁気ディスクのフロッピーディスク（FD）だったのに対し、ハードディスクが頑丈な（Hard）ディスクを用いていたことからその名前が付けられている。

　一方、CDやDVDなどの**光ディスク**は、磁気ディスクに比べて、長期保存に向くためバックアップとして利用されることが多いメディアである。メディアを単体で取り出せるため、大容量のデータの受け渡しにも利用される。

　データの書き込みができる光ディスクドライブが実用化されるまで、データの受け渡しはFDを使っていたが、記録できる容量や耐久性に課題があった。そのため、90年代後半に**CD-R**ドライブが普及すると、データのやり取りには光ディスクドライブが用いられ、現在では**DVD**や**ブルーレイディスク**といった、大容量の光ディスクが利用されている。

　光ディスクはパソコンだけでなく、テレビやブルーレイレコーダーなどのデジタル家電の記憶メディアとしても普及している。たとえば、テレビ番組の録画や映画ソフトなどは、光ディスクに保存されることが多い。

　このように光ディスクの役割は非常に大きいが、インターネットのブロードバンド化により、パソコンのデータを保管しておく役割は相対的に小さくなった。そのためノートパソコンでは、光ディスクドライブを装備していないことも多い。

主な外部メモリー

名称	特徴	記録媒体	容量
ハードディスクドライブ（HDD）	大容量。1MBあたりのコストはほかの外部メモリーより安価である	磁気ディスク	最大4TB程度
フロッピーディスクドライブ（FDD）	安価だが、記憶できる容量が少なく、現在ではほとんど使われていない	磁気ディスク	1.44MB
CD	書き込みが可能な光ディスク（CD-R）の単価が安い。DVD、ブルーレイ登場後も、データのやり取りで利用されている	光ディスク	640MB、700MB
DVD	映画など、映像の記録媒体としても利用されている光ディスク	光ディスク	4.7GB（片面1層）8.5GB（片面2層）
ブルーレイディスク	片面だけで50GBと大容量のデータを記憶できる光ディスク	光ディスク	25GB（片面1層）50GB（片面2層）
MO	プラスチック製のカートリッジで保護されている光ディスク。現在はほとんど利用されていない	光ディスク	128MB～2.3GB
フラッシュメモリー（USBメモリーやメモリーカードなど）	電源がオフの状態でもデータが消えない。USBメモリーなどさまざまな形状で利用されている	フラッシュメモリー	機器により異なる

●データの持ち運びや受け渡しはUSBメモリーが主流に

　文書ファイルなど、パソコンのデータの持ち運びや受け渡しは、古くはフロッピーディスク、数年前まではCD-Rなどの光ディスクが使われていた。しかし、近年、光ディスクドライブを持たないノートパソコンや、スマートフォン（246ページ参照）といったパソコン以外の機器が普及するなかで、CD-Rなどの光ディスクがデータのやりとりに最適なメディアとは言えない状況になってきた。

　そこで光ディスクに代わり、データのやりとりなどで活用されているのが、**USBメモリー**や**メモリーカード**などの**フラッシュメモリー**である（右下図）。近年、フラッシュメモリーは、大容量化と低価格化が進み、ここ数年で一気に普及した。

　USBメモリーは、ほとんどのパソコンに標準装備されているUSB端子に接続するだけで、ハードディスクと同じような感覚でデータの読み書きができる。形状はキーホルダー程度の大きさで、接続するためにケーブルや電源を準備する必要はなく、USBメモリー本体のUSB端子をパソコンに差すだけですぐに使うことができる。

　一方、メモリーカードはデジタルカメラやデジタルビデオカメラなどに使われてきた外部メモリー。そのため、パソコンとデジタル機器とのやりとりでよく利用されている。パソコン側にメモリーカードを接続するためのカードリーダーを用意する必要があるが、ノートパソコンを中心にカードリーダーを標準搭載している機種は多い。

　また最近は、HDDに代わって、フラッシュメモリーを搭載した**SSD**（Solid State Drive）という機器を搭載するパソコンも登場。HDDに比べて、フラッシュメモリーは衝撃に強いため、持ち運びが前提となるモバイル用のノートパソコンを中心にSSDを採用する機種が増加している。

データのやりとりに使われる主な外部メモリー

コンパクトフラッシュ
デジタル一眼レフカメラなど、大容量データを扱う機器で用いられることが多い

SDカード
いくつかの規格があり、携帯電話やデジカメなど、デジタル機器で広く採用されている

USBメモリー
パソコン同士のデータ移動が手軽にできることから、パソコンユーザーの間で広く使われている

第2部　第2章　データを保存するしくみ

第2章 データを保存するしくみ

ハードディスクドライブの仕組み

ハードディスクドライブは、内蔵する磁気ディスクにデータを保存している。
どのような構造と仕組みでデータを読み書きしているのか見ていこう。

●磁気ディスクが内蔵されたハードディスクドライブ

ハードディスクドライブ（HDD）は内部に、複数枚の**プラッター**と呼ばれる磁気ディスクを格納している。磁気情報を記憶させられる磁気ディスクにデータを保存することで、HDDは記憶装置の役割を果たしている。

プラッターは、毎分数千回という高速で回転する。プラッター表面にレコードの針のように**磁気ヘッド**を置けば、プラッター表面をくまなく走査でき、情報にアクセスできる。読み出されたデータはHDDからパソコンのメモリーに転送される仕組みとなっている（下図）。

それゆえ、プラッターの回転が速いほど、データを読み書きする速度は速いといえ、回転数はHDDの主要な指標である。回転数は1分間あたりの回転数、revolution per minute（rpm）の単位で表記され、一般に7200rpmのHDDがよく見られる。

また、このプラッターの直径によってHDDの規格も決められている。デスクトップパソコンで一般に搭載される3.5インチHDDでは、直径が3.5インチ（約8.9cm）のプラッターであり、ノートパソコンでよく搭載される2.5インチHDDでは直径が2.5インチ（約6.4cm）のプラッターである。

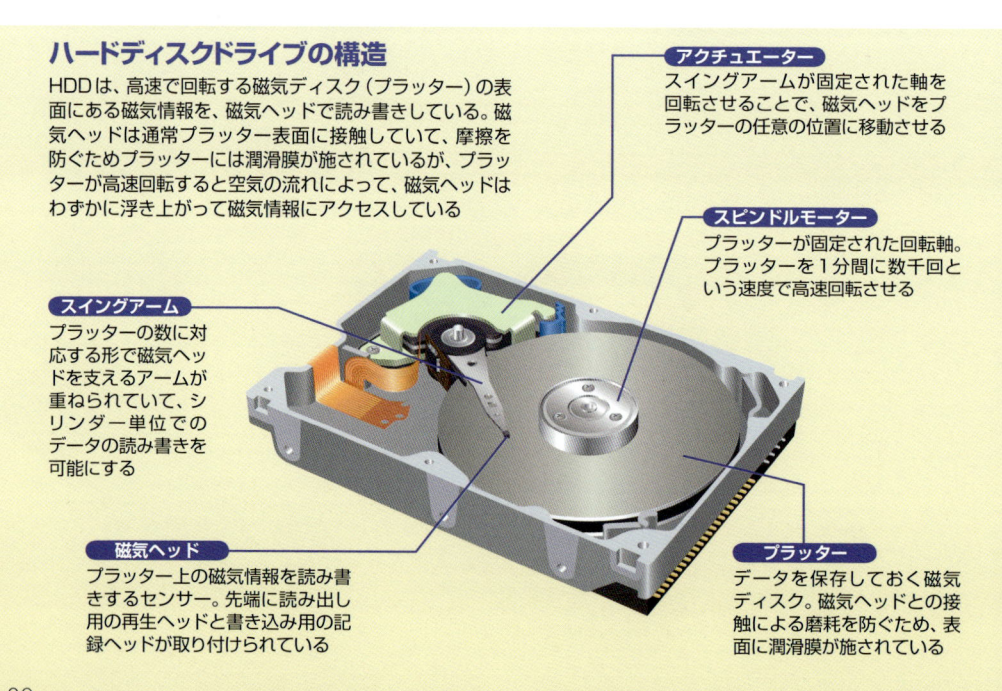

ハードディスクドライブの構造

HDDは、高速で回転する磁気ディスク（プラッター）の表面にある磁気情報を、磁気ヘッドで読み書きしている。磁気ヘッドは通常プラッター表面に接触していて、摩擦を防ぐためプラッターには潤滑膜が施されているが、プラッターが高速回転すると空気の流れによって、磁気ヘッドはわずかに浮き上がって磁気情報にアクセスしている

アクチュエーター
スイングアームが固定された軸を回転させることで、磁気ヘッドをプラッターの任意の位置に移動させる

スピンドルモーター
プラッターが固定された回転軸。プラッターを1分間に数千回という速度で高速回転させる

スイングアーム
プラッターの数に対応する形で磁気ヘッドを支えるアームが重ねられていて、シリンダー単位でのデータの読み書きを可能にする

磁気ヘッド
プラッター上の磁気情報を読み書きするセンサー。先端に読み出し用の再生ヘッドと書き込み用の記録ヘッドが取り付けられている

プラッター
データを保存しておく磁気ディスク。磁気ヘッドとの接触による磨耗を防ぐため、表面に潤滑膜が施されている

●プラッターはセクター単位で分割

　プラッターに保存されるデータは、プラッターの表面を細かな領域に分けることで管理されている。まずプラッターは、**トラック**と呼ばれる年輪のような同心円状に区分けされる。そして各トラックは、**セクター**と呼ばれる小さな領域に細分化されている（右図）。

　HDDでは、磁気ヘッドを先端に取り付けたスイングアームが、目的のデータがあるトラック上に磁気ヘッドを置く。すると、磁気ヘッドでは、保存されている磁気情報に従って微弱な電流が流れる。その電流の変化を読み取ることで、パソコンはトラック上にあるセクターからデータを取得できる。

　また、あるトラック上に磁気ヘッドがあるとき、ほかのプラッターの磁気ヘッドも同一箇所のトラックに置かれているため、同じプラッター上の別のトラックよりも、別のプラッターの同一トラックのほうが、同時にデータの読み書きが行える。こうしたことから、複数枚のプラッターの同じトラックは、**シリンダー**（円筒）と呼ばれる領域としてひとまとめにされている。

　なお、回転速度が同じなら外周部のトラックほど読み書きの速度は速い。プラッターが1回転する間に、外周ほど多くのセクターにアクセスできるからだ。そのため、HDDは外側のセクターからデータを書き込んでいく仕組みになっている。

プラッターの構造
重ね合った複数枚のプラッターは、シリンダー、トラック、セクターの順に領域が細分化され、データを保存している

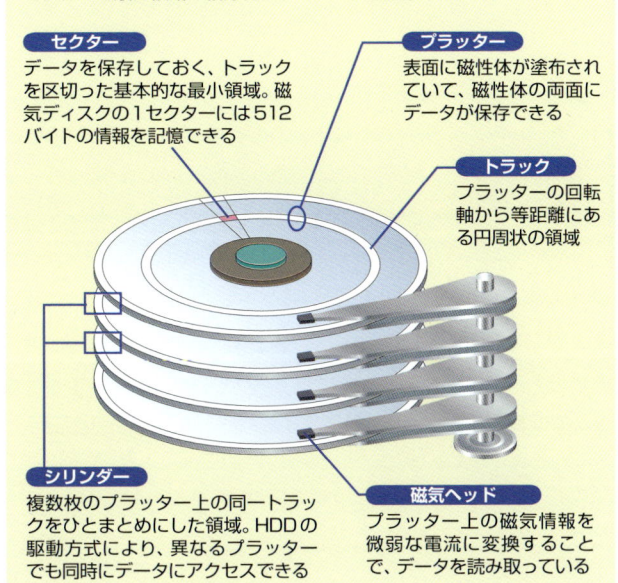

セクター
データを保存しておく、トラックを区切った基本的な最小領域。磁気ディスクの1セクターには512バイトの情報を記憶できる

プラッター
表面に磁性体が塗布されていて、磁性体の両面にデータが保存できる

トラック
プラッターの回転軸から等距離にある円周状の領域

シリンダー
複数枚のプラッター上の同一トラックをひとまとめにした領域。HDDの駆動方式により、異なるプラッターでも同時にデータにアクセスできる

磁気ヘッド
プラッター上の磁気情報を微弱な電流に変換することで、データを読み取っている

定記録密度方式
プラッター上では、中心軸から遠いトラックほど面積が広くなり、単純に放射状にセクターを区分けしてしまうと、外周のトラックほどセクターが大きくなってしまう。そこで1つのセクター面積が同一になるよう、トラックごとに円周に沿って一定間隔で区切ってセクターを設けるようになった。これが定記録密度方式である

第2章 データを保存するしくみ

ハードディスクドライブの記録方法

電磁気学では電流と磁界は密接な関係にある。
HDDではこの物理法則に則り、パソコンで扱う電気信号を磁気情報に変換して記録している。

●磁気を使った記録方式

　右手の親指を立てて、そのほかの指は握った状態にしたとき、親指の指す方向に電流を流すと、親指以外の指の方向に磁場が発生する。いわゆる右ねじの法則である。この応用で、電線を巻いたコイルに電流を通すとコイルは磁石になる。逆にコイルに磁石を近づけると電流が生じる（誘導電流）。HDDが磁気ディスクの情報を読み書きする仕組みは、この物理法則を用いたものである。

　プラッター上のセクター内は非常に細かく区分けされ、1ビット（1つのオン／オフ情報を持つ単位）につき1つの微小な磁石で構成されていて、S極からN極もしくはN極からS極の2通りの磁化パターンを持っている。

　データの読み出し時、磁気ヘッドはこの磁化パターンによって磁気ヘッドのコイルの電流の流れも変化する。この電流の流れが変化するところを「オン（1）」、変化していないところを「オフ（0）」とすることで、HDDからデータを読み取ることができる。

　データの書き込み時は、まず磁気ヘッドの先端に取り付けられたコイルに電流を流すことで磁気ヘッドを磁化させる。磁化された磁気ヘッドがプラッター上の微小磁石の上を通過することで微小磁石も磁化させられる。

　なお、コイルに流す電流の向きを変更することで、磁気ヘッドの磁化パターンが変わり、結果としてプラッター上の微小磁石の磁化パターンも変化する。このように、HDDは電気信号を磁気情報に変換しながらデータの読み書きを実現しているのだ（下図）。

ハードディスクの記録方式

長手磁気記録方式

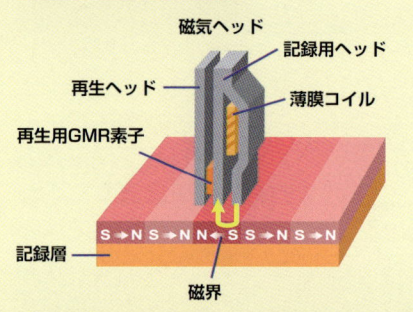

S極とN極の向きがプラッターの表面と水平になるように配置されている。水平磁気記録方式、面内磁気記録方式とも呼ばれ、技術的に容易なため長く利用されてきたが、隣接するS極とN極同士が反発したり、吸引するので高密度化が難しかった

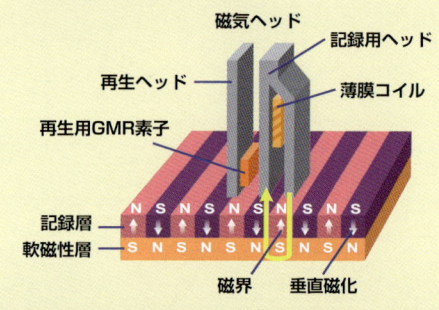

垂直磁気記録方式

S極とN極の向きがプラッターに垂直となるように磁性体が配置されている。隣り合うS極とN極同士の作用が小さいことから磁気情報を高密度に収められ、ハードディスクの大容量化を実現する

次世代ドライブ SSD

近年ではノートパソコンがパソコンの主流になっているが、HDDは駆動部品など構成部品が多く、軽量化や省電力化の試みにも限りがある。そうした中で生まれたのが、フラッシュメモリーを記憶メディアに用いた**SSD**(Solid State Drive)である(右図)。従来、大容量のフラッシュメモリーは非常に高価だったが、データ容量あたりのコストがハードディスクの数倍程度になったことから実用化された。

そもそもフラッシュメモリーは半導体チップであることから、SSDはメモリーなどのように電気回路を介して情報伝達が行え、直接データにアクセスすることもできる。それゆえ、HDDのように磁気ヘッドの移動時間が不要で、読み取り速度は速い。

また、駆動部品のない基板であることから、比較的小型かつ省電力、静穏な記憶メディアであり、衝撃にも強く、ノートパソコンにはメリットが大きい。

ただし、フラッシュメモリーの特性から、データの書き換え可能な回数がハードディスクより少ないこと、書き込みに若干時間がかかることなどのデメリットもある。

SSDの構造

SSDはデータを保存するNAND型メモリーと、一時的にデータを保存するキャッシュメモリー、メモリーコントローラー、入出力端子から構成されている。基本的にノートパソコンに用いられることから、サイズは2.5インチのHDDと同サイズのことが多い

NAND型フラッシュメモリー
SSDがデータを保存するメモリー。通常は複数個のメモリーチップが搭載される

メモリーコントローラー
フラッシュメモリーへのデータの読み書きを制御する半導体チップ

キャッシュメモリー
フラッシュメモリーに読み書きするデータを一時的に保持しておくメモリー。SSDの高速アクセスを支えている

SSDではキャッシュメモリーを備え付け、書き込みデータを一時キャッシュに蓄え、データが貯まってからまとめてフラッシュメモリーに書き込むことで対応している。

電源を切ってもデータが消えない訳

SSDで用いられるフラッシュメモリーは、電源を切っても長く情報が保持される、いわゆる不揮発性メモリーの一種である。メモリーのSDRAMをはじめ、一般的なメモリーは電源を切れば放電され情報が失われるが、SSDが採用するNAND型フラッシュメモリーでは電子を格納する浮遊ゲートを絶縁体で覆うことで放電を防ぎ、電源を切っても、浮遊ゲート内に電子が残り、データを保持できる(右図)。

書き込み時
制御ゲートに高めの電圧をかけるとp型半導体内の電荷が浮遊ゲートに格納される

消去時
p型半導体側から高めの電圧をかけると、浮遊ゲート内の電子が放出される

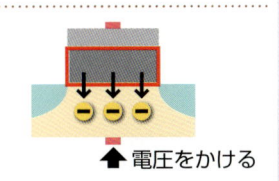

第2部 第2章 データを保存するしくみ

第2章 データを保存するしくみ

ネットワーク接続ストレージ(NAS)

ブロードバンド化やデジタル家電の普及により、家庭で小規模なネットワークを構築する機会が増えてきた。そうしたネットワークを活用した記憶装置がNASである。

●あらゆる機器のデータを一括で保存できるNAS

今や家庭内では、パソコンだけでなくテレビやデジカメなど、さまざまなデジタル機器が利用されているが、各機器が記録した写真や動画のデータは、パソコンで利用できる場合も多い。そこで、さまざまなデジタル機器をネットワークでつないで、1つのHDDでデータを一括管理しようという機器が、**ネットワーク接続ストレージ**(Network Attached Storage、**NAS**)だ。

たとえば、デジカメの写真はJPEG形式という規格で保存されている場合が多く、パソコンや携帯電話、スマートフォンで見ることができる。これまではデジカメに内蔵されたメモリーカードやUSB接続などを通してパソコンにデータを移し、さらにパソコンからスマートフォンに写真データを送るといった手間が必要だった。しかし、デジカメの写真データをUSB接続や無線LAN経由で直接NASに保存しておけば、家庭のパソコンやスマートフォンからNASにア

パソコンやスマートフォン、デジカメなどすべてのデータをNASに保存

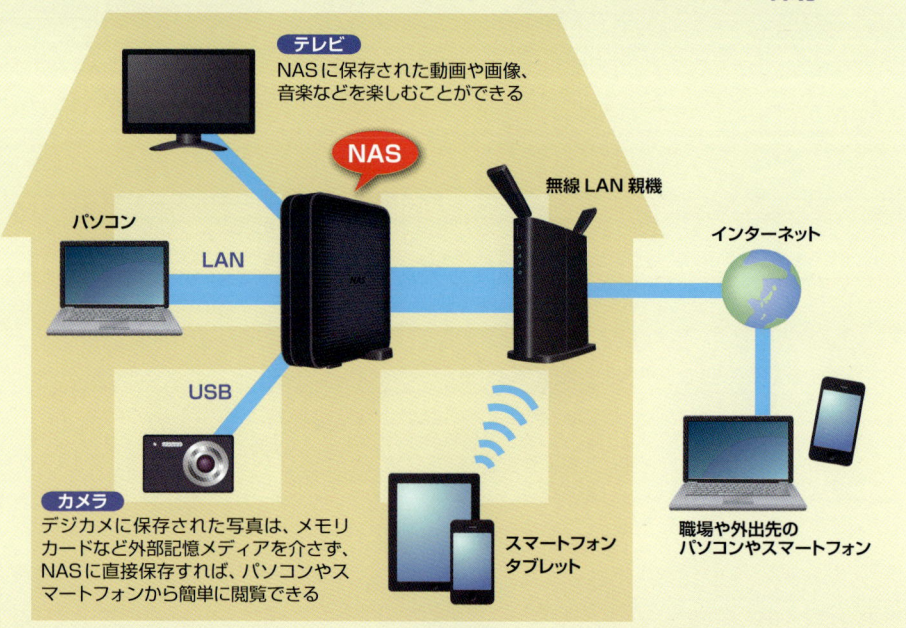

テレビ
NASに保存された動画や画像、音楽などを楽しむことができる

NAS

無線LAN親機

パソコン

LAN

インターネット

USB

カメラ
デジカメに保存された写真は、メモリカードなど外部記憶メディアを介さず、NASに直接保存すれば、パソコンやスマートフォンから簡単に閲覧できる

スマートフォン タブレット

職場や外出先のパソコンやスマートフォン

NASとデジタル機器をLANやUSBで接続することで、小さなネットワークが構築される。ネットワークに無線LAN親機を接続しておけば、スマートフォンなど無線LAN対応機器も、ネットワークに参加できるようになる。さらにインターネットに接続すれば、外部からでもNASが利用できるようになる

クセスするだけで、簡単に写真を見ることができる。

さらにNASをインターネットに接続しておけば、家庭内の閉じたネットワーク（ローカルネットワーク）だけでなく、職場のパソコンや外出先のスマートフォンからでも、NASに保存された写真データにアクセスできる（左下図）。

●NASをファイルサーバーとして活用

このようにパソコンだけではなく、デジカメやテレビなど、さまざまなデジタル機器間でデータを共有するHDDとして利用できるNASだが、本体にはHDDに組み込まれている部品だけではく、ネットワーク上でデータの読み書きや管理を行うためのCPUやOSも組み込まれている。そのため、NASはHDDというよりむしろ、ネットワーク上でファイルを共有するためのファイルサーバー（204ページ参照）といったほうが正確である。

実際、NASはファイルの保存以外にもさまざまな機能を持っている。たとえば、保存されたデータを安全に運用するため、RAIDと呼ばれる機能を持った2台以上のHDDを搭載するNASもある。

HDDの性能は高まっているものの、故障するタイミングは予測できない。大容量化したHDDには、多くのデータが保存されていて、またNASのようにそれを一括して保存していると、故障してデータを失ったときのリスクは計り知れないものになる。RAID 1（ミラーリング）は、1つのHDDにデータを書き込むと、自動的にもう一方のHDDにも同一のデータを保存して、1つのHDDが故障してもNAS全体としてはデータを消失することがないようにしている。

また、NASはファイルサーバーとして、接続されたパソコンからのプリント情報を一括で管理して、USBなどでつながったプリンターに送信することもできる。いわばプリントサーバーとしての機能であり、複数台のパソコンなどで1台のプリンターを共有できる（下図）。

このようにNASは、小規模ネットワークの利便性を高めるための機器ともいえるだろう。

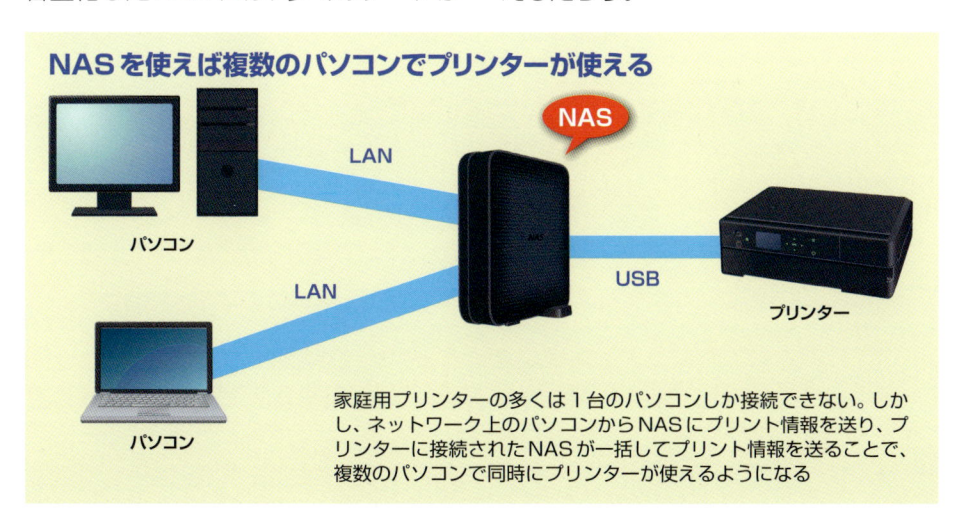

NASを使えば複数のパソコンでプリンターが使える

家庭用プリンターの多くは1台のパソコンしか接続できない。しかし、ネットワーク上のパソコンからNASにプリント情報を送り、プリンターに接続されたNASが一括してプリント情報を送ることで、複数のパソコンで同時にプリンターが使えるようになる

第2部 第2章 データを保存するしくみ

第2章 データを保存するしくみ

USBメモリーとメモリーカード

デジタルデータを日常的に持ち運ぶのに利用されるUSBメモリーとメモリーカード。
用途も外観も異なるが、実は同じ仕組みでできている。どのような構造になっているのだろうか。

●端子に接続するだけですぐに使えるUSBメモリー

　USBメモリーは、ケーブルを使わずに直接USB端子に接続する外部メモリー。電力もUSB（122ページ参照）経由でパソコンから供給され、本体サイズをキーホルダー程度の大きさにできる（下図）。

　USBには、**USBマスストレージクラス**（USB Mass Storage Class）と呼ばれる補助記憶装置をパソコンに接続するための規格がある。接続する機器やOSがその規格に対応していれば（158ページ参照）、特別なソフトウェアを用意しなくても、USB端子に接続するだけで、USBメモリーを使うことができる。

　そのため、現在USBメモリーは、文書ファイルなどのデータの持ち運びや受け渡しに、最も利用されている記録メディアの1つである。

　また、USBメモリーは対応するUSBの規格や搭載するフラッシュメモリーの構造によって、データ転送速度に違いがある。現在、普及しているタイプはUSB 2.0規格に対応したモデルで、転送速度は約20MB/s程度。最近は、USB 3.0規格への対応や、データを効率よく書き込めるようにする工夫で高速化を実現したモデルも登場している。

USBメモリーとメモリーカードの構造（拡大図）

基本的にフラッシュメモリーのメモリーチップとデータの読み書きを制御するコントローラーチップ、入出力端子から成り立っている。基板上にはこれらのチップのほか、クロックを発振する水晶振動子やライトプロテクト装置が備えられ、USBメモリーではアクセス状況を示す発光ダイオードが搭載されているものもある

コンパクトフラッシュ

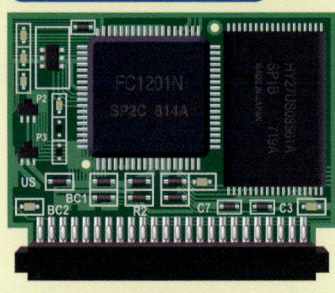

SDカード

USBメモリー

コントローラー　データの読み書きを制御するチップ

メモリーチップ　データを保存するフラッシュメモリー

USB端子　パソコンに接続する部分

●さまざまなメモリーカード

　メモリーカードはデジタル機器に内蔵する記憶メディアとして発展してきたため、メーカーや搭載する機器などによって、いくつかの規格がある。現在、メモリーカードの主流となっているのは、**SDカード**と呼ばれる一連の規格である。多くの家電メーカーがこの規格を採用していて、デジカメや携帯電話などのデジタル機器にSDカードが内蔵できるようになっている。さらに年々大きなデータ容量を求められるようになってきたことから、より大容量かつ高速データ転送が可能なSDHCカード、さらに進化したSDXCカードが開発されている。

　SDカードでは、データを読み書きする転送速度によって「SDスピードクラス」というクラス分けが行われ、Class 2、4、6、10の4段階が規格化されている。また、SDHCカードとSDXCカードには、新しいデータ転送の規格である「UHSスピードクラス」が用意され、さらに高速なデータ転送を実現している（下図、右図）。

　SDカードには、携帯電話など小さな機器向けの**microSDカード**もある。microSDは単に小型であるだけのSDカードであり、SD/SDHC/SDXCやクラス分けが同一であるほか、アダプターに装着すればそのままSDカードとして利用できる。

　メモリーカードにはSDカードのほか、携帯ゲーム機などを中心として利用されている**メモリースティック**や、一眼レフカメラなど大容量データ向けの**コンパクトフラッシュ**などもある（上図）。メモリーカードの使用には、機器が対応する規格の確認が必要だ。

主要なメモリーカード

多くのデジタル機器に採用されているSDカード（右上）、スマートフォンに採用されているmicroSDカード（左上）、デジタル一眼レフなどに依然人気のコンパクトフラッシュ（中央）、ソニー製品を中心に使われているメモリースティック（下）

（画像提供：東芝、ソニー、バッファロー）

表示でわかるSDカードの種類
（UHS-I対応のSDXCカードの例）

- UHS-Iインターフェースのスピードクラスを示している
- UHS-Iインターフェースでの読み出し時と書き込み時の最大転送速度（理論値）を表示している
- UHSスピードクラスに対応していない機器を使った場合のSDスピードクラス性能を示している
- UHSスピードクラスのUHS-Iインターフェースに対応していることを示している。なお、UHSスピードクラスにはUHS-IIというインターフェースもある

（資料提供：東芝）

進化するSDメモリーカード

大容量化、高速化にあわせて、SD→SDHC→SDXCと進化してきた。これらは上位互換性を持っていて、たとえばSDXC対応の機器ではSDカードも、SDHCカードも利用できる

高速化 （SDバススピード）	SD	SDHC	SDXC
312MB/s			新世代として規格が拡張された部分 2TB
156MB/s (UHS-II)			
104MB/s (UHS-I)		SDHC UHS-I	SDXC UHS-I
50MB/s			64GB
25MB/s	現状のSD／SDHCカード		Class 10
			Class 2,4,6
	≦2GB	4GB,8GB,16GB,32GB	32GB<〜≦2TB　**大容量化**

（資料提供：東芝）

第2章 データを保存するしくみ

光ディスクドライブの仕組み

一見同じように見えるさまざまな光ディスク。たしかに光ディスクとしての原理は同じだが、仕様は大きく異なっている。光ディスクの仕組みを見ていこう。

●レーザーを使ってデータを読み取る光ディスク

　写真のデータなどを相手に渡すとき、メディアごと記録したデータを渡すことができる**光ディスク**はデータのやりとりで非常に便利に使えるメディアである。光ディスクには**CD**、**DVD**、**ブルーレイディスク**（BD）があり、各々記録できるデータ容量に違いはあるが、情報を読み取る仕組みは基本的に同じである。
　光ディスクドライブは、光ディスクをスピンドルモーターで高速回転させて、トラッキングモーターとスクリューを使って移動するピックアップでレーザーを照射して、その反射光から情報を読み取る。

　光ディスクには、ランドと呼ばれる平らなところと、ピットと呼ばれるくぼみが並んでいる。ピックアップ内のレーザー発振器から発射されたレーザーは、レンズで集光されて光ディスクに照射される。平らなランドのスペースでは光がきれいに反射されるが、ピットはくぼみがあるため光が散乱してしまい反射光が弱くなる。この反射光の強弱を光センサーで読み取り、「オン（1）」と「オフ（0）」の電気信号にしてデータを読み取っていくという流れが、光ディスクドライブの基本的な仕組みである（下図）。

光ディスクドライブの構造

光ディスクも磁気ディスクと同様、同心円上のトラックにデータが格納されている。そのため、ピックアップ機構自体が中心部から周縁部に動き、ディスクが回転することで、ディスクの全面を走査できる仕組みになっている

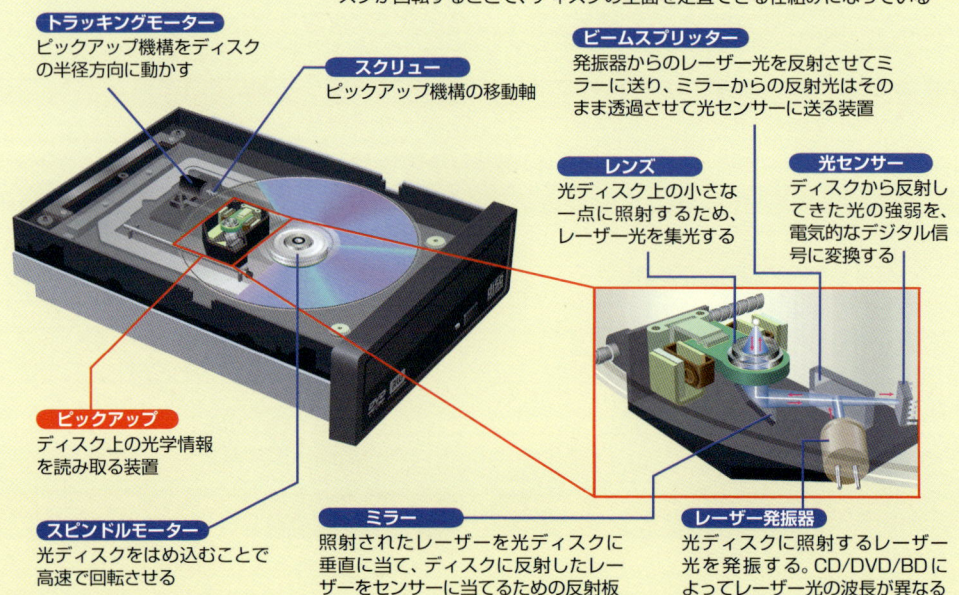

トラッキングモーター
ピックアップ機構をディスクの半径方向に動かす

スクリュー
ピックアップ機構の移動軸

ビームスプリッター
発振器からのレーザー光を反射させてミラーに送り、ミラーからの反射光はそのまま透過させて光センサーに送る装置

レンズ
光ディスク上の小さな一点に照射するため、レーザー光を集光する

光センサー
ディスクから反射してきた光の強弱を、電気的なデジタル信号に変換する

ピックアップ
ディスク上の光学情報を読み取る装置

スピンドルモーター
光ディスクをはめ込むことで高速で回転させる

ミラー
照射されたレーザーを光ディスクに垂直に当て、ディスクに反射したレーザーをセンサーに当てるための反射板

レーザー発振器
光ディスクに照射するレーザー光を発振する。CD/DVD/BDによってレーザー光の波長が異なる

●レーザー波長の異なる光ディスクメディア

　CDとDVD、BDは同じ12cmの光ディスクであり、同じ光ディスクドライブで読み取れることが多いので、データ容量だけの違いと思われがちだが、顕微鏡で見ると、実は構造の緻密さがかなり異なっている。これは、データの読み取りに用いているレーザー光の波長が異なるためだ。CDでは波長780nm※（赤外線）、DVDでは650nm（赤色）、BDでは405nm（青紫色）のレーザー光を用い、大容量メディアになるほど短波長のレーザーを利用している（下図）。

　光は短波長であるほど、小さな光に絞り込むことができる。そのため、短波長の光では小さなレーザーが照射でき、ピットのサイズを小さくすることができる。すなわち、同じ面積に多くのピットを設けることができ、同じサイズのディスクにより多くのデータを格納できるのだ。実際、700MBのCDに対し、DVDでは4.7GB、BDでは25GBの大容量を実現している。

　このように短波長のレーザーでは精密なレーザー光を利用できることから、DVDやBDではさらに、ディスクに多層構造の記録面を設けている。DVDでは2層構造、BDでは拡張規格のBDXLを含めると4層構造まで規格化されている。なお、DVDではディスクの表裏両面にデータが保存できるものもあり、最大で4層の記録面を持つものもある。

　このように緻密さが異なる光ディスクだが、データの記憶方式は同じなので、ドライブはBD対応機器であればDVDとCDが、DVD対応機器ではCDが扱える上位互換性を持った機種が多い。

※1nm＝0.001μm＝0.000001mm

CD/DVD/BDの違い

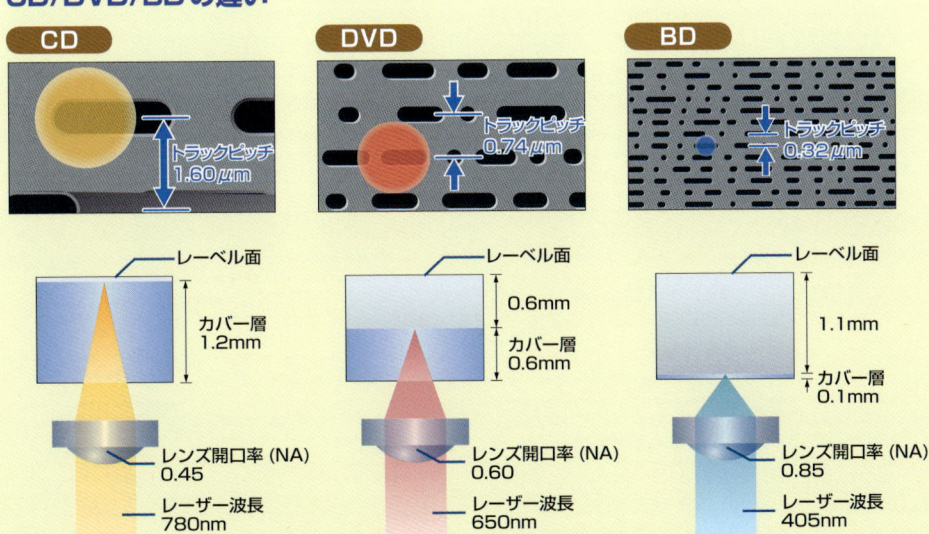

CD
- トラックピッチ 1.60μm
- レーベル面
- カバー層 1.2mm
- レンズ開口率（NA） 0.45
- レーザー波長 780nm

DVD
- トラックピッチ 0.74μm
- レーベル面
- 0.6mm
- カバー層 0.6mm
- レンズ開口率（NA） 0.60
- レーザー波長 650nm

BD
- トラックピッチ 0.32μm
- レーベル面
- 1.1mm
- カバー層 0.1mm
- レンズ開口率（NA） 0.85
- レーザー波長 405nm

短波長ほど小さなレーザー光が利用できるため、ピット間の距離（トラックピッチ）が短くても認識できる。CD/DVD/BDではそれぞれ半分以下のトラックピッチとなっていて、大幅な集積が図られている。また短波長レーザーでは、読み取りに必要な記録層の厚さも薄く、DVDやBDではディスクの多層化が可能だ

（資料提供：パナソニック）

第2章　データを保存するしくみ

CD-R、RW

書き込みのできる光ディスクには、一度しか書き込めない「R」と何度も書き換えができる「RW」があるが、この違いはディスク上の記録物質の違いにある。

●同じCDでも異なる構造

光ディスクにはCD、DVD、BDそれぞれに、読み出ししかできないタイプのROM（Read Only Memory）と書き込みのできるタイプがあり、書き込みできるタイプには一度しか書き込みできない「R（Recordable）」と、何度も書き換えできる「RW（ReWritable）」がある※。これらは、見たところ同じディスクのようだが、構造が異なっている。

ROMでは、ディスク上のデータそのものであるピットには、実際にくぼみが付いている。これは一般に映画ソフトなどのROMは、実際に工場でプレスして製作されるため、こうした物理的な加工が可能だからだ。

それに対してRやRWでは、ユーザー自身が光ディスクドライブを使って記録するため、物理的な加工より容易な、化学的な変化を利用している。滑らかなディスク表面の物質を変化させ、ピットと同様にデータのある箇所で反射光が変わるようにしているのだ。

そしてRでは、この化学反応に不可逆反応を用いているため、一度しか書き込みができないが、RWでは可逆的な反応を利用することから、何度も書き換えができる。同じ書き込みのできるRとRWだが、ピットをつくる原理が違うため、ディスクもディスクドライブの仕組みも異なるのである（下図）。

※書き換えできるBDは、BD-RE（Blu-ray Disc REwritable）と呼ばれている

CD-RとCD-RWの構造の違い

CD-RとCD-RWもグルーブに沿ってレーザー光が照射され、ピット部分の物質が化学的に変化する。変化した物質はほかの滑らかな表面と光の反射が異なり、反射光の強弱でデータを取得できる。CD-RWでは書き換えごとにこの化学反応を繰り返すことから、記録層を保護する誘電層が設けられている

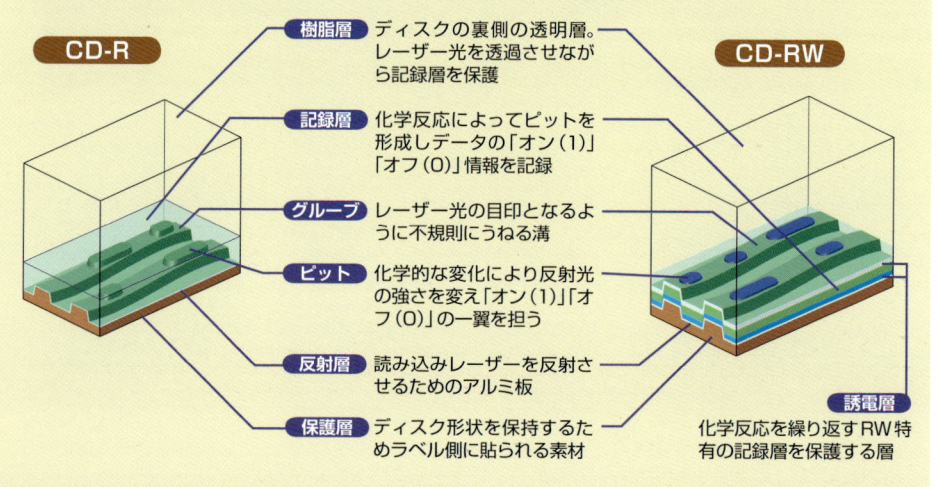

CD-R

- 樹脂層：ディスクの裏側の透明層。レーザー光を透過させながら記録層を保護
- 記録層：化学反応によってピットを形成しデータの「オン（1）」「オフ（0）」情報を記録
- グルーブ：レーザー光の目印となるように不規則にうねる溝
- ピット：化学的な変化により反射光の強さを変え「オン（1）」「オフ（0）」の一翼を担う
- 反射層：読み込みレーザーを反射させるためのアルミ板
- 保護層：ディスク形状を保持するためラベル側に貼られる素材

CD-RW

- 誘電層：化学反応を繰り返すRW特有の記録層を保護する層

●書き換えできないCD-Rと書き換えできるCD-RW

　CD-Rの記録層は有機色素でできていて、ピットを作成したい箇所に書き込み用のレーザー光を当てると熱で変質してしまう。そのため、ほかの部分とは反射光が異なり、読み出し用のレーザー光を当てると、データの「オン(1)」「オフ(0)」情報が識別できる。しかし、この変質した色素は元に戻せないため、一度しか書き込みができないというのが、CD-Rの書き込みの仕組みだ。

　一方の**CD-RW**では、記録層に特殊な合金を用いている。高い温度から冷却すると非晶質(アモルファス※)になるが、比較的低温に熱して冷却すると結晶化される、相変化と呼ばれる現象を持つ物質である。結晶であれば光を透過するが、非晶質だと光は散乱してしまい、読み取りレーザーの反射光は弱くなってしまう。

CD-RWではこの違いをピットに用いている。データを書き込んで非晶質となったピットも、あらためて低温に熱すれば結晶質に戻せるため、CD-RWでは何度もデータを書き換えられるのだ(下図)。

　こうした仕組みから、CD-Rドライブでは読み出し用と書き込み用の2つのレーザーが内蔵されているが、CD-RWドライブでは書き込み用レーザーに、非晶質用の高出力レーザーと結晶質用の低出力レーザーがあり、3つのレーザーが備えられている。

　なお、CD-RWで用いられる合金は光の反射率が低く、光ディスクドライブによっては反射光の強弱を正確に読み取れないことがある。そのためCD-ROMやCD-Rに比べて、データの読み取りエラーを起こす可能性が高い。

※固体を構成する原子(または分子・イオン)が結晶のような規則正しい配列をせずに集合している状態

CD-RとCD-RWの書き込みの仕組み

CD-Rではレーザーの熱で記録層の有機色素を変質させてピットを作成するため、一度しか書き込みができない。しかしCD-RWでは、照射するレーザーの種類によって元に戻せる物質を記録層に用いているため、熱で変質させたピットを消すことができ、何度でもデータを書き込むことができる

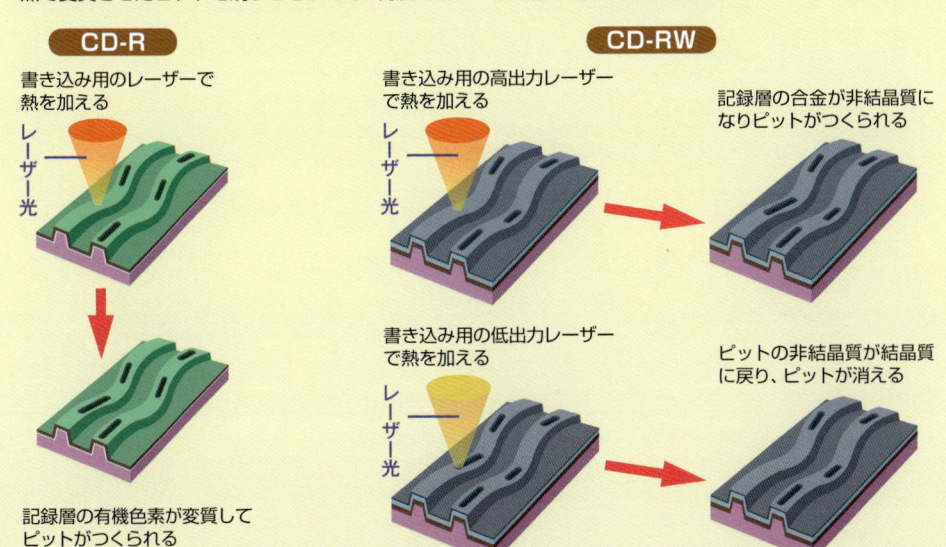

CD-R

書き込み用のレーザーで熱を加える
レーザー光

↓

記録層の有機色素が変質してピットがつくられる

CD-RW

書き込み用の高出力レーザーで熱を加える
レーザー光
→
記録層の合金が非結晶質になりピットがつくられる

書き込み用の低出力レーザーで熱を加える
レーザー光
→
ピットの非結晶質が結晶質に戻り、ピットが消える

第2章 データを保存するしくみ

DVD

DVDの原理は基本的にCDと変わらないが、ディスク構造が大きく異なる。
そのDVDならではの構造と特徴を見ていこう。

●多層構造が可能なDVD

　DVD※がディスクにデータを読み書きする原理はROM、R、RWそれぞれに、基本的にCDと同じである。違う点は、データの読み書きに用いるレーザーが、短波長のものということぐらい。ただ、このことがDVDの特徴につながっていく。

　短波長のレーザーでは、より小さなピットを認識できる。DVDがCDより高密度にデータを記録できる理由である。この特徴は、ピットの厚みについても影響を与える。DVDでは、ピットのくぼみが深くなくとも読み取れるため、CDほどのディスクの厚みが必要ないのだ。

　そのためDVDでは、ディスクの厚みの半分は保護ディスクだ。この保護ディスクの代わりに、記録ディスクを貼り付けたものが両面DVDである。裏表をいちいち入れ替える必要があるが、2倍のデータ量を保存することができる。

　また、DVDではCDの半分の厚みにさらに2層の記録層を設けているものもある。これが2層のDVDである（下図）。上の記録層に光を透過する半透明層を用い、下の記録層のピットもレーザーが読み取れる仕組みになっている。レーザーが上の記録層を走査するか、下の記録層を走査するかは、ピックアップ機構のレンズで焦点を調整することで選択されている。

　ただ、上の記録層では従来のDVDほど記録密度が保てず、片面1層式で4.7GBの容量に対して、2層式では8.5GBとなっている。もちろん2層式のDVDも両面にすることもできる。その場合、17GBの記憶メディアとなる。

※DVDは「Digital Versatile Disc」の略

片面2層DVD-ROMの構造

CDの半分の厚みのディスクが重ね合わせられている。片方は通常、保護用のディスクだが、データが記録できるディスクを表裏に貼り付けたものが両面DVDである

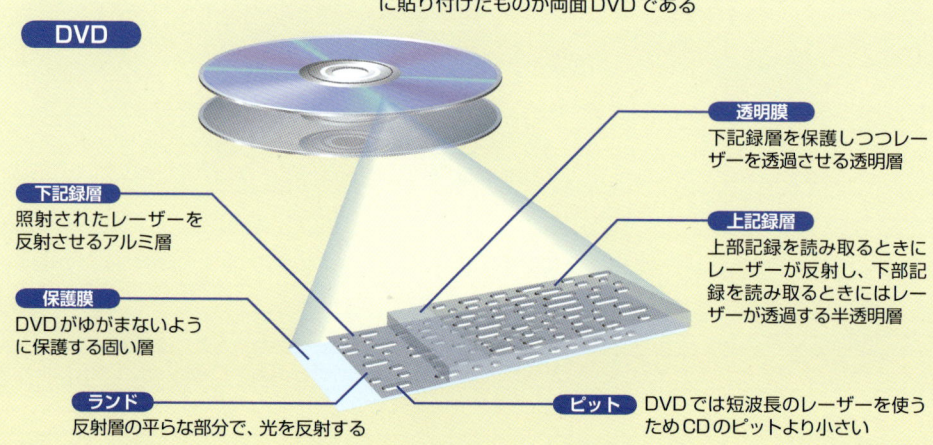

DVD

下記録層
照射されたレーザーを反射させるアルミ層

保護膜
DVDがゆがまないように保護する固い層

ランド
反射層の平らな部分で、光を反射する

透明膜
下記録層を保護しつつレーザーを透過させる透明層

上記録層
上部記録を読み取るときにレーザーが反射し、下部記録を読み取るときにはレーザーが透過する半透明層

ピット
DVDでは短波長のレーザーを使うためCDのピットより小さい

●さまざまなDVD規格

　DVDはビデオテープの後継としての映像メディア、CDの後継としての音声メディア、そしてパソコンでの記憶メディアとさまざまな役割を担っている。このうち記憶メディアの規格は、DVDフォーラムとDVDアライアンスの2つの団体によって定められているため、DVDには合計8つの規格がある（右表）。

　これらの規格では、ディスクの素材やレーザー光の波長が異なっているため、規格が異なっているとまったく違う製品といえる。異なる規格の場合、ディスクにデータを書き込めないのは当然だが、読み出しでもエラーが生じる場合がある。

　ただ、DVDが一般的なメディアになるにつれ、読み出しについてはすべての規格に対応したり、書き込みについても複数の規格に対応するDVDドライブが増えてきた。**DVDスーパーマルチドライブ**（下の囲み記事参照）は、その代表例である。DVDに対して上位互換性を持っているBDでも、多くのDVD規格に対応している。すべての規格に対応するドライブの登場で、互換性の問題は解消されつつあるといえるだろう。

DVDの種類と特徴

DVDにはさまざまな規格があるが、大きく「読み出し専用（ROM）」と「書き込み型、追記型（R）」「書き換え型（RW）」に分けられる

読み出し専用	
DVD-ROM	パソコン用の読み出し専用ディスク。ゲームソフトなどによく用いられる
DVD-Video	映像用DVDの規格。映画やドラマなどのDVDに用いられている
DVD-Audio	音声用DVDの規格。音楽のDVDなどに用いられる
書き込み型、追記型	
DVD-R	DVDフォーラムによる書き込み規格。最初期の規格であるため、広く普及している
DVD+R	DVDアライアンスによる書き込み規格。仕組み自体は-Rより汎用性があるが、後発のため普及の点では劣る
書き換え型	
DVD-RW	DVDフォーラムによる書き換え規格。対応するDVDプレーヤーも多い
DVD+RW	DVDアライアンスによる書き換え規格。DVD-ROM規格に近く読み出し互換性が高い
DVD-RAM	DVDフォーラムによる書き換え規格。当初は-RAMが一般データ、-RWが映像データを想定していた

　また、従来はDVDへのデータの書き込みには、書き込み用ソフトが必要だったが、現在ではOSに標準搭載されている。このようにDVDをCDに代わる記憶メディアとして利用する環境は整っている。

DVDスーパーマルチドライブ

　DVDにはさまざまな規格があり、同じ団体による規格、たとえばDVD-RWでデータを書き込んだディスクがDVD-Rドライブでも読み出せないこともあった。そこでDVDフォーラムでは、自らが定めた規格すべてに対応する「DVD Multi」という規格をあらたに定め、動作上の保証を行った。この規格に対応するのがDVDマルチドライブであり、さらにDVDアライアンスによる、DVD+RとDVD+RWにも対応させたものはDVDスーパーマルチドライブと呼ばれている。

市販されているDVDドライブはほとんどがスーパーマルチドライブになっている

（写真は「DVSM-24U2」、写真提供：バッファロー）

第2部　第2章　データを保存するしくみ

ブルーレイディスク (BD)

DVDより短波長の青紫色レーザーを使うことから名付けられたブルーレイディスク (BD)。大容量の記憶メディアとして広く利用されるようになってきた。

●第3世代の光ディスク

　映画などの映像コンテンツがDVD普及のきっかけだったが、**ブルーレイディスク** (BD) 普及のきっかけはハイビジョン画像による映像コンテンツである。片面1層のDVDでは地上波ハイビジョンを30分程度しか録画できないが、BD片面1層ではDVDのおよそ5倍、25GBの容量を持ち、標準的な記録方式で180分録画することができる。

　BDがDVDに比べ大容量なのは、DVDとCDの関係と同じく、より短波長のレーザー光を用いているからだ（下図）。BDではDVD以上に微細なピットを認識できるが、驚くべきはその記録層の厚みである。光ディスクの厚み1.2mmに対して、わずか0.1mmの厚みにデータを書き込んでいる。そのため、通常のBDでは2層50GB、BDの拡張規格である**BDXL**では3層100GB、4層128GBと多層構造が可能になっている。

　ただ、BDでは微細なピットを読み取るため、ディスクのゆがみやキズで読み取りエラーを起こしてしまう。そのためBDでは、保護ディスクに近い層にデータを書き込み、ゆがみの影響を受けにくいようにしている。またBD初期には、チリやキズから保護するため、ディスクをカートリッジに収めて利用していた。

BDドライブの構造

多くのBDドライブはCDやDVDに対応する上位互換性を持っていて、スピンドルモーターなどの機構を共有しながら、CD/DVD/BDそれぞれのレーザー光に対応する仕組みを内蔵している。なかでもBDはとくに微細構造を扱うため、レーザー発振器と対物レンズはCDとDVDでは共用されるが、BDではより高精度のものが使用されている

ピックアップ
光ディスク上にデータを読み書きする機構。CDのピックアップ機構と構造は大きく変わらない

BD用集積素子
BDのデータを読み書きするレーザー光の発振器

CD/DVD用集積素子
CDとDVDのデータを読み書きするレーザー光の発振器。CDとDVDでは波長の異なるレーザーを発振する

BD用対物レンズ
CD/DVDの対物レンズと同じ役割を果たすが、BDのピットが小さいため、よりレーザー光を絞り込めるよう厚みのあるレンズが用いられる

CD/DVD用対物レンズ
レーザー光を絞り込んで読み書きするピットに当たるように焦点を調整する

CPRMで違法コピーを防ぐ仕組み

　DVDもBDも普及のきっかけとなったのは、新しいデジタル映像コンテンツの普及だった。ただ、デジタルデータは複製しても劣化しない。そのため、複製データがオリジナルのデータの権利、たとえば著作権を侵害するおそれがあった。

　そこでDVDの普及にあたっては、複製を1世代だけに制限する、つまりオリジナルからは複製できるが、コピーからの複製はできない仕組みを定めた。これが **CPRM**※である。CPRMは基本的に、さまざまな鍵（キー）を用いてデータをDVDに書き込み、再生するときにはそれらの鍵が必要になるという仕組みだ。

　キーにはまず、データを書き込む機器やソフトウェアに記されている「デバイスキー」がある。これは各機器やパソコンにインストールされた書き込みソフト、1つ1つに別々のキーが割り振られている。

　次にDVDのディスク1枚1枚に記されている「MKB」と「メディアID」がある。MKBはいくつものキーが保管されている、いわゆる鍵束で、データを書き込むときにその鍵束とデバイスキーで「メディアキー」が作成される。このメディアキーとメディアIDを主な鍵としてデータは暗号化されて、再生するときにはこのメディアキーやメディアIDなどが必要になるというのがCPRMの仕組みである（下図）。

　これらのキーは、1世代目のディスクにはすべてそろっているが、その次のコピー先のディスクにはそろっていない。そのため、データを再生することができず、複製管理の役割を果たしている。

※CPRMは「Content Protection for Recordable Media」の略

CPRMで違法コピーを防ぐ仕組み

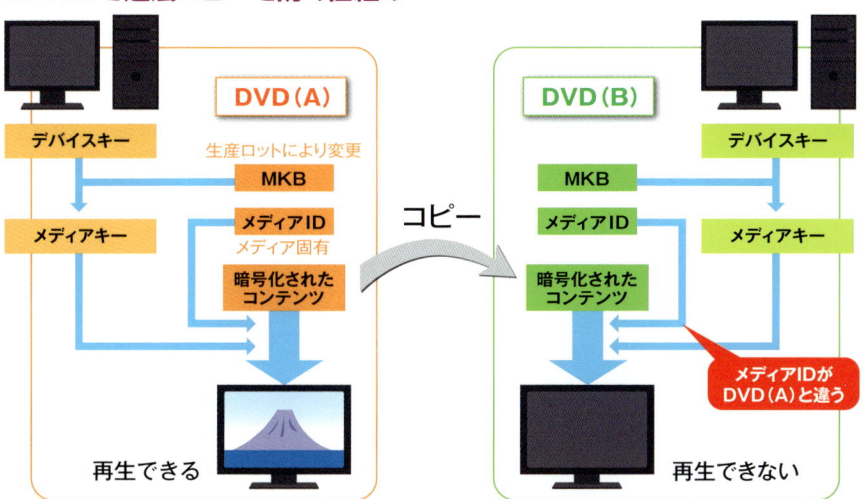

ディスクAには、データが書き込まれた際のメディアキーも、メディアIDも記されている。そのため、暗号化されたデータを再生するときには、これらのキーを用いてデコード（解読、復号）され、正常に再生される。しかし、コピー先のディスクBでは、

Aから複製されたのは暗号化されたデータだけで、各種のキーは複製されず、メディアキーとメディアIDはAと異なっている。そのため、ディスクAで暗号化されたデータはデコードされず、正常に再生されない

第3章　パソコンを操作するしくみ

進化する入出力装置

パソコンと人間をつなぐ入出力装置は、パソコンの使いやすさを決める大切な要素である。
最近はこれまでのパソコンには使われなかった新しい入出力装置も登場している。

●入出力装置の代表はキーボードとマウス、液晶ディスプレイ

　パソコンにとって、演算処理を行うCPUが頭脳なら、手足や目、鼻、口といった感覚器官にあたるのが**キーボード**や**マウス**、**ディスプレイ**といった入出力装置である（下図）。

　代表的な入力装置であるキーボードは、数字や文字の入力など、パソコンを利用する上で最も活用する機器の1つ。ワープロやメールでの文字入力はもちろん、WindowsなどのOSでは、コントロールキー（Ctrl）などの修飾キーと組み合わせて、ファイルの保存など、さまざまな操作ができる。

　マウスは、キーボードと並ぶパソコンにとっては重要な入力装置である。GUI（152ページ参照）と呼ばれる、WindowsのようなOSが主流になってからは、マウスを使って、画面上のアイコンをダブルクリックしたり、メニューを選択することでパソコンにさまざまな指令を伝えることができる。

　一方、パソコンに不可欠な出力装置はディスプレイである。パソコンに出した指令の表示や、処理結果の確認はすべてディスプレイで行われるからだ。パソコンに使われるディスプレイといえば、以前はブラウン管を採用したCRTだったが、最近はほとんど液晶になりCRTを見かけることはほとんどなくなった。

　プリンターは、パソコンで作った文書やパソコンで処理した結果などを紙に印刷する出力装置である。プリンターには、大きくインクジェット方式とレーザー方式があるが、プリンター本体の価格や印刷速度、コストパフォーマンスの違いで、家庭ではインクジェット方式、オフィスではレーザー方式が採用されることが多い。

　パソコンは、CPUだけどんなに高性能でも役に立たない。指示を伝える入力装置、処理の結果を表す出力装置があって、はじめてパソコンとして機能するのだ。

基本的な入出力機器

❶ キーボード
パソコンに数字や文字を入力できる。また、修飾キーと組み合わせてパソコンの操作も行う

❷ マウス
マウス本体を動かすことで、ディスプレイ内の矢印（ポインター）を動かし、ボタンを押すことでパソコンを操作する

❸ ディスプレイ
パソコンへの指令や処理結果などを表示する。現在は液晶ディスプレイがほとんど

❹ プリンター
パソコンで作成した文書や処理結果を紙に印刷する

●進化を続ける入出力装置

パソコンが幅広い年齢層に普及して、さまざまなシーンで活用されるようになると、より自然で感覚的な操作ができる新しい入力装置が、次々に導入されるようになった。

たとえば、銀行のATMなどで採用されている**タッチパネル**は、画面に触りながら感覚的に操作ができるため、キーボードやマウス操作に慣れない初心者やシニア向けのパソコンに搭載されている。

また、タッチパネルは、ディスプレイとキーボード、マウスの機能を1つの画面上にすべて収められるので、機器の大きさや入出力環境に制限があるモバイル分野でも採用が進んでいて、スマートフォンやタブレット端末を中心に多くの機器に搭載されている（右図上）。

出力装置では、臨場感がある映像を楽しむことができる**3Dディスプレイ**を採用するパソコンが増加している（右図下）。3Dディスプレイは、最初は専用のメガネをかけなければいけなかったが、最近は裸眼で3D映像を楽しめるものも登場している。3D映像を楽しむことができるのは、いまのところ映画などの一部の映像やゲームだけだが、今後さまざまな活用方法が期待される。

ディスプレイでは、このほかに液晶に代わる新しい出力方式のものが出てきている。**有機ELディスプレイ**は、電圧をかけると自らが発光する有機物を使ったディスプレイで、バックライトが不要になるため液晶よりも薄い製品を開発することができる。液晶よりも消費電力が少なく、コントラスト比も高いので、スマートフォンなどモバイル分野で搭載されるようになってきている。

スマートフォンで拡大したタッチパネル操作

スマートフォンで一気に普及したタッチパネルだが、初心者やシニア向けなど、一部のパソコンにも採用されている

映像が立体的に見える3Dディスプレイ

テレビだけでなく、パソコンにも映像が立体的に見える3Dディスプレイの搭載が進んでいる

最近話題の電子書籍を読むための端末には、ディスプレイに**電子ペーパー**を採用しているものもある。電子ペーパーは、表示中に電力をほとんど消費せず、紙と同じように反射光を利用して表示を行うため、持ち運びながら野外でも快適に利用できる。

このようにパソコン関係の入出力装置は年々進化している。将来、キーボードとマウスを使うこれまでの入力方法とは違ったパソコンの使い方が主流になるかもしれない。

第2部 第3章 パソコンを操作するしくみ

第3章 パソコンを操作するしくみ

キーボード

キーボードの基本的な構造は格子状の回路である。
押したキーにより格子の行と列が決まり、パソコンに信号が送られる。

●2枚の回路シートで構成されるキーボード

キーボードは基本的に、電極が配線された2枚の回路シート（**シートスイッチ**）と、その電極の上に配置された数十個（キーボードにより異なる）の**キー**から構成されている（下図）。

何もキーが押されていないキーボードでは、2枚のシートスイッチは絶縁されていて、回路に電流が流れることはない。しかし、あるキーが押されると2枚のシートスイッチの電極がくっつき、回路が成立して電流が流れるようになる。そして、この電流が流れた電極の箇所＝キー情報（スキャンコード）を、文字情報としてパソコンに伝えるのが、キーボードの基本的な仕組みであり、このような仕組みのキーボードをメンブレン式という。キーボードは、このメンブレン式以外に、キーの数だけ独立したスイッチを持つメカニカル式と呼ばれるものもある。

各キーの構造だが、シートスイッチの電極上にはカップと呼ばれるゴムスプリングを配置して、キーを押したときに指に適度な感覚を与えながら、キーを離したときに自然に元に戻るようにしている。さらにゴムスプリングには、キートップを固定するためのキーホルダーがはめられる（左図下）。キーボードによっては、キーの反発力を弱くしてソフトなキータッチを実現するため、ゴムスプリングの代わりにパンタグラフ構造を取り入れたタイプもある。

なお、キートップどうしの間隔は**キーピッチ**と呼ばれている。一般的なキーボードではおよそ19mmだが、ノートパソコンではサイズの制約から狭くなり、ユーザーの使いやすさを測る指標になっている。

キーボードの構造

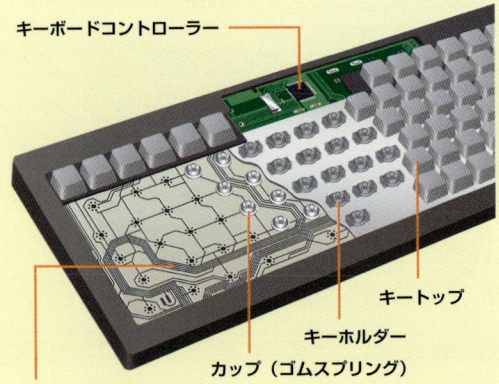

- キーボードコントローラー
- キートップ
- キーホルダー
- カップ（ゴムスプリング）
- シートスイッチ

押されたキーの情報はシートスイッチの回路を流れ、キーボードコントローラーを通してパソコンに伝えられる。キーボードコントローラーはこの情報の流れを制御していて、押されたキーのスキャンコードが何の文字に対応するかはパソコンのCPUで判断する

キーの構造

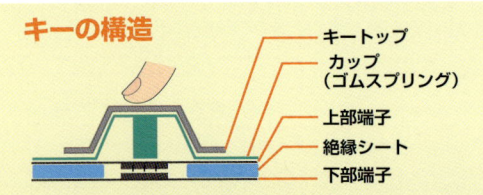

- キートップ
- カップ（ゴムスプリング）
- 上部端子
- 絶縁シート
- 下部端子

キートップが押されると、上部端子が下に押し込まれ下部端子と接触する。すると、2枚のシートが電気的につながり、回路上に電流が流れる。またゴムスプリングの反発力により、押されたキートップは元に戻る

●キーマトリックスで押された文字を判定

シートスイッチの回路は一見複雑そうに見えるが、実は下図のような単純な格子状の構造になっている。これを**キーマトリックス**と呼ぶ。

たとえば、下の図のようにC行の5列に対応するキーが押されていると、マトリックス内ではC行5列の回路がつながり、Cの電極から5の電極に向けて電流が流れる。この現象によって、C行5列のキーが押されていることが電気的に把握され、パソコン本体に伝えられるのである。

こうしたことから、各キーに対応するスキャンコードは、A～Zのような文字情報ではなく、C行5列といった単なる信号といえる。そして、信号を伝えられたパソコンのCPUが、あらかじめOSで設定されたキーボードの規格情報に従って、この信号を文字情報に変換することで、キーボードで入力された情報がはじめて意味を持つことになるのだ。

また、キーボードのキーは英字や数字だけでなく、シフトキー（Shift）やコントロールキー（Ctrl）、アルトキー（Alt）といったほかのキーと組み合わせることで意味を持つキーがある。これらは**修飾キー**と呼ばれるが、こうした修飾キーのスキャンコードと、各キーのスキャンコードを組み合わせて、別の意味を持つ情報に変換するのもパソコンのCPUが行っている。たとえば、Shift＋Aのキーで大文字のAといった変換である。

キーマトリックスの仕組み

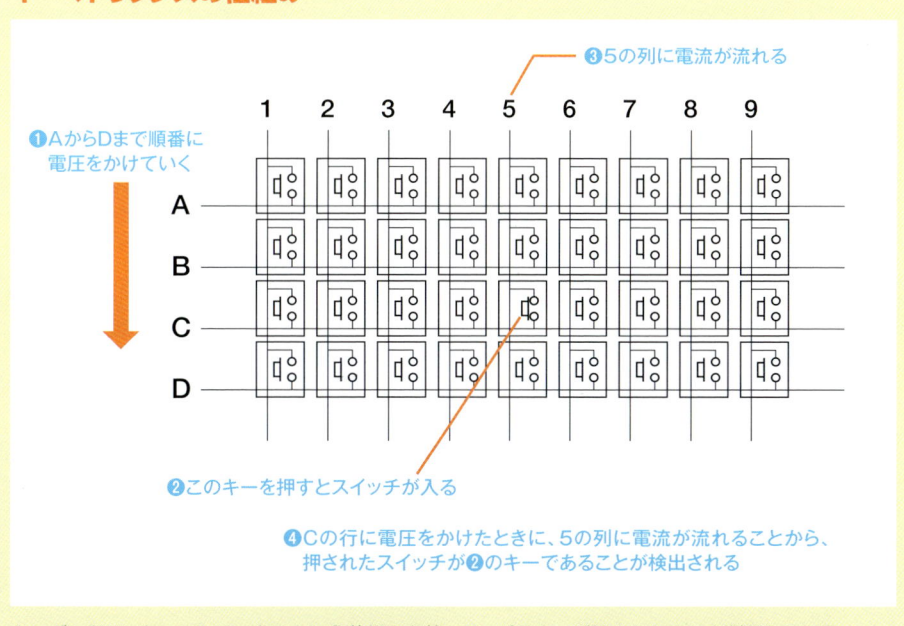

❶AからDまで順番に電圧をかけていく

❸5の列に電流が流れる

❷このキーを押すとスイッチが入る

❹Cの行に電圧をかけたときに、5の列に電流が流れることから、押されたスイッチが❷のキーであることが検出される

キーボードは、キーマトリックスという仕組みを使って、どのキーが押されたのかを判断している

第3章 パソコンを操作するしくみ

ポインティングデバイス

グラフィカルな画面でアイコンやフォルダーなどを操作する、GUIになくてはならない機器がポインティングデバイス。その中で、代表的な機器であるマウスの構造を解説する。

●ポインターを使ってパソコンを操作

パソコンを操作するとき、私たちは画面上のアイコンやフォルダーを指定したり、メニューを選択したりして、指示を与えている。このように、グラフィカルで直感的にパソコンを操作する方法をGUIと呼ぶ。

GUIでパソコンを操作するのになくてはならないのが、**ポインティングデバイス**である。ポインティングデバイスは、GUI画面上に表示される矢印(**ポインター**)(下図)を動かしながら、各種の処理を決定していく機器。

ポインティングデバイスにはいくつかの種類があるが、デスクトップでは**マウス**、ノートパソコンでは**タッチパッド**が採用されていることが多い。また、マウスのように機器そのものを動かさずにポインターを操作できる**トラックボール**や、絵を描くときに細かくポインターを操作できる**ペンタブレット**なども一部のユーザーに人気がある(下図)。

ポインター

パソコン上に表示される矢印を「ポインター」と呼び、アイコンやフォルダーの指定や、メニューの選択で利用される

さまざまなポインティングデバイス

マウス
デスクトップパソコンを中心に使用されるポインティングデバイス。最も一般的なポインティングデバイスである

タッチパッド
ノートパソコンに搭載されているポインティングデバイス。ポインターの移動やクリックだけはなく、スクロールや拡大縮小の操作ができるものもある 

トラックボール
ボールを回転させて、ポインターを動かすポインティングデバイス。マウスのように機器そのものを動かす必要がない

ペンタブレット
板状の本体と電子ペンを組み合わせて操作する。正確にポインターを操作できるため、パソコンで絵を描くときなどに利用されることが多い

ポインターの種類

	名称	説明
▶	アローポインター	標準時のポインター。アイコンを指定するときなどはこの形状
I	アイビームポインター	テキスト入力時のポインター。この形状になることで、文字間が指定しやすくなっている
◯	ウエイトカーソル	パソコンが処理中であることを示すポインター。以前は砂時計の形状だった

ポインターは利用シーンなどによって形状を変化させる。なお、形状はOSで変更することもできる

●ほこりやごみに強い光学式マウス

ポインティングデバイスの中で代表的な機器であるマウス。以前は、本体の中にボールを入れて、そのボールの移動方向や距離によってポインターを動かす、**機械式マウス**が広く採用されていた。しかし、長期間使用していると、回転機構にほこりやごみが付着し、スムーズにボールが回転しなくなり、画面上のポインターがうまく動かなくなる。

そこで、ポインターの移動方向や距離を把握する方法をボールの回転の代わりに、マウスが接する面の変化で読み取るマウスが登場した。これが現在、主流となっている**光学式マウス**である（下図）。

光学式マウスでは底面の小さなレンズを通して、マウスパッドなどマウスを動かしている面の画像を1秒間に数千回の頻度で読み取っている。マウスパッドなどは一見、滑らかな表面だが、実際にはわずかな凹凸があり、光を当てると場所によって微妙に反射光が異なる。この違いを画像として認識し、1コマ前の読み取り画像と比較することで、マウスの動いた距離や方向を測定しているのである。このため光学式マウスの性能は、読み取る画像の細かさを示す値であるCPI（Count Per Inch）と、読み取りの頻度を示す値であるFPS（Frame Per Second）で示される。

マウスは動かして操作するため、ケーブルが邪魔なことがある。そこで、マウスの移動情報を無線でパソコンに送るワイヤレスマウスも最近は人気である。

ポインターの設定

ポインターの移動速度や軌跡の表示などは、OSの設定で変更することができる

光学式マウスの構造と仕組み

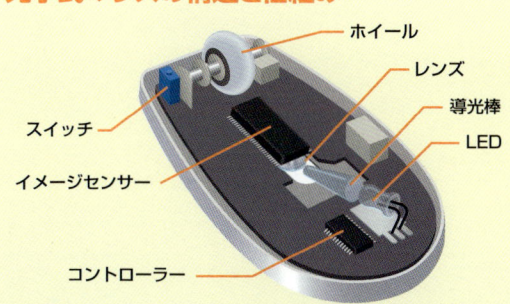

- ホイール
- レンズ
- 導光棒
- LED
- スイッチ
- イメージセンサー
- コントローラー

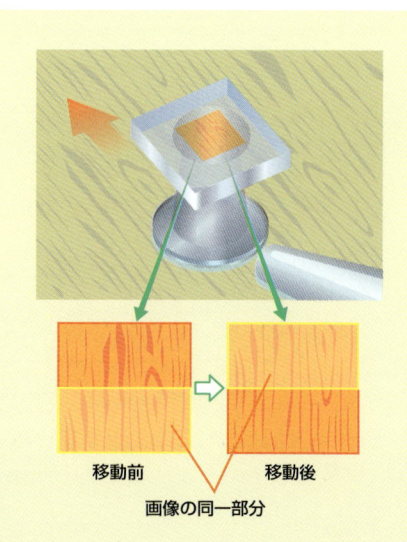

LEDで発した光をレンズからマウスが接した面に照射する。この際、表面の凹凸がわかりやすいよう、導光棒を通して斜めから照射する。面に反射した光はイメージセンサーによって読み取られ、1コマ前の画像と比較して測定された移動情報がパソコンに送られる。照射する光に、より細かく画像認識ができるレーザーを用いたのがレーザー式マウスである

移動前 → 移動後
画像の同一部分

第3章　パソコンを操作するしくみ

タッチパネル

画面に直接触れて操作するタッチパネルは、直感的に操作できる入出力機器。
機器の精度も上がり、さまざまな分野で導入が進んでいる。

●画面に直接触って操作するタッチパネル

　タッチパネルは、画面に直接触れてアイコンの選択や、メニューの決定などができる入力装置と出力装置が一体となったディスプレイである。

　タッチパネルは、病院など一部公共機関などでは以前から導入されていた。パソコンのユーザー層が広がるにつれて、子どもやお年寄りなど従来の入力機器であるキーボードとマウスの操作に慣れない人も増えてきたため、一部のパソコンで導入されるようになった（下写真左）。液晶ディスプレイ単体でも、タッチパネルに対応したものが登場していて、パソコンと接続すればタッチパネル操作を実現できる（下写真右）。

　このように画面に直接触るタッチパネルは、マウス以上に直感的な操作ができるところが特徴だが、画面以外のところに入力機器が不要になるという利点もあるため、本体サイズに制約があるモバイルパソコンやスマートフォン、カーナビなどにも導入が進んでいる。また、タッチパネルは表示を変えるだけで、キーボードにしたり、テンキーにしたり、選択メニューにしたりと、入力方法を自由に設定できるメリットもある。

　タッチパネルは、マウスで操作する画面上の矢印（ポインター）と同様、従来は画面上の1カ所を差し示す機能しかなかったが、タッチパネル自体の精度が上がったこと、OS（152ページ参照）などの各種ソフトウェアの開発が進んだことで、2カ所以上同時にタッチ（マルチタッチ）して、これまでになかったさまざまな操作ができるようになった。たとえば、Windows 7やiPhoneなどのスマートフォンでは、2本の指を置き、その指の間隔を広げる操作をすることで画面の拡大ができ、逆に狭くすると画面が縮小される。

タッチパネルを搭載するパソコン

キーボードやマウス操作に慣れていないパソコン初心者やシルバー向けにタッチパネルを搭載したパソコンが登場している
（写真は「FMVらくらくパソコン4」、写真提供：富士通）

タッチパネル型の液晶ディスプレイ

タッチパネル型の液晶ディスプレイも数多く登場している

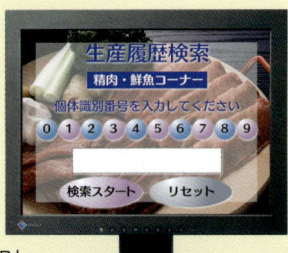

（写真は
「FlexScan T1502-B」、
写真提供：ナナオ）

●圧力を感知する抵抗膜方式と電流を感知する静電容量方式

　タッチパネルの基本的な構造は、画像を表示するディスプレイ装置と、ディスプレイ表面に貼られた指やペン先を認識する装置の2つで構成されている。ディスプレイ装置は通常のディスプレイと変わらないが、その外側に光を通す透明な材質を用いて、指先を感知する装置を備えることで、表示機能と入力機能を兼備させているのだ。

　指先を感知する仕組みには、指によって押された圧力を感知する方式と、人体が電気を通す特性を利用した指とディスプレイの間に生じる微弱な電流を用いる方式の、大きく2つがある。圧力を感知する代表例が**抵抗膜方式**、微弱な電流を感知する代表例が**静電容量方式**だ。

　抵抗膜方式は、縦軸と横軸それぞれの方向に電極を持った膜を重ね合わせていて、指で押された箇所で縦と横の電極が接触して電気回路がつくられ、電流が流れる。このことで、押された箇所の縦座標と横座標が認識され、パソコンに伝えられる仕組みである（下図）。比較的安価に製造されることから広く普及しているが、2枚の電極膜を通して表示画面を見ることになってしまうため、透明度は若干下がってしまう。

　静電容量方式では、細かく電極が配置された1枚の電極膜が貼り付けられていて、指が触れた電極では人体を通して微弱な電流が流れ出すため、電極の静電容量が変化する。この変化した電極の位置情報が、パソコンに伝えられる仕組みだ。静電容量方式は比較的コスト高になるが精度が高く、複数箇所を同時に押した情報も高速に高精度で伝えることができるため、スマートフォンなどのモバイル端末を中心に採用されている。

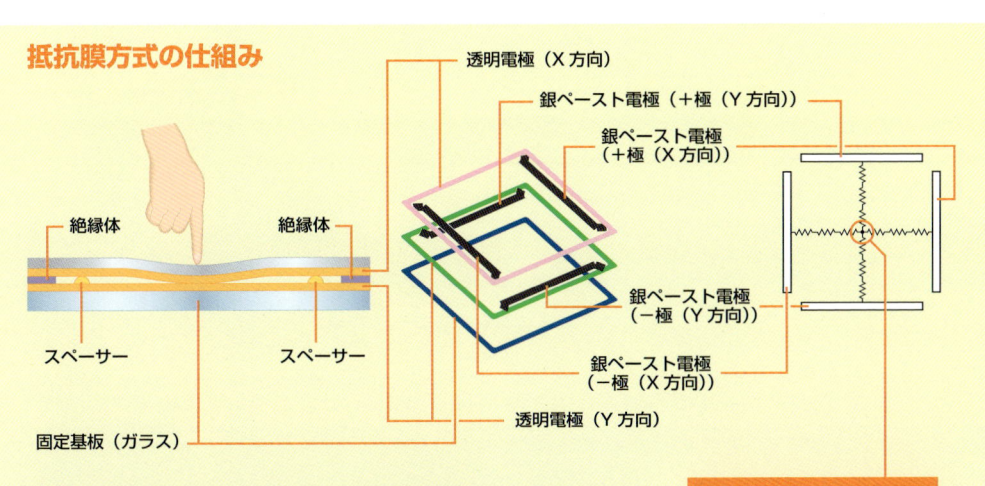

抵抗膜方式の仕組み

抵抗膜方式では、ガラス基板の上に2枚の透明電極膜がX方向、Y方向どちらかの両端に銀ペースト電極を備え、重ね合わせられている。その結果、上から見ると、縦糸と横糸のように電線が配線された状態になる。2枚の電極膜はスペーサーによってわずかな隙間があり、通常は電流が流れないが、指などでパネルを押すとX方向の＋電極から－電極へ、Y方向の＋電極から－電極に電流が流れる。この電流によって押した箇所のX座標、Y座標が認識される

パネルの1カ所を指で押すとX方向、Y方向に電流が流れる。その交点を調べることで指で押した位置が検出される

第2部　第3章　パソコンを操作するしくみ

スキャナー

フィルムで撮影した写真や会議での配付資料などを画像データとして、パソコンに取り込むための機器がスキャナーである。

●写真などを画像データとして読み込むスキャナー

　デジタルデータを自由に取り扱えるのがパソコンの利点だが、私たちの生活ではデジタルでないものも多い。たとえば、フィルムで撮影した古い写真や紙に書いた絵、会議で配布された資料などである。こうしたものをパソコンでも扱えるようにする機器が**スキャナー**だ。スキャナーは絵や文字の原稿を、1枚のデジタル画像として取り込むことで、パソコンで扱えるようにしている。

　そもそもデジタルの画像は、ピクセルと呼ばれる小さな格子状の区画ごとに色が定められた集合体だ。そこでスキャナーは、読み込み原稿に光を照射し、反射光をセンサーで細かく走査（スキャン）してピクセルごとの色を判別することで、デジタル化を行っている。また、写真フィルムのような光を透過する素材の原稿（透過原稿）は、反射光でなく原稿を透過した光を測定することで、色の判別を行っている。

　こうした仕組みからスキャナーは、ガラス面の原稿台と遮光用の原稿カバー、光源とセンサーから構成される。原稿を効率よく正確に読み取れるよう、機械的になぞるスキャン機構が内蔵されることから、スキャナーは平型の直方体の形状をしているのが一般的であり、**フラットベッドスキャナー**と呼ばれている（右図）。

　一方、スキャナーはこのような構造上、比較的大型になってしまうため、スキャンを手動で行うことで小型化したものもある。これが**ハンディスキャナー**であり、スキャン時の手ブレが生じるなどの欠点もあるが、モバイル端末が広く普及している現在、手軽なスキャナーとして利用されている。

フラットベッドスキャナーの構造

フィルム原稿用照明
透過原稿を読み取る際には、原稿の反射光でなく透過光を用いるため、キャリッジとは反対側から光を照射する

キャリッジ
原稿に照射する光源や、原稿を読み取る光センサーが組み込まれた帯状のスキャン機構

キャリッジ駆動モーター
キャリッジを駆動させる装置

コントローラー
キャリッジによる測定データを取りまとめ画像処理を行う半導体チップ

光源から照射された光の反射光を、キャリッジの帯単位で光センサーが読み取っていく。キャリッジがモーターによって、キャリッジの帯と垂直方向に駆動されることで、原稿全面が走査される

（資料提供：キヤノン）

●2種類あるスキャナーの読み取り方式

スキャナーの読み取り方式には、大きく分けて**CCD方式**と**CIS方式**の2つがある。CCD方式は縮小光学方式とも呼ばれ、読み込み原稿に白色光をあて、その反射光を複数のミラーとレンズを使って、反射と集約を繰り返した後、CCDイメージセンサーでイメージを読み取る。一方、CIS方式は等倍光学方式と呼ばれ、RGBの発光ダイオード（LED）それぞれの光を順番にあてながら、棒状のレンズを横一列に並べたセルフォックレンズと呼ばれるレンズを通して、CMOSセンサーがイメージを読み取る（右図）。

CCD方式は複数のミラーとレンズを経由して、遠くから原稿を読み取っているのに対して、CIS方式は非常に近いところで原稿を読み取る。そのため、ピントが合う範囲はCIS方式よりCCD方式のほうが広く、分厚い書籍などの綴じ込んだ部分はCCD方式でないとうまく読み込めない。

CCD方式とCIS方式

CCD方式

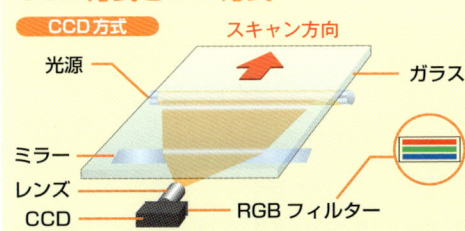

光源から白色光が照射され、反射光がミラーとレンズで構成された光学構造を通して、CCDに伝えられる。機構が複雑なことからスキャナー本体は大きくなるが、焦点距離が取れることからピントが合いやすい。また、白色光源を用いているため、RGBフィルターを通して光の三原色のRGBを同時に読み取れ、読み取り速度が速い

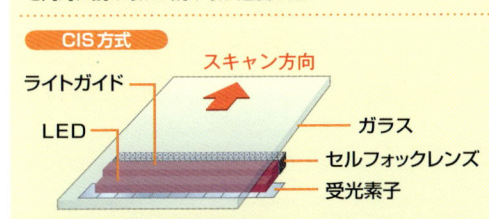

CIS方式

RGB三色のLEDを光源としてライトガイドから光が照射され、セルフォックレンズを通して受光素子のCMOSイメージセンサーに反射光が伝えられる。光源のLEDはR・G・Bを高速に切り換えて発光しているため、その分だけ時間がかかり、読み取り速度はCCD方式に比べると遅いが、構造が単純なのでスキャナーを小型化しやすい

（資料提供：キヤノン）

OCRの仕組み

スキャナーで読み取った文字の原稿は、画像データとしてパソコンに取り込まれる。しかし、配付資料などの文書は、画像ではなく、テキストデータで取り込んだほうが、後々パソコンで修正や再利用がしやすい。そこで、文字の画像データをテキストデータに変換する技術が**OCR**（Optical Character Recognition：光学文字認識）である。OCRでは1文字1文字ずつ形状をパターン認識して、画像の文字をテキスト情報に変換している。近年では文字のパターン認識の向上と、文章として適切な文字の推測などにより精度が上がっていて、印刷された文字ならほとんど正確に読み取れるようになってきた（右図）。

OCRの手順

①正規化
認識したい文字を一定のバランスに整える

②特徴抽出
縦、横、斜めに文字の構成要素を分解する

③マッチング
分解した構成要素から該当する文字候補を選び出す

④知識処理 夕方になっていた
前後にある文字の関係から正しい文字を導き出す

第2部　第3章　パソコンを操作するしくみ

第3章 パソコンを操作するしくみ

液晶ディスプレイ

液晶ディスプレイでは、液体と結晶の2つの性質を同時に持つ液晶の特性を利用して色を表示し、画像をつくりだしている。

●ディスプレイの基本構造

　ディスプレイは、デジタルデータを私たちが目にする滑らかで自然な画像として表示するが、実はデジタルデータをそのまま表示しているだけで、画面を拡大してみると色が異なる小さな点の集まりであることがわかる。ディスプレイの1つの色を示す小さな点は**画素**と呼ばれ、1つの画素には光の3原色であるR（赤）G（緑）B（青）を表示する3つのドットが組み込まれている。RGBそれぞれの光の強度を調整して、画素として1つの色を表し、その画素が多数集まって私たちが普段目にする画像になっているのだ。

　RGBのそれぞれの光の強度は、通常0〜255の256段階で調整され、RGB各色256階調で表現されていることが多い。そのため1画素で表現できる色数は、Rの256通り、Gの256通り、Bの256通りを掛け合わせた数にあたる約1667万色余りとなり、この色数で表現できることを **True Color** と呼ぶ。

　テレビ市場と同様、現在ほとんどのパソコン用ディスプレイは、ブラウン管から液晶パネルを使った**液晶ディスプレイ**に切り替わっている（下図）。液晶ディスプレイは、固体と液体の中間的な状態である液晶に電圧をかけるとその分子が一方向に整列するという性質を利用して、さまざまな色を表現するディスプレイ。液晶の性質と一定方向の光しか通過させない**偏光板**の仕組みで、バックライトの光を通過させたり、遮蔽させたりすることで、RGB各1ドットごとの色の明るさを調整している。

液晶ディスプレイの構造

制御回路が液晶パネル内の液晶分子を1画素ごとにコントロールすることで、蛍光管が発したバックライトの光の通り道を制御。カラーフィルターを通過することでさまざまな色を表示する

カラーフィルター
バックライトから透過した光をRGBのそれぞれのフィルターをかけてさまざまな色にする

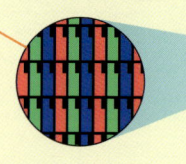

蛍光管
白色光のバックライトを発する光源

制御回路
光の透過を調整するため、1ドットごとに液晶パネルにかかる電圧を制御する

液晶パネル
液晶の働きによってバックライトの透過を制御して、カラーフィルターに光を通す

導光パネル
蛍光管の発したバックライトをムラなく均一に液晶パネルに入射させる

●液晶が光の透過を制御する

　液晶パネルは、一定方向の光しか通過させない2枚の偏光板で挟まれていて、その内1枚は縦方向の光、もう1枚は横方向の光が通過するように配置されている。つまり、単純にまっすぐ光が進むと、光が通過できない仕組みになっている。

　2枚の偏光板の内側には、ガラス基盤を介して透明電極が埋め込まれた2枚の**配向膜**がある（右図上）。液晶分子は配向膜の溝に沿って並ぶため、2枚の配向膜の溝を垂直に配置すれば、右図（下）のように90度ねじれた状態で液晶の分子が並び、分子の隙間を通る光も90度ねじれて通過する。そのため、偏光板の影響で縦方向しか入ってこなかった光が、途中で横方向になり、光が通過するようになる。また光を通過させたくない場合は、透明電極に電圧をかける。電圧がかかると液晶分子は垂直方向に並び方を変えるため、今度は光がねじれなくなり、光が通過しなくなる（下図）。

　液晶ディスプレイでは、1ドットごとにこのような仕組みで光の通過をコントロールしている。

液晶パネルの構造

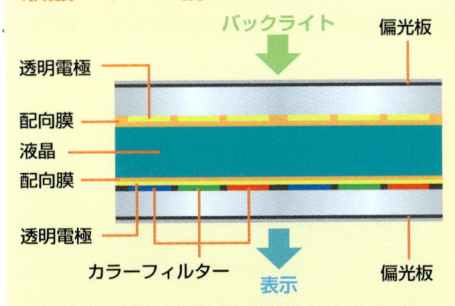

液晶パネルは両サイドに偏光板があり、その内側にガラス基盤を介して電極が埋め込まれた配向膜が配置されている。配向膜内の液晶分子の並び方を電圧をかけることで変更させながら、光の通過をコントロールしている

配向膜の構造

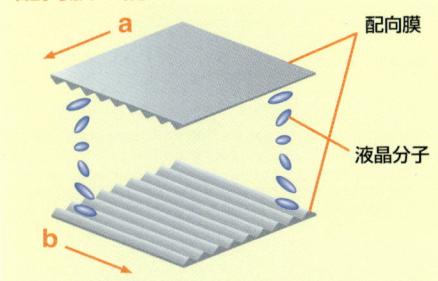

配向膜には列状の細い溝があり、その向きは垂直になるよう設けられている。液晶分子はそれぞれの溝に収まる形で配列しているが、上下で向きが異なるため、配向膜の間でゆるやかに90度ねじれる状態となっている

（資料提供：シャープ）

液晶パネルの仕組み

偏光板aではaの向きに沿った光だけ透過され、ほかの向きの光は排除される。偏光板aを透過した光は、2枚の配向膜で90度にねじれるように配置された液晶分子に誘導されて90度にねじれ、aの向きと垂直方向の偏光板bも透過してバックライトの光が通り抜ける。しかし、液晶に電圧がかかると液晶分子は整列してしまい、ねじれが解消される。そのため、偏光板aを透過した光の向きは変わらず、バックライトの光は偏光板bを通り抜けられない

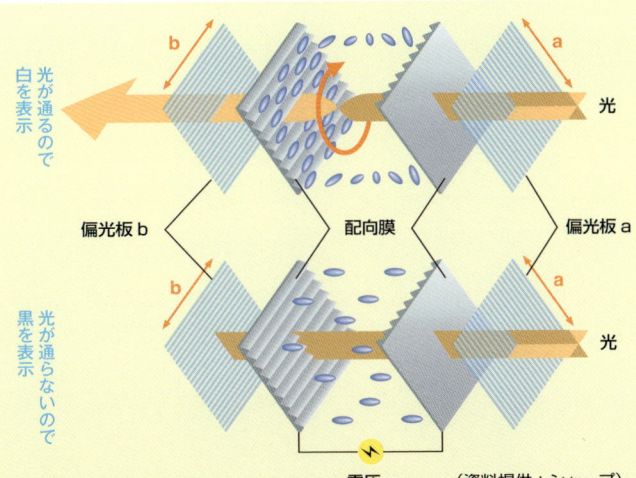

（資料提供：シャープ）

第2部　第3章　パソコンを操作するしくみ

第3章 パソコンを操作するしくみ

有機ELディスプレイ

有機ELディスプレイは、RGB三原色で発光する有機分子を利用したディスプレイ。
液晶ディスプレイとどこが違うのかを見ていこう。

●有機ELが直接発光するディスプレイ

　液晶ディスプレイでは、液晶分子を使ってバックライトの光の透過を制御して色を表示していた。それに対して、RGBそれぞれの光を直接発光させることで色を表示しているのが、**有機ELディスプレイ**である。同じ薄型ディスプレイでも、液晶ディスプレイとは原理が大きく異なるのだ（下図）。

　有機ELは、そもそも電流を流すと有機化合物が発光する現象のことである。1画素がRGB3つのドットで構成され、3ドットそれぞれの光の強さによって色を表示するのは液晶ディスプレイと同じ。しかし、有機ELディスプレイでは、RGBそれぞれで有機EL自体が電流の強さに応じて明るさをコントロールすることで、さまざまな色を表現している。

　そのため、有機ELディスプレイではバックライトを必要とせず、液晶ディスプレイに比べて消費電力が小さく、ディスプレイを薄くできる。また、有機分子が直接発光することから、色の切り替え（応答速度）も液晶ディスプレイより速く、スポーツなど動きの激しい動画に適している。さらに黒色表示では、有機ELが発光現象を行わないため、バックライトを遮断する液晶ディスプレイに対してより完全な黒を表示できるといわれている。

　ただ、有機ELは現在の技術ではディスプレイの大型化が難しく、いまのところ携帯電話などモバイル端末の小型ディスプレイに用いられることがほとんどだ。

有機ELディスプレイの構造

陽極の電極層のドットに対応する箇所に電流が流されると、電流は有機層を通って陰極の電極層に流れる。この電流によって有機層の有機EL分子が発光することで、ドットの色が表示される。電流が弱ければ発光も弱いことから、流れる電流を調整することで表示色が調整される

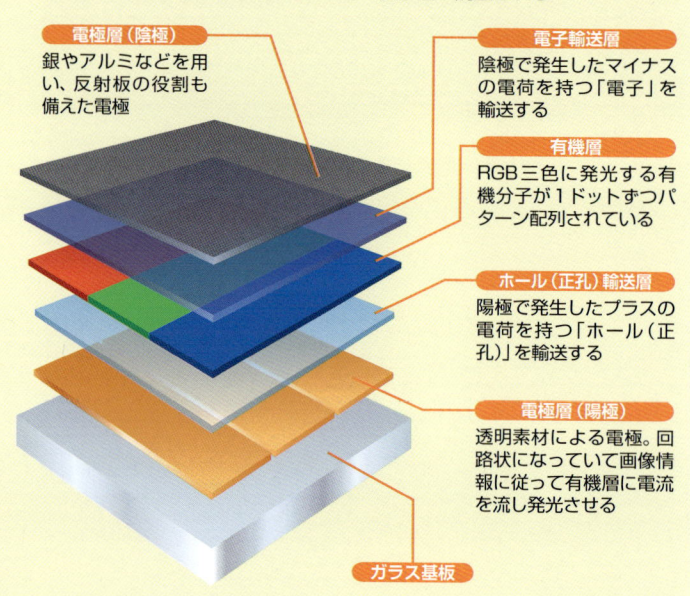

電極層（陰極）
銀やアルミなどを用い、反射板の役割も備えた電極

電子輸送層
陰極で発生したマイナスの電荷を持つ「電子」を輸送する

有機層
RGB三色に発光する有機分子が1ドットずつパターン配列されている

ホール（正孔）輸送層
陽極で発生したプラスの電荷を持つ「ホール（正孔）」を輸送する

電極層（陽極）
透明素材による電極。回路状になっていて画像情報に従って有機層に電流を流し発光させる

ガラス基板

消費電力が格段に小さい電子ペーパー

　紙のような視認性や携帯性に優れた特徴を持つ、新しいディスプレイ形式が**電子ペーパー**だ。帯電した白と黒の顔料を格納したマイクロカプセルでドットを表示する。電子ペーパーは現時点ではモノクロ表示しかできないものが大半で、電子書籍リーダーなどの利用に止まっている。

　一般的に普及している電子ペーパーは、電気泳動と呼ばれる方式を採用していて、帯電した顔料で白黒の塗り分けを実現している。マクロカプセルに電圧をかけると、その電圧に従って帯電した顔料がマイクロカプセル内を移動する。この現象を利用して、目で見える半球に白や黒の顔料を偏らせることで、ドットの白黒が表示される仕組みだ（下図）。

　液晶や有機ELのディスプレイでは、色を表示するドットに電気を供給していなければ、ディスプレイの画像は保持されない。しかし、電子ペーパーでは一度、電気を使って画像を表示すれば、新しい電圧をかけるまでドットに対応するマイクロカプセル内の顔料の偏りは変化せず、電気を使わなくとも画像が保持される。

　このため電子ペーパーでは、電力の消費は画面の書き換え時だけで済み、ほかのディスプレイに比べ消費電力は格段に小さい。また、紙と同様に反射光を使って画像を視認しているため、野外での見やすさに優れるとともに、発光する構造が不要になり薄型化も可能だ。ただし、画面の切り替えは球内の顔料の移動によって行うため、比較的時間がかかることや、発光体を用いず身の回りの光を用いて画面を読み取るため、RGBのカラーフィルターを重ねるカラーディスプレイでは、光の透過率が小さく暗い画面になるなどのデメリットがある。

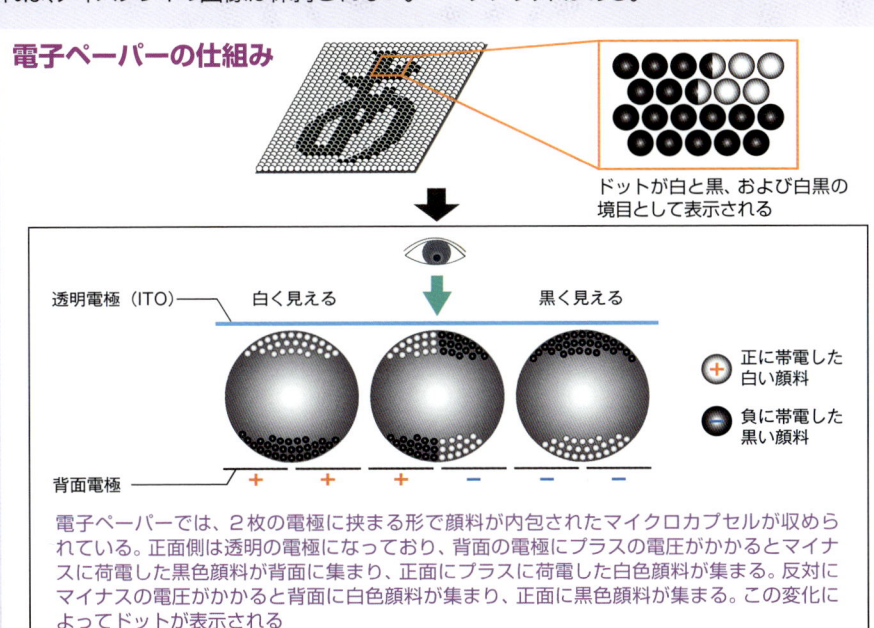

電子ペーパーの仕組み

ドットが白と黒、および白黒の境目として表示される

透明電極（ITO）　　白く見える　　　　黒く見える

背面電極

⊕ 正に帯電した白い顔料
⊖ 負に帯電した黒い顔料

電子ペーパーでは、2枚の電極に挟まる形で顔料が内包されたマイクロカプセルが収められている。正面側は透明の電極になっており、背面の電極にプラスの電圧がかかるとマイナスに荷電した黒色顔料が背面に集まり、正面にプラスに荷電した白色顔料が集まる。反対にマイナスの電圧がかかると背面に白色顔料が集まり、正面に黒色顔料が集まる。この変化によってドットが表示される

第2部　第3章　パソコンを操作するしくみ

第3章 パソコンを操作するしくみ

3D ディスプレイ（1）

画像が立体的に見える3Dディスプレイが広がりつつある。
まずは立体視の基本的な仕組みから見ていこう。

●立体視の仕組み

　二次元の画像を三次元に見せる技術は従来からあった。たとえば、古くからある赤と青のメガネや、映画館やアミューズメント施設などで配られたメガネを通して見る方法などである。それが最近では、さまざまな**3Dディスプレイ**が市販されるようになり、家庭で日常的に3D画像が楽しめるようになりつつある。

　そもそも物が立体的に見える仕組みは、右目と左目で見る画像が微妙にズレていることにある（視差）。そして、この2つのズレた画像を脳が処理して立体的な情報として認識しているのだ。そこで3Dディスプレイでは、さまざまな工夫で、左右の目に微妙にズレた画像を送ることで、画像を立体的に見せることを可能にしている。ある意味、二次元の画像を脳に錯覚させることで、三次元に認識させているのである（下図）。

　3Dディスプレイは、よりリアルに立体画像が体感できるように、さまざまな技術が採用されていて、進化のまっただ中にある最新のディスプレイといえるだろう。

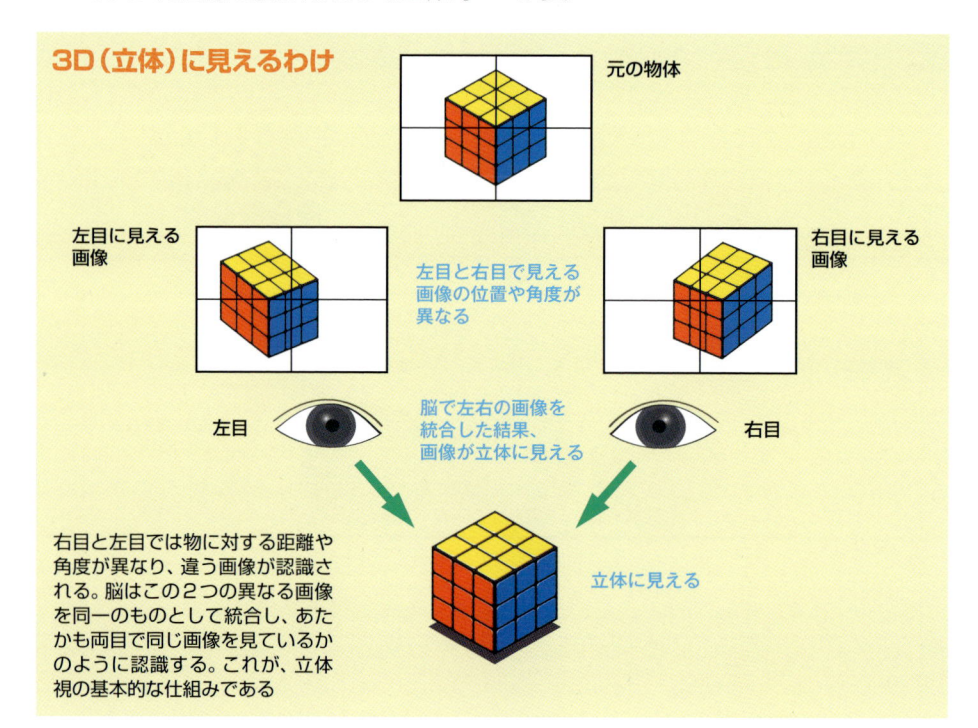

3D（立体）に見えるわけ

元の物体

左目に見える画像

右目に見える画像

左目と右目で見える画像の位置や角度が異なる

左目　　右目

脳で左右の画像を統合した結果、画像が立体に見える

右目と左目では物に対する距離や角度が異なり、違う画像が認識される。脳はこの2つの異なる画像を同一のものとして統合し、あたかも両目で同じ画像を見ているかのように認識する。これが、立体視の基本的な仕組みである

立体に見える

●右目用と左目用を交互にコマ送り

　多くの3Dディスプレイは、画面の表示方法と、その表示に合わせて視野を調整する専用メガネの組み合わせで立体視を実現している。その方式は大きくわけて2つあり、その1つが**フレームシーケンシャル方式**である。この方式では、まずディスプレイに右目用と左目用の画像が交互に映し出される。そして、そのタイミングに同期してそれぞれの画像を右目だけ、左目だけで見られるようにメガネが調整されている。

　具体的には、右目用の画像が映し出されているときは右目だけで見るように、メガネの左目が遮蔽される。左目用の画像ではメガネの右目が遮蔽されている。一般的に動画は1/60秒ごとに1コマずつ表示している。そこで、フレームシーケンシャル方式では、両眼ともに1秒間に60枚の画像が送られるよう、左右の画像は1/120秒おきに切り替わる。このとき、瞬間的に片目は見えていないタイミングがあるが、残像によってその瞬間を脳は認識できない。そのため、あたかも両目がそれぞれ同時に別々の画像を見ているような感覚が与えられ、脳は画像を立体視するのである（下図）。

　認識している画像の半分は残像であるため、通常の画像に比べると暗くなってしまい、バックライトや画像自体の調整が必要になるが、1コマの画像は通常の画像と同サイズであり、解像度が維持できるメリットがある。

　フレームシーケンシャル方式の3Dディスプレイは、高機能な専用メガネを必要とし、表示機能も左右の分で2倍速で切り替える能力が必要になる。しかし、ディスプレイの構造自体は変わりなく、従来の製造ラインが活用できるため、ほかの3D方式に比べて価格が抑えられる。こうしたことから、フレームシーケンシャル方式は家庭用3Dディスプレイの主流となっている。

フレームシーケンシャル方式

左目用画像 秒間60コマ　　右目用画像 秒間60コマ

1/120秒

↓

2/120秒

・順次左右が
・切り替わる

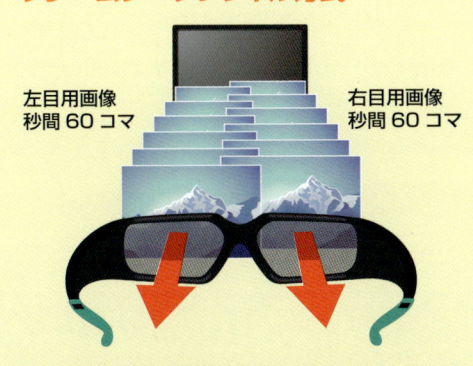

右目と左目で別々の画像を認識させるために、フレームシーケンシャル方式ではディスプレイで右目用と左目用に画像が切り替わるのに同期して、メガネの片目が遮蔽され、画像に対応した側の目だけで画像が見られる仕組みとなっている。動画は一般的に1秒間に60コマの画像を映し出しているため、3Dディスプレイでは1/120秒ごとに左右の画像を切り替えて、結果的に両目で1秒間に60コマを見ているように感じさせている

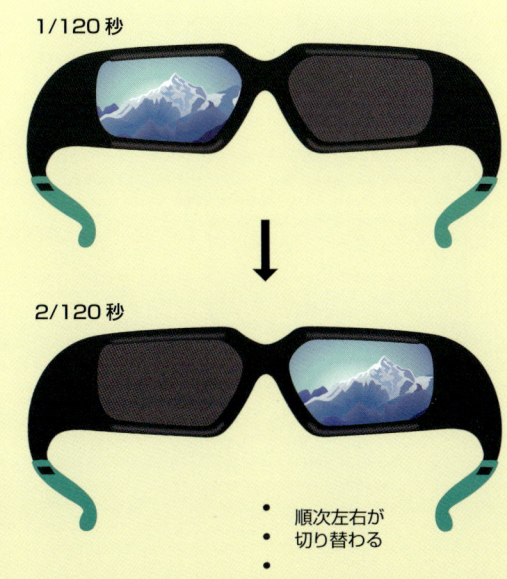

3D ディスプレイ（2）

3D技術では専用メガネを通して錯覚を起こさせるものが多いが、ディスプレイ側だけの工夫により裸眼で立体視できる技術も実用化されてきた。

● 3D映画に使われる偏光方式

　フレームシーケンシャル方式と並んで、メガネを用いる主要な3Dディスプレイの仕組みが**偏光方式**である。ディスプレイに右目用の画像と左目用の画像を同時に映し出し、対応するそれぞれの画像が見えるようにメガネに工夫が施されている仕組みだ。

　偏光式ではまず右目用と左目用の画像は、それぞれ光の方向を変えてつくられる（偏光）。偏光の仕組みは液晶ディスプレイの偏光板と同じで、同じ方向の光に対応する偏光板は通り抜けられるが、光の方向が異なる偏光板を通り抜けることができない。そこで、右目用画像の偏光を通す偏光板をメガネの右目レンズに用いると、右目用の画像は通すが、左目用の画像は遮蔽される。左目についても同様の仕組みを施すことで、左右それぞれの目に対応する画像が送られ、脳で立体視されるのである（下図）。

　偏光方式のディスプレイでは1枚の画像を2分割することで、1枚あたりの情報量は半分となってしまう。ただし、同じコマを両目で見ているため、1秒間に入ってくる情報はフレームシーケンシャル方式の2倍であり、トータルの情報量は変わらない。映画館などでは2つの映写機から同時に2つの画像を映写することも可能だ。また偏光式の専用メガネは、対応する偏光板を貼り付けただけの簡素なものである。そのため偏光方式は、3D映画など大人数が鑑賞する場合によく用いられ、家庭用でも偏光式の3Dディスプレイが広まりつつある。

偏光式の仕組み

偏光式3Dディスプレイでは横長の帯状に何層にも切り分けて、縞状に交互に左右の画像を表示する。一方、メガネ側では、右目レンズに右目用画像の偏光に対応した偏光板を用い、縞状の右目用画像だけが通り抜け、右目に届く仕組みとなっている。左目でも同様の仕組みとなっていて、左右の目で視差のある画像が知覚され立体的に認識されている

左目用画像　　　右目用画像

秒間60コマ

左目用画像のところだけ見ることができる

右目用画像のところだけ見ることができる

●専用メガネなしで見られる3Dディスプレイ

3D技術はメガネを用いた方法を中心に進化してきたが、最近ではメガネを必要とせず裸眼で見る3Dディスプレイが登場してきた。従来、右目用の画像が右目だけに入るといった工夫は、ディスプレイとメガネの協働によって行われてきた。それが裸眼による立体視では、ディスプレイ自体にこうした視野を制限する装置が組み込まれている。

裸眼による3Dディスプレイの構造は、まずディスプレイ画面を縦の帯状にいくつも切り分け、左目用の画像と右目用の画像を交互に並べる。そして、ディスプレイ画面の手前に帯状の障壁を設け、右目には右目用画像が、左目には左目用画像しか入らないように工夫が施されるのである。

このとき、単純な遮蔽板によるスリット状の障壁（バリア）を用いる手法が、**視差バリア方式**と呼ばれる、基本的な裸眼立体視の仕組みである（左図上）。ただ、視差バリア方式ではスリットの障壁により、ディスプレイの表面が多く隠されてしまい、視認性が落ちる。そこでスリットではなく、透明なレンズによって視認性をそのままに視野を制限するのが、**レンチキュラーレンズ方式**である。

レンチキュラーレンズ方式では、レンズに設けられたタテ帯状の細かな凹凸により光を屈折させることで、右目には右目用の画面は見えるものの、左目用の画面は目に入らないように視野が制限されるのだ（左図下）。

ただし、レンチキュラーレンズ方式にしろ、視差バリア方式にしろ、正しく左右の視差が得られる場所に顔（目）を調整する必要がある。つまり、ユーザーの立ち位置がある程度限られてしまうのだ。そのため、新たな技術革新が期待される、発展途上の3Dディスプレイといえるだろう。

裸眼3Dディスプレイの仕組み

視差バリア方式

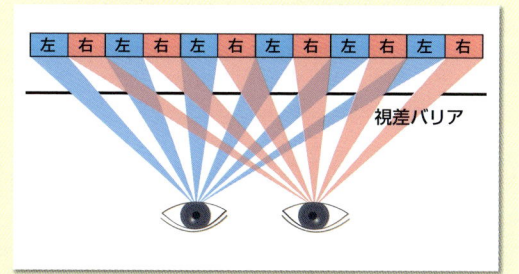

右目から右目用画像に至る視野はスリットが開いていて画像が認識されるが、左目用画像に至る視野はバリアによって遮断され画像が認識されない。左目からの視野も同じように制限されることで、視差のある左右の画像が同時に知覚され立体視される。ただし、図から明らかなように、画面のおよそ半分が視差バリアによって隠されてしまう

レンチキュラーレンズ方式

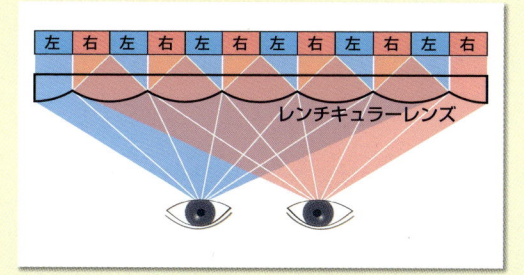

レンチキュラーレンズの凹凸によって光線が屈折することから、左目用画像は右目からの視野の死角に入ってまい認識されず、右目用画像だけが認識される。左目についても同様であり、左右両目で対応する画像が同時に知覚される。障壁が透明レンズのため、障壁による画像の光の減衰は最小限に止まり、視認性が高い

第3章 パソコンを操作するしくみ

液晶ディスプレイ工場 現地取材

液晶ディスプレイ製造の現場を見ることで、液晶ディスプレイの仕組みが具体的に見えてくる。ここでは、液晶ディスプレイの品質に定評のあるナナオの工場を紹介する。

液晶ディスプレイの高性能を実現する仕組み

パソコンが処理した情報を表示するディスプレイは、今やほとんどが液晶ディスプレイとなっている。さまざまなメーカーによって製造されているが、中でも医療業界や印刷業界向けの高品質ディスプレイで圧倒的なシェアを誇っているのが、「EIZO」ブランドで知られるディスプレイ専業メーカーのナナオだ。ナナオの製造現場を通して、液晶ディスプレイの仕組みと組み立てられる過程を見ていこう。

EIZO製品が高品質と言われる理由は表示の色や階調などパソコンのデータの再現性にある。データの再現性は、採用する液晶パネルの特性にも依存するが、この液晶パネルに合った調整を行う基板が最も大きな影響を与える。

ナナオではこうした基板を自社開発するほか、ディスプレイの用途に応じて液晶パネルを調達するなど、採用する部材の特性を生かす製品設計によって高い品質を実現している。

また、組み込む部材の個体差により、製造したディスプレイの表示にバラツキが生じるので、組み立てた後に入念なチェックを行うと同時に色合いの調整も行っている。

近年では医療の世界でも、CTスキャンなどの画像をパソコンで処理・参照している。そこでは、わずかな表示のムラが医師の診断に影響するため、高品質なディスプレイは欠かせない。ディスプレイなどどれも同じと思われがちだが、EIZOではこうした作業を積み重ねることで、データの高い再現性を実現しているのだ。

ディスプレイや制御用基板の開発設計などを行う研究開発棟は、EIZO製品の高い品質を支える中枢の役割を担っている

液晶ディスプレイの製造工程

組み立て
↓
エージング — 一定時間電源を入れておくことで、ディスプレイの基板が正常に動作することを確認するとともに、次の「調整」段階のために画面輝度を安定させる工程
↓
調整 — モニター表示の色温度、ガンマ、ホワイトバランス、輝度などを調整する
↓
検査
↓
梱包

この工場では基本的に上図のようなライン作業で製造を行う。多品種少量生産のため複数のラインが稼働し、スケジュールは綿密に管理されている

工程1　作業員の手作業を中心とした「組み立て」

　液晶ディスプレイは基本的に作業員の手作業で組み立てられていく。ナナオでは、流れ作業を行うための製造ラインを複数設けていて、多品種の生産を効率的に行っている。ただし、医療用やグラフィックス用のディスプレイは、組立作業が複雑で、検査や調整もより細かなものとなるため、汎用ディスプレイとは別のラインで生産している。

　最初に行われる作業は、メーカーから納品された液晶パネルを作業台に載せた緩衝材の上に置き、裏面のバーコードを読み取ることである❶。このバーコードは履歴管理に用いられ、機種名やオーダー番号、取り付け部品などの生産情報と一括して確認できるほか、出荷時の製品番号とリンクさせることで製品1台ごとの生産情報を管理することができる。そして組立作業に必要な部品は1台分に取りそろえられ、小さなトレイに収められてパネルと一緒にラインを流れていく❷❸。

　具体的な組み立ては、まず液晶パネルの背部にバックライトの電源を供給するインバータ基板と板金を装着することから始まる❹。

最初に液晶パネルに貼られたバーコードを読み取り、生産情報とのリンクを行う

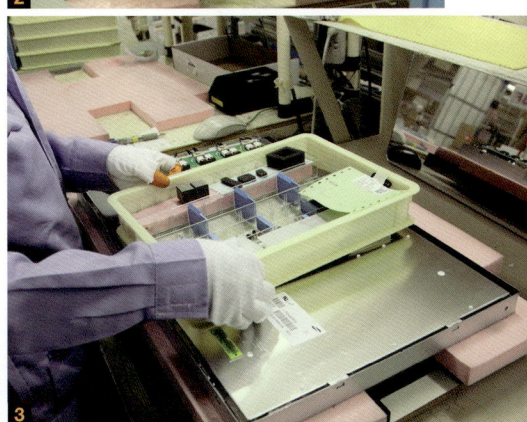

トレイにまとめられた部品を1つずつ取り出して手作業で部品の取り付けを行っていく

板金は液晶パネルがゆがまないよう保持する役割を担っている

第2部　第3章　パソコンを操作するしくみ

115

第3章 パソコンを操作するしくみ

より高品質を追究した自社開発の基板と堅牢さの工夫

次に液晶パネルをディスプレイのフロントパネルにはめ込み、続けてパネルの表示を制御するメイン基板と電源基板を取り付ける**5**。

なお、このメイン基板は、ナナオ自らが設計したものだ。基本的にディスプレイの製造は、メーカーから調達した各部品を組み立てるアセンブリ産業である。本来ならどのメーカーが製造しても表示性能に差は出ないが、自社開発の基板を採用することで、EIZO製品はより高品質な画像表示を可能にしている。

次に液晶パネルは自動ねじ締め機に送られ、生産情報に応じた場所にCCDカメラで位置を確認しながら高速でねじ締めされる**6**。ねじ留めの後、手作業で基板のケーブルが接続される**7**。最後にディスプレイ背面部の板金やプラスチックカバー、スタンドを取り付ければ組み立て作業は完了だ**8**。

ここで装着する板金は、振動対策と液晶パネルが発する電磁波がディスプレイ周辺の機器に与える影響を減じる働きを持つものだ。堅牢なナナオのディスプレイの特徴だが、軽量薄型化のため省かれるモデルもある。

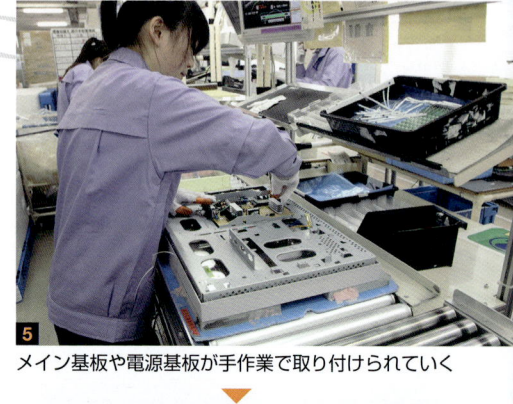

5 メイン基板や電源基板が手作業で取り付けられていく

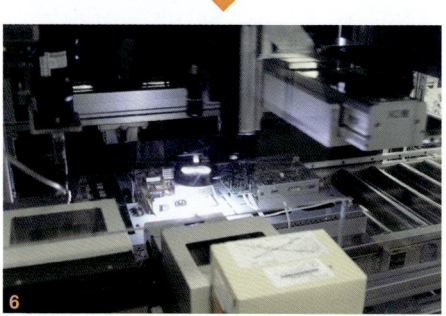

6 製造機種にもよるが、およそ10箇所のねじ止めが、CCDカメラで位置を確認しながら高速で行われる

7 液晶パネルから延びている各種のケーブルをメイン基板や電源基板に接続する

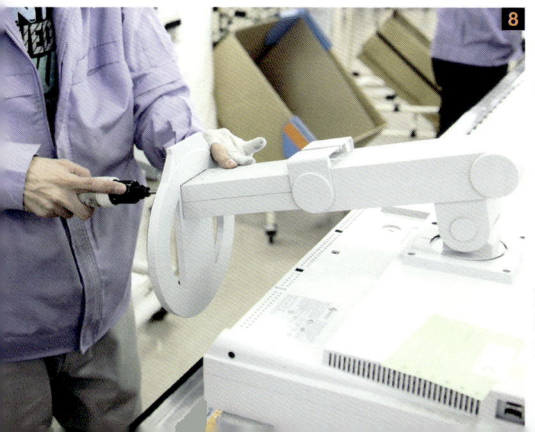

8 裏面カバーまで取り付けられた液晶パネルにスタンドを取り付ければ、ディスプレイは完成だ

完成したディスプレイは搬送用パレットに載せられ、次のエージングの工程に送られる。その際、画面の電源がつくかなどの基礎検査が、CCDカメラを用いて行われる。

なお、基礎検査以降の検査やねじ止め機の判別作業に、非接触ICチップが用いられている 9 。このICチップは、組み立て工程の開始時に読み取ったバーコードとリンクして、生産情報の読み取りや書き込みを行っていて、万が一、動作不良があった場合の製造履歴の追跡にも用いられる。

工程2 エージング

検査工程に入る前に一定時間、電源を入れたままにしておくのが、エージングの工程である 10 。

ディスプレイの初期不良が確認できるほか、通電して部品を温めておくことで、ディスプレイ個々のコンディションを一定にできる。エージングを行うことで、ユーザーの使用環境で検査を行えるというわけだ。液晶ディスプレイの色味は機器の温度によって変化するため、正確な表示の調整に欠かせない工程である。

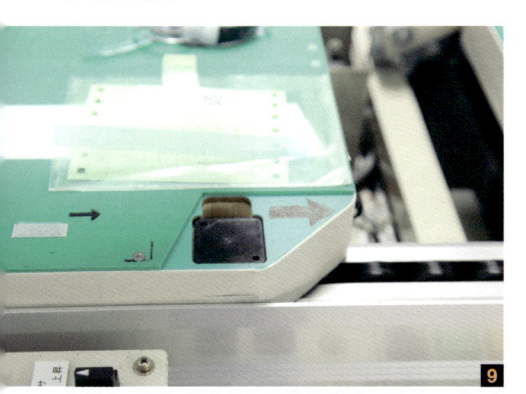

9 作業台の隅に備えられた非接触型のICチップ。自動検査機などはこのチップの情報を読み取って、製品を判別している

10 電源が入った状態で検査を待つ多くのディスプレイ。作業効率化のため2台が背中合わせになって並んでいる

大型ディスプレイなどはセル方式で製造

この工場では医療用をはじめ、数台単位で生産するディスプレイも多い。とくに大型ディスプレイでは生産数もさることながら、ディスプレイ自体が大きく、取り回すことが難しい。そのため、こうした製品は最初から最後まで1人で組み立てる、セル方式で製造している。すべての工程に習熟した作業員が組み立てる、オーダーメイドの製品といえる。

1人が1台を生産するセル方式。大型ディスプレイでも取り回せるよう、台車がそのまま作業台になっている

第3章　パソコンを操作するしくみ

工程3　調整

　高品質なディスプレイを独自のメイン基板とともに支えているのが、調整の工程だ。ディスプレイは同じ部品で組み上げても、個々で微妙に発色が異なる。そこでエージングを経たディスプレイは1台1台、CCDカメラを備えた検査装置によって自動で画面が撮影され、RGBそれぞれの発色が測定される11 12。

　測定結果は、搬送パレットに備えられたICチップから読み取った製造番号とともに、生産情報としてサーバーに保存される。同時に調整ソフトがディスプレイと通信を行い、測定値にあわせてディスプレイ内部のRGBのボリュームを自動調整する。グラフィックや医療向けのディスプレイでは、より正確な画面表示が求められるため、汎用ディスプレイの3〜4倍の時間をかけた高度な調整が行われる。

　こうした調整の工程を行うことで、発色が正確で均一なディスプレイが出荷されていくのである。

11

12 検査機のCCDカメラでディスプレイの画面中央を撮影して発色を測定・調整していく

タッチパネルの取り付けは自社で行う

　タッチパネルは液晶ディスプレイの表面に、タッチパネルの機構を備えたガラス板が取り付けられたものである。そのため、ディスプレイとガラス板の間にホコリなどが入り込むと、常に小さな点が画面上に表れてしまい、正確な画面表示ができない。そこでこの工場ではクリーンルームを設置。清浄な空間の中で熟練した作業員が丁寧にディスプレイにタッチパネルのガラス板を貼り合わせ、生産を行っている。

タッチパネルの貼り合わせは、クリーンルーム内のさらにカーテンに囲まれた空間で行われ、異物が入らないよう細心の注意が払われている

工程4 検査

　機械によって自動的に色味が調整されたディスプレイは、最終的に人間の目でチェックする⓭。画面に表示されるさまざまな階調や色合いのパターンを見て、感覚レベルでキズや色味、ムラを確認する。製造工程の中でも、もっとも熟練した作業員が担当していて、異常箇所の原因までわかるほど。医療用などの専門機では、さらに熟練した作業員が暗室の中で細かく確認している⓮。この工程で問題があればメンテナンス部門に回され、修理した上で再度チェックを受ける。

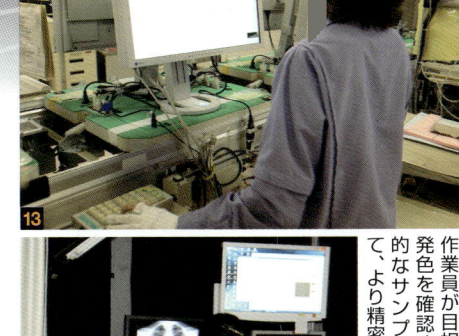

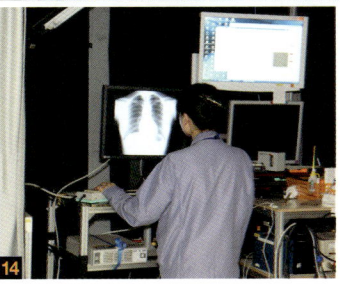

作業員が目視でディスプレイの発色を確認する。専門機は具体的なサンプルデータを表示して、より精密に確認される

工程5 梱包

　組み立てから検査までを終えたディスプレイは、搬出に便利な1階までコンベアで降ろされ、梱包が行われる。1日に生産されたすべてが手作業で梱包されている。ディスプレイを緩衝材に収め、機種にあわせた付属品や説明書、電源コードなどとともに梱包すれば、製品の完成である⓯。

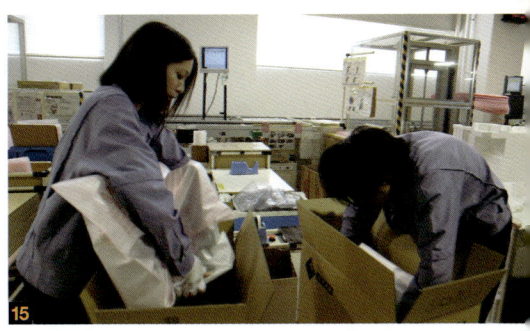

ディスプレイは2台セットでラインを流れるため、2人で同時に梱包作業を行う。1人1台ずつ同時に作業を行うことで、添付物の入れ忘れなど単純ミスを防止している

担当者に聞く　作業員の技能が品質に直結

　ディスプレイの製造工程の多くは人の手で行われるため、作業員の技能が製品の品質を高める重要な要素です。一例を挙げれば、組み立て工程のあらゆる作業に熟練することで、セル生産が行えたり、製品の不具合の原因が推測できるようになります。とくに検査工程は視覚による官能検査のため、個人の経験の積み重ねが検査の質、製品の質に直結します。

　そこで本工場では、作業に必要な技能を工程とレベルで細かく分け、各員が習得した技能を一目で分かる一覧にし、積極的にトレーニングや教育の場を設けています。熟練した作業員とそのノウハウは工場の宝ですから、世代を超えてしっかり継承されるよう取り組んでいます。

ディスプレイ工場を案内してくれたナナオの製造部製造課課長　大桑靖弘さん

第2部　第3章　パソコンを操作するしくみ

第3章 パソコンを操作するしくみ

プリンター

プリンターには大きく分けてレーザープリンターとインクジェットプリンターがあり、家庭で普及しているのは圧倒的にインクジェットプリンターである。

●プリンターの基本構造

　プリンターは基本的に、インクなど色の粒子を紙などのメディアに固着させて印刷を行う。色の粒子はディスプレイでは光の三原色RGBが用いられるが、プリンターでは色の三原色である青（シアン：C）、赤（マゼンタ：M）、黄（イエロー：Y）に加えて黒（ブラック：K）のCMYK4色で構成される。そして、印刷の仕組みによってプリンターは、**レーザープリンター**と**インクジェットプリンター**の2つに大きく分けられる。

　レーザープリンターは、トナーと呼ばれる色の付いた粉末を用紙に付着させ、熱と圧力を加えて紙に固着させるプリンターだ。コピー機と同じ原理であり高速に大量の印刷ができることから、プリンター自体は比較的高価なものの1枚あたりの印刷コストが抑えられるため、オフィスなどでよく用いられている。

　一方、インクジェットプリンターは染料や顔料のインクを直接、紙に吹き付ける仕組みのプリンターである。インクを吹き付ける印字ヘッドが用紙の左右を往復して印刷していくため時間がかかり、大量印刷には向かない。しかし、さまざまな用紙やメディアに印刷できるので、写真など鮮明なカラー印刷に向いている。また構造が簡易で比較的安価のため、家庭用のプリンターとして広く普及している（下図）。

インクジェットプリンター

紙送り機構
キャリッジの往復に同期して印刷幅の分だけ用紙を順送りする

インクカートリッジ
インクが詰められたカートリッジ。CMYKの4色に加え、より高画質にするための特別なインクを用意する機種も多い

駆動ベルト
キャリッジを左右に動かすベルト

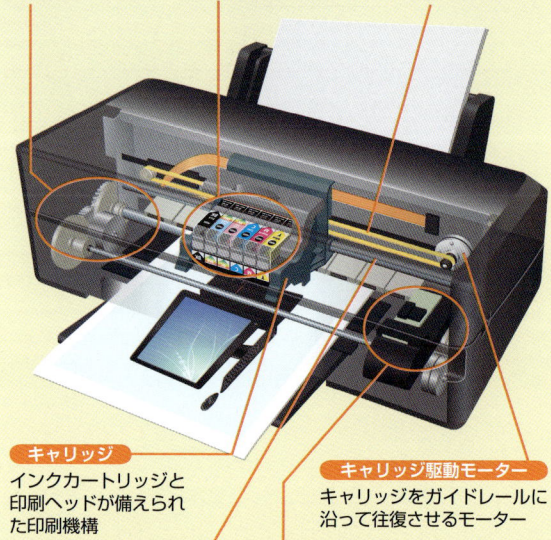

キャリッジ
インクカートリッジと印刷ヘッドが備えられた印刷機構

ガイドレール
キャリッジが左右帯状に印刷する際に移動する軸

キャリッジ駆動モーター
キャリッジをガイドレールに沿って往復させるモーター

クリーニング機構
液状のインクを用いているため、目詰まりなどに備えるクリーニング設備

印字ヘッドとインクカートリッジが取り付けられたキャリッジが、駆動モーターによってガイドレールに沿って左右に動き、左右帯状（ライン）にインクを吹き付けていく。1ラインの印刷が終わると紙送り機構が用紙を順送りして、次のラインの印刷を行う

デジタル画像とは

　デジタル画像は、小さな格子状に区切られた数多くの画素の集合体である。画素それぞれの色情報はデジタル情報として数値で記され、そうした数値の集合体がデジタル情報としての画像となる。

　画像を構成する画素の数は、**ピクセル**（もしくはドット）という単位で「横×縦」で表される。縦のピクセル数と横のピクセル数を乗じたものが、画面を構成する格子（ピクセル）の数である。同じ大きさの画像であれば、ピクセル数が多いほど画像が細かく区切られ、より小さな格子ごとに色情報を表すことができる。その分だけデータ量が大きくなるが、より精緻な画像といえるだろう。単位長あたり（インチを用いることが多い）のピクセル（ドット）数は**解像度**と呼ばれ、画質を表す指標に用いられている。

　一方、画素の色はディスプレイ上でR（赤）G（緑）B（青）三色の光の強さによって表示されることから、色情報もまたRGBの三色に要素を分け、それぞれの光の強さを数値化して表している。たとえば「R」では、赤色のときの強さを最大にとり、赤色を発しない白色のときをゼロとして、その間の光の濃淡を数値化しているのである。

　この数値化される数は**階調**と呼ばれ、たとえば階調が3つのときは、白→薄赤→赤となる。階調が多いほどより細かく色彩が表現され、106ページで紹介した通り、現在では各色256階調で表されることが多い。RGBそれぞれで256パターンの色で、全体では約1677万色余りのTrue Colorは、一般的に人間が識別できる以上の色表現が可能となっている。

解像度と階調の仕組み

デジタル画像は微細に見てみると、格子状のピクセルの集合体となっている。ピクセルは1つずつに色が指定されている。高解像度の画像ほど細かなピクセルで構成され、よりリアルに再現される。単位長あたりのピクセル数である解像度は、画像の細かさを表している

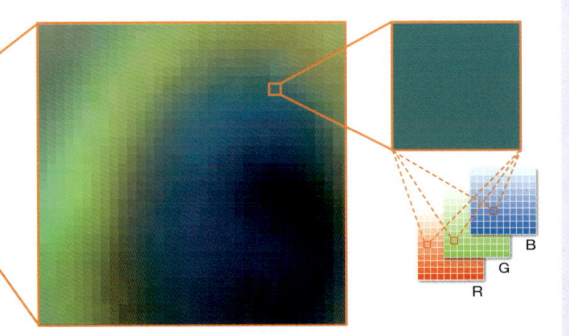

各ピクセルの色情報はRGBの3系統の色に分解することができ、各色は256階調の濃淡に分けられることが多い。そのためすべての色は（R：0〜255、G：0〜255、B：0〜255）という各色の濃淡の組み合わせで数値化され、デジタル情報として管理されている

第3章　パソコンを操作するしくみ

インターフェース

パソコンと周辺機器の接続は、伝達する情報によって適した通信規格が用いられている。どのような規格があるのか、見ていこう。

●接続機器に適したインターフェースを採用

パソコンは筐体内部の部品や装置、外部の機器との間で大量のデータがやり取りされている。その機器の接続方法は**インターフェース**と呼ばれている。

まず、内蔵HDDとマザーボードの接続には、**SATA**（シリアルエーティーエー）という規格が用いられている（右図1）。SATAは、従来HDDとの接続に用いられてきたパラレル方式（61ページ参照）のインターフェースに代わる、シリアル方式のインターフェース。HDDのほか、光ディスクドライブなど、パソコンに内蔵される機器の多くがSATAで接続されている。

ディスプレイとの接続は、従来アナログのディスプレイが一般的だったことから、**アナログRGB**と呼ばれるコネクターを用いたアナログ映像信号の通信が主流だった（右図2）。

しかし、アナログ信号は送信途中やディスプレイ表示の際にノイズを受け、信号が変化を起こしやすい。そこでパソコンから直接、劣化しにくいデジタル信号を送るためのインターフェースが広まってきた。これが**DVI**と呼ばれるものだ（右図3）。近接するピクセルの微妙な色合いなども干渉することなく再現できる。また、ディスプレイとパソコン間のケーブルが長くても信号が劣化しにくい特徴もある。高画質化が進むパソコンの傾向に沿ったインターフェースといえる。

●外部機器との接続はUSBが主流

ディスプレイ以外の周辺機器との接続には、従来、PS/2、パラレルポート、シリアルポートなど、機器によって異なる規格が用いられていた。しかし、現在、周辺機器との接続に使われるインターフェースは、**USB**（Universal Serial Bus）に統一されつつある（右図4）。

USBは、シリアルバスの名前が示すようにシリアル方式のインターフェースで、少量の電力を供給できる特徴がある。1996年、最初に登場したUSB 1.0の転送速度は12Mbpsと低速だったが、その後のバージョンアップを経て、2008年に発表されたUSB 3.0では5Gbpsになり、高速なデータ転送が可能になった。

周辺機器との接続で使われるインターフェースは、USBのほかに**IEEE 1394**がある（右図5）。当初、UBSはキーボードやマウスといった低速機器との接続、IEEE 1394は外付けHDDなどの高速機器との接続というような利用方法が想定されていた。しかし、USBの高速化が進んだことや、USBが特許を無料で開放したことの影響で、現時点ではデジタルビデオカメラなど一部の機器を除き、周辺機器との接続にはUSBが用いられている。

また、汎用的なインターフェースでは**Thunderbolt**（サンダーボルト）がアップル社とインテル

社によって開発されている（下図6）。

ここまでケーブルを使った有線でのインターフェースを紹介してきたが、マウスやヘッドホンなど、ケーブルが邪魔になる機器との接続には**Bluetooth**と言われる、近距離無線インタフェースを採用することもある。Bluetoothは、免許申請や使用登録が要らない2.4GHz帯の電波を使用する無線規格で、最新のWindowsやMac OS Xには、標準でデバイスドライバー（158ページ参照）が用意されている。

主要なインターフェース

1. SATA
マザーボードに端子が備えられ、ハードディスクなど内蔵機器との接続に用いられる。初期の規格でも転送速度は1.5Gbps、最新の規格では6.0Gbpsで、高速な双方向通信に適している

2. アナログRGB
パソコン背部の端子とディスプレイを接続してビデオ信号を送る。コネクターの形状にはミニD-Sub15ピンとも呼ばれる規格が使われ、15本のピンを介してRGB各色の入出力や輝度の情報をアナログデータとして伝える

3. DVI
パソコンからディスプレイにデジタル画像信号を送る規格。24本のピンがデジタル信号を送るほか、十字部のピンによってアナログ信号にも対応している。ただし、アナログ信号への対応は今後廃止される見込み

4. USB
現在もっとも汎用的なインターフェース。さまざまな周辺機器と接続できるほか、少量の電力も供給できる。規格は何回かのバージョンアップをしているが、基本的に上位互換性を持つ

規格	USB 1.0	USB 1.1	USB 2.0	USB 3.0
仕様発行年	1996年	1998年	2000年	2008年
転送速度	12Mbps	12Mbps	480Mbps	5Gbps

5. IEEE1394
USBと同様、汎用的な周辺機器との接続に使うインターフェース。USB規格以上に多くの機器と同時に接続でき、より大きな電源も供給できる。ただし、パソコンと周辺機器との接続では、デジタルビデオカメラ以外で使われることは少ない

6. Thunderbolt
パソコンと周辺機器を接続する高速のインターフェース。現在の転送速度でも10Gbpsと高速だが、より高速のデータ転送が見込まれている。現状搭載しているパソコンはまだ少ない

パソコンの歴史
第3部

第 1 章 ── パソコンの誕生から普及まで

急速に進化したパソコンの歴史は、およそ40年。パソコンが登場する前の大型コンピューターの時代から、パソコンが普及するまでの歴史を振り返ることで、どうやってパソコンが一般に浸透していったのかを紹介する。

第1章 パソコンの誕生から普及まで

コンピューターの黎明期

コンピューター、そしてパソコンはこの半世紀あまりの中で誕生して、急成長を遂げてきた。どのようにパソコンが発展してきたのか見てみよう。

●大型計算機から始まったコンピューター

コンピューターが生まれる以前から、人に代わって計算をする機器は存在していた。たとえば、機械仕掛けの計算機や計算尺などである。それが20世紀に入ると、戦争が近代戦へと変化し、砲弾の軌道計算のために複雑な計算が行える計算機へのニーズが高まった。そして、電気工学の発展とともに20世紀の半ば、機械式に代わって電気(電子)を利用した、より計算能力の高いデジタル方式の計算機が登場する。これがコンピューターの誕生である。

1939年、世界で初めての電子計算機である**アタナソフ・ベリー・コンピューター**(ABC)が開発され、1946年にはさまざまな計算が行える汎用計算機**ENIAC**(エニアック)が公開された。ABCは多元一次方程式を解く計算機だったが、ENIACは機器のスイッチを切り替えることで手動ながらプログラムを入力してさまざまな計算に対応できるものだった。そして1949年、プログラムを内蔵した**EDSAC**(エドサック)が大学などでの計算に利用されるに至り、コンピューターは研究対象から実際に利用するものへと変貌を遂げた。

しかし、こうした初期のコンピューターは、デジタル情報として「オン/オフ」を表す素子に真空管が用いられていて、設置場所や電源などを含め大規模な装置となってしまっていた。しかも、コンピューターの高度化には、従来以上に多くの素子が必要となり、伝達される情報も多くなる。そこで当時発明されたばかりの、真空管に比べてはるかに小型であるトランジスターが素子に用いられるようになった。この変化は、コンピューターに搭載できる素子を格段に増加させ、電子回路の高速化を可能にした。コンピューターの可能性を広げ、実際コンピューターは急速に性能を高めていった。

EDSAC
研究開発対象としてではなく、実際に計算用途として用いられた初めてのコンピューター

NEAC-2203(NEC)
初めて実演展示されたトランジスター計算機「NEAC-2201」の後継機。商用目的として広く利用されたコンピューターである

●40年あまりのパソコンの歴史

　コンピューターは電子技術の発展とともに、広い一室を専有する大型のものから、小型の卓上型コンピューター、さらには現在のパソコンへとダイナミックに進化してきた。コンピューターの登場からパソコンの原型が開発されるまで30年、そしてパソコン自体の歴史もわずか40年あまりのことである（下表）。

　パソコンの草創期だった70年代から80年代にかけては、とくに半導体技術の発展によりパソコンの性能は飛躍的に向上した。半導体メーカーと電機メーカーが新しい半導体チップを開発して、次々に新しいパソコンを生み出していったのだ。現在、世界中のパソコンの多くのCPUを担っている世界的な半導体メーカー、インテル社はこうした技術革新の中で成長した企業である。

　基本的にパソコンは、さまざまな部品の組み合わせだ。そのため、パソコンの歴史の中では数多くの企業がパソコン開発に乗り出した。しかし、半導体技術の成熟とともにパソコンの構造は定型化し、パソコンを動かす技術、すなわちソフトウェアの競争へと移り変わり、次第に淘汰されていった。

　80年代から90年代がこの時期であり、従来パソコンの機種毎だったコンピューターをコントロールするオペレーティングシステム（OS）でも、多くのパソコンに適応しようとする汎用的なOSが開発される。Windowsで知られるマイクロソフト社は、こうしたOS開発で成長したソフトウェア企業の代表例だ。

パソコンの歴史

1946年	世界最初の汎用コンピューター ENIAC が公開
1949年	プログラム内蔵方式コンピューター EDSAC が登場
1957年	NECがトランジスタを使ったコンピューター NEAC-2201を開発
1971年	インテルがマイクロプロセッサー Intel 4004を発表
1974年	インテルが8ビットマイクロプロセッサー Intel 8080を発表
1974年	世界初の個人向けコンピューター（パソコン）Altair 8800が登場
1976年	アップルコンピュータ社（現アップル社）がワンボードマイコン Apple Iを発売
1976年	NECが国産マイコンとしては初となるワンボードマイコン TK-80を発売
1977年	アップルコンピュータ社（現アップル社）のキーボードとディスプレイが一体となった Apple IIがヒット
1978～1979年	8ビットパソコンの初期御三家と呼ばれるMZ-80K（シャープ）、ベーシックマスター MB-6880（日立製作所）、PC-8001（NEC）が登場して、パソコンが一般に普及し始める
1981年	IBM社がPC/AT互換機の元祖 IBM Personal Computer 5150を発表。ディスク・オペレーティング・システム（DOS）のPC DOS（MS-DOS）を発売
1982年	カシオ計算機からポケットコンピューター PB-100が登場
1982年	NECから16ビットパソコン PC-9801が登場
1984年	ユーザーインターフェースにGUIを採用したアップルコンピュータ社（現アップル社）Macintoshが登場
1989年	富士通から32ビットパソコン FM-TOWNSが登場
1991年	マイクロソフト社からユーザーインターフェースがGUIの Windows 3.0が登場
1993年	Windows 3.0の改良版、Windows 3.1が登場。PC/AT互換機がパソコンの主流になっていく
1995年	Windows 95が登場。パソコンユーザーが飛躍的に増加する

第3部　第1章　パソコンの誕生から普及まで

第1章　パソコンの誕生から普及まで

パソコンの登場

技術革新による電子部品の簡素化は、個人向けコンピューターが生まれる背景となった。その大きな契機はマイクロプロセッサーの開発だった。

●マイクロプロセッサーが生んだパソコン

　トランジスター化されたコンピューターは、電子技術の発展によりさらに姿を変えていった。トランジスターや抵抗などの部品は、半導体チップ上の回路に組み込まれ、集積回路（IC）化が進んだ。1つ1つの部品を接続するのではなく、従来のいくつもの部品を小さなチップに収めることで、コンピューターは一気に小型化されたのである。

　そうしたIC化の中では、コンピューターが作動するための重要な機能を1つのチップに収める試みもなされた。**マイクロプロセッサー**の開発である。

　複数の企業によって開発されていたマイクロプロセッサーは1970年前後、ほぼ同時に実用化される。代表的なのが、インテル社が開発したIntel 4004。インテル社は続けてマイクロプロセッサーの8ビット化にも成功し、Intel 8008を開発。8008とその後継である8080は広く普及し、コンピューターの発展に大きく寄与することとなった。

　そもそもマイクロプロセッサーには、CPUの機能とCPUへ情報を入出力させる機能が1つのチップに搭載されている。原理的には、マイクロプロセッサーとメモリー・入出力機器だけでコンピューターが作成できる。

　そこで、マイクロプロセッサーとその周辺の部品を1つのセットにして、コンピューターを自作できるキットが現れる。74年に発売されたMITS社の**Altair 8800**（アルテア）だ。コンピューターが非常に高価だった時代にわずか400ドルほどで販売され、個人ユーザーに受け入れられた。すなわち、世界初の個人向け（パーソナル）コンピューター、パソコンの登場である。

　Altair 8800は、最新のマイクロプロセッサーであるIntel 8080を搭載していたこともあり、大変な人気を呼んだ。パソコンは大きな期待をもって、社会に迎え入れられたのである。

Intel 8080
8ビット時代の代名詞ともいえるインテル社のマイクロプロセッサー。草創期の多くのコンピューターに搭載された　　　（写真提供：インテル）

Altair 8800
世界初のパソコン。発売以降プログラミングや拡張機能によって使用環境が向上し、ディスプレイやキーボードにも対応し、現在のパソコンの基本環境を整えることに貢献した

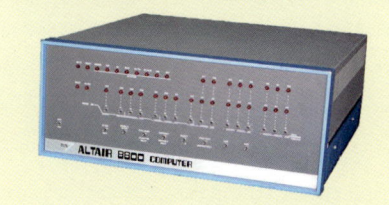

第3部 第1章 パソコンの誕生から普及まで

●マイコンと呼ばれていたパソコン

　アメリカで生まれたパソコンAltair 8800は、日本でも大きな関心をもって受け入れられる。パソコンは当時、マイクロプロセッサーを用いたコンピューターという意味で「マイコン」と呼ばれ、70年代後半からマイコンブームが巻き起こるのである。

　76年にNECが発売した**TK-80**は、本来はトレーニングキットで市販目的のものではなかった。しかし、基板に入力用の16進法キーボード（0～9とA～F）（160ページ参照）と、出力用の表示パネルが備えられていたことから、一般ユーザーの人気を呼ぶこととなった。当時、こうした入出力機器自体も高価だったためである。そして、同様にマイクロプロセッサーなどの半導体チップや入出力装置が1枚の基板にまとめられた、**ワンボードマイコン**は各社から販売され、初期のマイコンブームが始まった。

　こうした中で大きな役割を果たしたのが、『I/O』などに代表されるコンピューター雑誌だ。当時、コンピューターに関する知識は専門的なものであり、また膨大な情報からマイコンの操作に必要な知識だけを拾い出すことも難しかった。ネットのような情報源もない時代に、これらの雑誌から得る情報でマイコンの操作方法が広まっていったのである。

　雑誌では読者からの投稿という形で、さまざまなプログラムも発表されていた。とくに人気のあったゲームを中心に、16進法の0～Fだけで記されたプログラムが何ページにもわたって掲載され、読者はその大量の数字をそのままマイコンに入力して、ゲームなどのプログラムを利用していた。マイコンやプログラムの普及に大きく寄与するとともに、ソフトウェア開発の土台が形づくられた時期といえるだろう。

　こうした人気を背景にマイコンは、より多くのユーザーが扱いやすいよう、筐体に納められ入出力機器を別に備える現在のパソコンへと、次第に姿を変えていく。そして、コンピューター市場は大きく広がり、さらなる発展を遂げていくのである。

雑誌『I/O』
日本初のコンピューター雑誌。BASICや機械語のプログラムが多く掲載され、マイコンの普及に大きく寄与した
（写真提供：工学社）

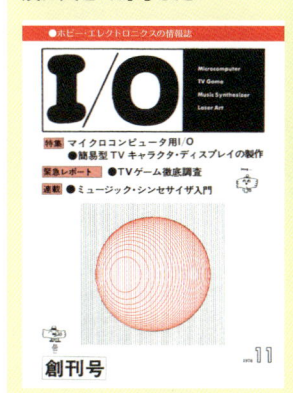

TK-80（NEC）
マイコンブームのきっかけとなった国産初のマイコン。右側に電卓のような16進法キーボードと蛍光表示板が備えられている
（写真提供：NEC）

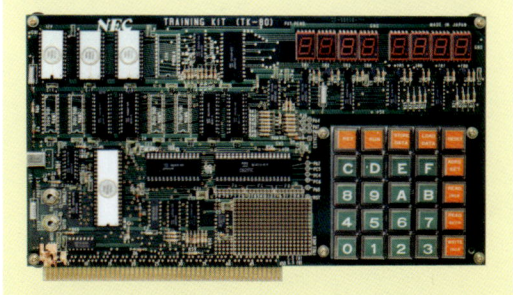

第1章 パソコンの誕生から普及まで

8ビットパソコンの時代

8ビットパソコンはさまざまな規格が競い合う中で、日本の社会にパソコンを根づかせた。代表的な国産8ビットパソコンを通してパソコンの発展を見ていこう。

●パソコンの原型が形づくられる

　ワンボードマイコン登場後、同じ8ビットのマイクロプロセッサーを用いた筐体型のマイコンが国内各社から発表された。78年から79年にかけて発表されたNECの**PC-8001**、日立製作所の**ベーシックマスター MB-6880**、シャープの**MZ-80K**はその代表例で、**8ビットパソコン**初期の御三家と呼ばれた。

　この時代のマイコンは、キーボードと基板の収められた筐体が一体化していて、ディスプレイは別に備えられた形状が多く採用された。また、基板のROMには基本的なプログラミング言語のBASIC（167ページ参照）が備えられることも多く、起動するとそのままBASICの命令を打ち込むことができた。

　これらは従来のコンピューターに比べ安価であり、使いやすいインターフェースだったため、パソコンが社会に普及する大きなきっかけとなった。

ベーシックマスター MB-6880（日立製作所）
ディスプレイが高価だったため、家庭用のテレビに接続してディスプレイとして利用できる特徴があった
（写真提供：日立製作所）

MZ-80K（シャープ）
ディスプレイ一体型で、OSやBASICを搭載したROMを持たない代わりに、記録用カセットテープからデータを読み取っていた

（写真提供：シャープ）

PC-8001（NEC）
最初期の完成型パソコンの代表例。PC-8000シリーズとして対応する周辺機器やソフトウェアが多くあった
（写真提供：NEC）

PC-6001とデータレコーダー（NEC）
（写真提供：NEC）
ホビーユースの8ビットパソコンの代表例。81年に発売され、さまざまな周辺機器と接続できる拡張性を備えていた

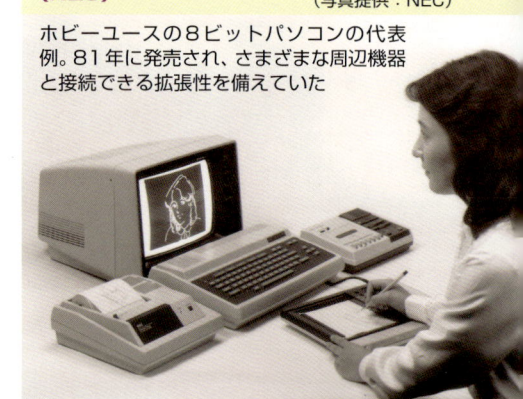

●日本のパソコン御三家

　80年代に入ると、性能を高めたさまざまな8ビットパソコンが発売されるようになる。この背景にはまず、最初期のパソコンの普及に伴って、周辺機器やソフトウェアの開発が進み、それらに対応するパソコンへのニーズが高まってきたことがある。また、この時期に最新のマイクロプロセッサーが16ビットに移行するとともに、ビジネスユースなどの高性能な16ビットパソコンに対し、8ビットパソコンは廉価なホビーユースのパソコンとして位置づけられるようにもなった。こうしたことで、メーカーからも消費者からも8ビットパソコンに注目が集まり、多くのメーカーによって競争が繰り広げられ、パソコンが進化していったのである。

　このような中でパソコンは、次第にほぼ現在のような形にたどりつく。外部記憶媒体としてのフロッピーディスクや音を出すためのFM音源、グラフィックの多色化、カラーディスプレイなど、新旧の差はあるものの、パソコンを構成するハードウェアの要素は、ほぼこの時代に固まったといえる。

　しかしソフトウェアでは、パソコンを動かす規格は各社バラバラだった。そのため、ソフトウェアを蓄積するメーカーに強みがあり、多くのメーカーがパソコン市場に参入したものの淘汰されていった。その結果、8ビットパソコン時代はNEC、富士通、シャープの三社が市場の多くを占め、パソコンの御三家と呼ばれた。

　なお、83年に登場した任天堂の**ファミコン**（ファミリーコンピュータ）は8ビットのマイクロプロセッサーを搭載した、一種の8ビットパソコンである。ゲームを中心としたホビーユースのパソコンを、さらに特化させた存在ともいえるだろう。

　8ビットパソコンはパソコンの普及にきわめて大きく寄与しつつ、80年代後半に16ビットマイクロプロセッサーが主流になるとその役割を終えた。

FM-7（富士通）
82年、FM-8の廉価版後継機として発売。FM-7のヒットにより後発だった富士通が御三家に加わった
（写真提供：富士通）

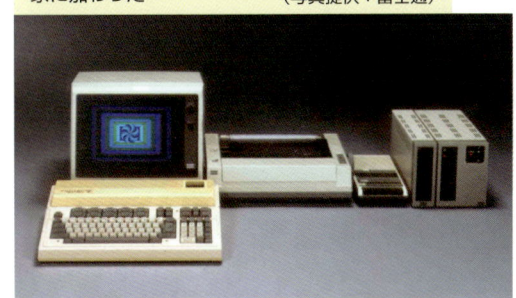

PC-8801（NEC）
81年にPC-8001の上位機種として発売。PC-8801を初代とするPC-88シリーズは8ビットパソコンの代表例
（写真提供：NEC）

X1（シャープ）
82年、従来のMZシリーズと並行して発売。グラフィックス性能に優れ、家庭用テレビとの連携も可能だった
（写真提供：シャープ）

第1章 パソコンの誕生から普及まで

パソコンの発展

パソコンの普及とともに、さまざまなコンピューターやソフトウェアの開発が進み、現在のパソコンにも反映されている。

● 16ビットパソコンが登場

　16ビットパソコンは、8ビットパソコンとほぼ同時代の82年に、早くもNECが**PC-9800**シリーズとして発売した。ただ、個人ユーザーに受け入れられた8ビットパソコンと異なり、非常に高価だったことで、多くは会社でのビジネスユースに用いられていた。そのため16ビットパソコンでは、当初ワープロやデータ処理などビジネス向けのソフトウェアが多く開発され、ゲームやゲームを楽しむためのグラフィックや音源といった周辺の機能は、ホビー利用が増えるとともに徐々に追加されていった。

　16ビットパソコンは、実はNEC以外の各メーカーもほぼ同時期に発売した。ただ、その中でPC-9800シリーズだけがマイクロソフト社のMS-DOSをOSに採用したため、その後、MS-DOSが世界的な標準OSになる中で、NECが圧倒的なシェアを誇るようになった。パソコンの進化においてソフトウェアの影響力が見過ごせなくなってきたのが、16ビット時代の特徴ともいえる。

PC-9801（NEC）
82年に発売されたPC-9800シリーズの初代機種。PC-9800シリーズはその後、97年まで長く継承された

（写真提供：NEC）

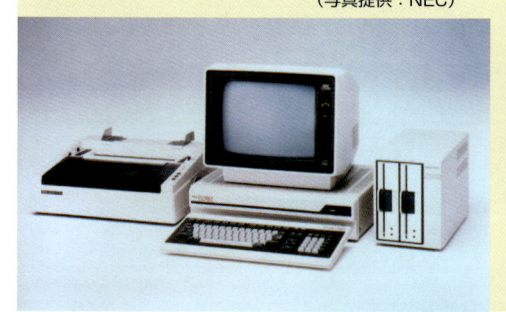

8ビットパソコンと16ビットパソコンの違い

　パソコンで扱う情報は電気のオン／オフ、具体的には0と1のデジタル信号によって表される。この0か1で表される情報の1単位がビットである。8ビットパソコンでは同時に8桁の情報が計算でき、16ビットパソコンでは16桁の計算ができる（右図）。そのため、16ビットでは8ビットに比べ、一度に多くの計算ができ、データの高速処理が可能になる。現在では64ビットパソコンが主流になりつつある。

8ビットパソコン

```
  10110100    01101111
+ 01110100    00110111
```
❶8桁を計算
❷9〜16桁を8桁として計算

16ビットパソコン

```
  10110100 01101111
+ 01110100 00110111
```
❶一度に16桁を計算

16桁の情報を計算するには8ビットパソコンでは2回計算するが、16ビットパソコンでは一度に計算できる。単純にいえば、データ処理の時間が半分になる

ワープロ専用機

　ワードプロセッサー、いわゆるワープロは現在も主要なソフトウェアの1つだが、80年代から90年代にかけて日本では、ワープロに特化したコンピューターが1つのジャンルとして成立していた。その理由は、日本語の特殊性である。

　アルファベットは26文字で、付随する記号を含めても文字数は少ない。だが、日本語はさまざまな漢字を使って表現されるため、1バイト（160ページ参照）256個の情報では文字数を収容することができず、256×256個の2バイト文字で対応している。また、日本語ワープロでは、入力した読みを変換する処理も求められる。そのため、日本語を表現するソフトウェアは日本独自で開発された。

　ワープロ機の特徴は、こうした日本語変換ソフトと付属のプリンター機能だった。パソコンとワープロソフトの普及とともに、2000年ごろにはワープロ機は姿を消すようになったが、ワープロは今もパソコンに欠かせない機能として根づいている。

JW-10（東芝）
78年に東芝が発表した初の日本語ワードプロセッサー。当時の価格は630万円と、非常に高価なものだった
（写真提供：東芝）

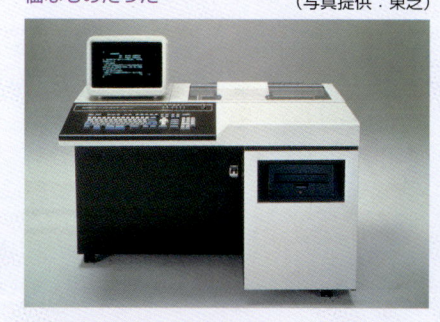

OASYS Lite（富士通）
84年に発売された初の家庭用ワープロ機。当時としてはきわめて低価格な22万円で、市場に広く受け入れられた
（写真提供：富士通）

ポケットコンピューター（ポケコン）

　8ビットパソコンの時代、電卓を高機能化させる形の小型コンピューターが発売された。ポケットに入るほどという意味で**ポケットコンピューター**、いわゆるポケコンと呼ばれるものである。BASIC言語を使った簡単なプログラミングが可能で、ゲームや計算プログラムなどが容易に作成できる。また、元が関数電卓のため関数が豊富なことから、現在でも理工系などで利用されている。

PB-100（カシオ計算機）
82年に発売された代表的なポケットコンピューター。外見からわかるように、基本的に電卓の形状をとっている

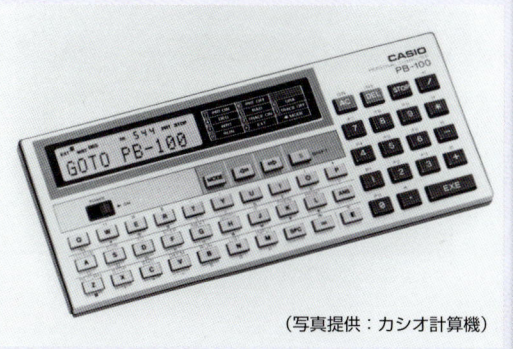

（写真提供：カシオ計算機）

第3部　第1章　パソコンの誕生から普及まで

第1章　パソコンの誕生から普及まで

パソコンの普及

さまざまな部品で構成されるパソコンは、部品やOSの標準化・規格化により一層の進化を遂げることになった。

●規格化されるパソコン

　従来、パソコンは1つのメーカーが部品からOSまで、独自に完成品を作り上げるものだった。それがパソコン産業の発展とともに、専業の企業が分業してパソコンを組み立てる思想が現れるようになった。その最初の例が、81年発売の**IBM Personal Computer 5150**。IBM社主導のもとに、マイクロプロセッサーはインテル社が担当し、OSはマイクロソフト社が**MS-DOS**（エムエスドス）を提供した。

　日本においてもPC-9800シリーズはMS-DOSを採用しており、この思想は16ビットパソコンの時代を通して定着していく。パソコンは要素ごとにメーカーが分業して、部品（パーツ）やソフトウェアを提供するアセンブリ産業へと変化したのである。

　そして同時に、こうしたパーツの規格化が進められるようになった。現在のさまざまなパソコンの規格はその成果だが、中でも代表的なものはパソコンを動かすためのソフトウェア、OSである。

Windows 3.1（マイクロソフト社）

93年にWindows 3.0の改良版として発売。従来のMS-DOSのように文字でコマンド（命令）を打ち込むのでなく、直感的に操作できるGUIを採用

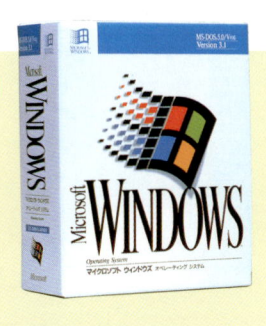

（写真提供：日本マイクロソフト）

　90年当時、日本のパソコン市場はNECを筆頭に富士通とシャープの三社で寡占されていた。そして各社によって規格も異なる状況だった。

　そこに90年、IBM社が日本語で扱えるOS「**DOS/V**」（ドスブイ）を発売する。このOSを用いることで、日本のパソコンでなくとも、IBM PC 5150を出発点とした、アセンブリ産業によって安価に製造される**IBM PC互換機**（DOS/Vマシン）が日本語で使えるようになった。

　さらに93年、日本語版**Windows 3.1**が発売されると、安価なIBM互換機はまたたく間に日本の市場を席巻する。Windows 95が発売される頃ともなると、各社独自の仕様は消えていくこととなる。

　このようにして、パソコンは標準化された製品となった。規格化された各分野の中で各社が競い合った成果が、平等にユーザーに還元されることで、パソコンは今なお発展を続けている。

IBM Personal Computer 5150（IBM社）

81年に初めてIBM社が発売したパソコン。IBM PC互換機の元祖であり、パソコンに汎用的な規格が取り入れられる契機となった

（写真提供：日本IBM）

パソコンを簡単にした Macintosh

　世界初のパソコンAltair 8800は、パソコンといえども基本的にはコンピューターが小型化されただけで、専門的な知識と技術がないと、操作どころかディスプレイやキーボードとの接続もままならなかった。そうした中、アップルコンピュータ社(現アップル社)の創業者スティーブ・ジョブズは76年にApple Ⅰを開発、翌年には後継機の**Apple Ⅱ**を発表する。

　当時のパソコンは必要な部品や周辺機器を自分で揃え、これらを接続するプログラムも自ら作成する必要があった。一方でApple Ⅱは、キーボードやCPU、メモリーなどの機器がすべて一体型で備えられた完成型パソコンであり、ディスプレイや外部記憶メディアとのインターフェースを備え、プログラム言語も組み込まれていた。専門知識がなくても、そのままですぐに使えるパソコンだったのである。

　またApple Ⅱでは、当時としては安価にフロッピーディスク（FD）ドライブも提供した。このことでFDを介したプログラムやデータの外部とのやりとりが基本的な操作に組み込まれ、複雑なプログラムでも簡単にユーザーが扱えるようになった。そして、このことはさらに、個人ユーザー向けのさまざまなソフトウェアの開発にもつながった。顕著な例が、Apple Ⅱの躍進に大きく寄与した表計算ソフト「VisiCalc(ビジカルク)」である。

　こうしたアップルコンピュータ社の先進的な取り組みは、84年に発売された初代**Macintosh**でも見られる。中でも革新的なのが、他社に大きく先駆けて採用したGUI（152ページ参照）である。画面上のデスクトップやウインドウ、アイコンをマウスでクリックするだけでパソコンを操作できるGUIは、ユーザーのパソコンへの敷居を大きく下げることに成功した。

　このようにアップルコンピュータ社のパソコンは伝統的に、ユーザーサイドの視点に立った、取り扱いが容易なインターフェースに特徴があり、現在のパソコンを含めた多くの製品にも生かされている。

初代 Macintosh（アップルコンピュータ社）
84年に発売されたディスプレイ一体型のパソコン。GUIとワンボタン式マウスの採用で大きな支持を得た

©アフロ

Apple Ⅱ（アップルコンピュータ社）
77年に発表され、アップル社の基礎を築いた製品。本体とキーボードが一体化され、ディスプレイやFDなどの周辺機器とも容易に接続できた

©Science Photo Library／アフロ

第3部　第1章　パソコンの誕生から普及まで

第1章 パソコンの誕生から普及まで

ノートパソコンの歴史

ノートパソコンの進化はパソコンのあり方を変え、情報社会の構築をはじめ現代社会に大きな影響を与えた。

●ラップトップパソコンの登場

　ディスプレイとキーボードが一体となった**ノートパソコン**は省スペースということもあり、近年では主流のパソコンとなっている。その原型は8ビットパソコンの時代に開発された**ラップトップパソコン**にさかのぼる。ラップトップとは、机（Desk）の上に載せるデスクトップに対して、ひざ（Lap）の上に載せて使えるパソコンとの意味で、世界的には今もノートパソコンを指している。

　80年代の前半より持ち運びできるパソコンの開発が進み、まずはCompaq Portableのようなトランクサイズの組み立て式パソコンを経て、85年に東芝は**T-1100**を発売する。およそアタッシュケースサイズの大きさだったが、約4kgの重さでディスプレイをキーボードを覆うように折りたたむものだった。おおむね現在のノートパソコンの要素を満たしていて、言葉通りひざの上に載せて使うことができる、世界初のノートパソコンである。

　そして87年、東芝は世界初のハードディスク内蔵ノートパソコンT-3100を海外向けに発売し、89年には同型の国内向けである**DynaBook J-3100ss**を発売する。J-3100ssは現在のノートパソコンと同じA4サイズの大きさで、3.5インチのフロッピーディスクを内蔵しながら厚みがわずか44mm、重さも2.7kgと実際に持ち歩くことが可能だった。東芝のノートパソコンのシリーズであるDynabookの初代機種であり、そのサイズからも現在のノートパソコンの直接的な原点といえる。

　J-3100ssはわずか19万8000円という、かなりの低価格設定もあって、ノートパソコンに注目が集まった。また、89年はNECもPC-9800シリーズのノートパソコンの発売を開始していて、ノートパソコンが広く社会に広がる出発点といえる年となった。

T-1100
（東芝）
モノクロ液晶ディスプレイや3.5インチFDドライブを搭載し、8時間バッテリーの充電池を備えながらわずか4kgの軽さを実現した世界初のノートパソコン
（写真提供：東芝）

DynaBook J-3100ss
（東芝）
薄型バックライト液晶ディスプレイを採用することで薄型軽量化され、2.7kgの重量とA4サイズを実現し、ハードディスクも内蔵していた
（写真提供：東芝）

●ノートパソコンの進化

　ノートパソコンの基本構造はその当初から、液晶を用いたディスプレイ部分と本体部分とを2つ折りにする形状でほとんど変わらない。ノートパソコンの進化は、小型・軽量化に尽きると言えるだろう。96年に東芝から発売された**Libretto 20**は、VHSビデオテープのサイズで1kgを切ることで注目を集める。小型軽量化が進んだノートパソコンは、「持ち運べる」から「持ち運ぶ」パソコン、モバイル端末として進化していくことになった。

　ノートパソコンは、小型化ゆえにスペースが限られることから、とくにユーザーとパソコンをつなぐインターフェースに工夫が必要だ。たとえばポインティングデバイスは、Windows 95の登場以降、パソコンの基本機能となったが、持ち運びを前提とするノートパソコンではマウス以外のツールが必要だ。そこでノートパソコンでは、板状のセンサーを指でなぞってマウスポインターを操作する、タッチパッドを中心にさまざまな技術が開発された。

　またノートパソコンの進化は、長時間駆動のための技術も大きく進めた。とくに充電池は高性能の蓄電技術が開発され、リチウムイオン充電池など高性能電池はモバイル端末ばかりか、電気自動車をはじめ最新技術を支える重要な存在となっている。同時に、消費電力を抑える電子機器の省電技術により、搭載する充電池の小型化も進めてきた。この技術は環境意識が高まる中、社会的にも大きな役割を果たしている。

　このようなノートパソコンの進化は、パソコン本体だけでなく、さまざまな通信技術の進化も促してきた。そして、携帯電話の高機能化やスマートフォンをはじめとするモバイル端末を生む背景となり、現代社会に不可欠な技術インフラを生み出してきたのである。

ThinkPad 701C（日本IBM）
分割して効率よく収納する「バタフライキーボード」を搭載（92年）。キーボードを使用時に本体より大きくできるため、キーサイズが大きく入力しやすい

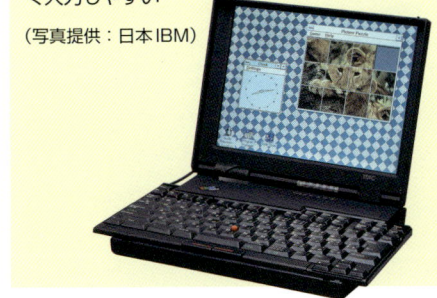

（写真提供：日本IBM）

PS/55 note C52 486 SLC（日本IBM）
IBM社独自のポインティングデバイス「トラックポイント」を初めて搭載（92年）。キーボード中心に見える赤色部分がトラックポイント

（写真提供：日本IBM）

Libretto 20（東芝）
96年に発売された初めてのミニノートパソコン。革新的な小ささが大きな影響を与えた

（写真提供：東芝）

パソコンを動かそう

第4部

第❶章──ソフトウェアとは？
第❷章──プログラムをつくる
第❸章──マルチメディアとパソコン

文書作成や、インターネット接続など、さまざまなことができるパソコンだが、指示を与えるプログラム（ソフトウェア）がなければ、ただの"箱"である。代表的なソフトウェアの機能や、プログラムでパソコンが動く仕組みを解説していく。

第1章　ソフトウェアとは？

パソコンはプログラムで動く

CPUやハードディスクなどの機器が揃っていてもパソコンは動作しない。
パソコンを動かすにはプログラムが必要だ。

●パソコンを動かすプログラム

　パソコンは、演算装置、制御装置、記憶装置、入力装置、出力装置の5つの要素で構成されているが、この要素がそろっただけではパソコンは動作しない。

　パソコンを動作させるには、**プログラム**が必要となる。プログラムとは、パソコンが計算や処理を行うための手順を命令を用いて表したもの。パソコンは、このプログラムに書かれた命令に沿って、各装置を駆使しながら、さまざまな処理を実現していく（下図）。なお、CPUやハードディスクなどの物理的な装置を**ハードウェア**（ハード）と呼ぶのに対して、プログラムの集まりは**ソフトウェア**（ソフト）と呼ばれている。

　私たちが日常パソコンを使うとき、ソフトウェアは通常ハードディスクに保存されていて、必要に応じてメモリーに呼び出され、CPUで処理された結果がディスプレイに表示される。また、その際は、キーボードやマウスなどを使って、ソフトウェアに指示を与えながら処理が進んでいく。

　私たちが日常使っているソフトウェアは、大きく分けて**アプリケーションソフト**（アプリケーションプログラム（AP））と**システムソフト**がある。

　アプリケーションソフトは、ワープロやメールなど、私たちがパソコンで直接やりたい作業を提供するソフトウェア。アプリケーションやアプリと略して呼ばれることも多い。

　システムソフトは、パソコンのハードの管理や制御をしながら、私たちが快適にパソコンを使える環境を提供するソフトである。システムソフトの代表例は、WindowsやMac OS X、Linux（リナックス）などのOSで、パソコンを使いやすくするためのさまざまな機能を提供する（詳しくは152〜155ページを参照）。なお、システムソフトは、パソコンを動かすうえで基本となる機能を提供しているため、**基本ソフト**とも呼ばれている。一方、アプリケーションは、基本ソフト上で動作するため、**応用ソフト**と呼ばれることもある。

プログラムがなければパソコンは動かない　パソコンは、プログラムに書かれた命令を実行することで、さまざまな処理を実現している

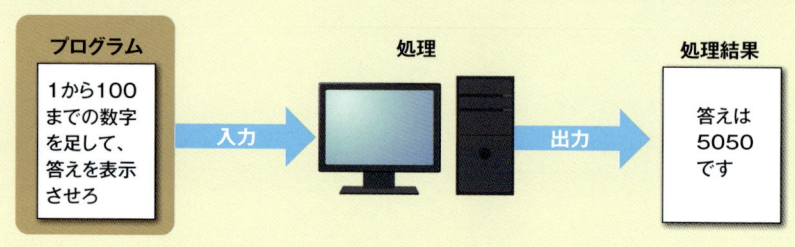

プログラム
1から100までの数字を足して、答えを表示させろ

→ 入力 → 処理 → 出力 →

処理結果
答えは5050です

●ワープロや表計算、メールもすべてアプリケーション

アプリケーションは、文書の作成や写真の加工、インターネットでの情報収集など、私たちがパソコンでやりたいことを提供するプログラムのこと。代表的なアプリケーションには、文書を作成するための**ワープロソフト**や、表やグラフなどを作成する**表計算ソフト**、パソコンで絵を描くための**ペイントソフト**などがある。インターネット接続時に利用している**メールソフト**や**Webブラウザー**などのソフトウェアも、アプリケーションに含まれる（右図）。

アプリケーションは、パソコンショップなどで市販されているパッケージのCD-ROMやDVD-ROMに書き込まれたプログラムをインストールするか、インターネット上のサーバーに格納されているプログラムをダウンロードして利用することが多い。ダウンロードして利用するアプリケーションには、フリーソフトと呼ばれる無料で利用できるソフトウェアも数多く存在する。

また最近は、「**Mac App Store**」など、最初からOSに組み込まれたアプリケーションのダウンロードサービスも登場している。Mac App Storeはアップル社が運営するMacintosh用のダウンロードサービスで、クレジットカードを登録しておけば、ダウンロード時の支払い処理が自動で行われたり、アプリケーションに更新（アップデート）があったときに自動で通知してくれるなど、アプリケーションがより簡単に利用できるようになっている。

代表的なアプリケーション

ワープロ
営業報告書や町内会のお知らせなど、各種の文書作成を行うアプリケーション。最近は、文字数のカウントや校正機能なども搭載して多機能になっている。なお、ワープロという言葉は、ワードプロセッサーを略したものである

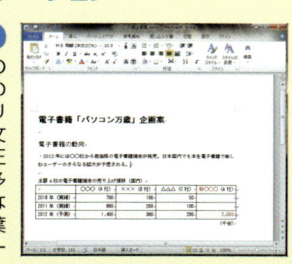

表計算
行と列で構成されるスプレッドシートと呼ばれる表に数値や文字、計算式を入力して、グラフなどを作成しながら、各種データの集計や分析を行うアプリケーション。スプレッドシートはレイアウトしやすいため、ビジネス文書として利用されることも多い

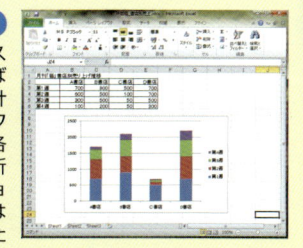

ペイント
マウスなどを使ってパソコン上で絵を描くことができるアプリケーション。ビットマップ（148ページ参照）で画像を扱うグラフィックソフトを総称して、ペイントソフトと呼ぶこともあり、このジャンルにフォトレタッチソフトを含むこともある

Webブラウザー
HTML形式（215ページ参照）で書かれた文書を解読して表示するためのアプリケーション。インターネットに接続して各種の情報収集のために利用される。最近は、Webブラウザー上で動作するアプリケーションも増加している

第1章 ソフトウェアとは？

ワープロソフト

ワープロソフトは、文字を入力するだけでなく、さまざまな機能を備えている。また、ワープロなどで使用する日本語入力システムには、「ローマ字入力」と「かな入力」の2種類がある。

●多彩な機能を持つワープロソフト

　文章を入力、編集、印刷できるシステムのことを**ワードプロセッサー**（ワープロ）といい、そのワープロの機能をパソコン上で動作するようにしたアプリケーションを**ワープロソフト**と呼ぶ。

　ワープロソフトの特徴は、パソコン上で文書を作成してデータで保存するため、修正や再利用、電子メールに添付して送信するといったことが容易な点にある。またワープロソフトは、文書内の文字検索や文字の装飾、文字間隔の調整、図表の挿入などの編集機能も備えていて、その機能は多岐に及ぶ。

　ワープロソフトや表計算ソフトなどはオフィスソフトとも呼ばれ、これらをセットにした商品パッケージは**オフィススイート**と呼ばれる。代表的なものにワープロソフトの「Microsoft Word」（下図左）や表計算ソフトの「Microsoft Excel」などがパッケージになったマイクロソフト社の総合ビジネスソフト「Microsoft Office」がある（写真上）。

　現在は、Microsoft Wordがワープロソフトの事実上の標準となっているが、日本ではかつてジャストシステムの「一太郎」が定番だった（下図右）。一太郎は、日本語ワープロ専用機の操作性がベースになっていて、日本のメーカーが開発していることから日本語表現に優れているなどの特徴がある。

総合ビジネスソフト「Microsoft Office」
「Microsoft Office」では、ワープロソフト「Microsoft Word」や表計算ソフト「Microsoft Excel」などのオフィスソフトがパッケージになっている

（写真提供：日本マイクロソフト）

最も普及しているワープロソフト「Microsoft Word」
パソコンに最初からインストールされていることも多いMicrosoft Wordは、現在のワープロソフトの事実上の標準となっている

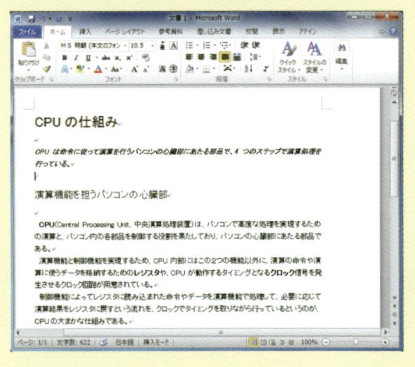

日本語表現に優れる「一太郎」
日本語ワープロソフトの代表である「一太郎」は日本語表現に優れた機能を持ち合わせている

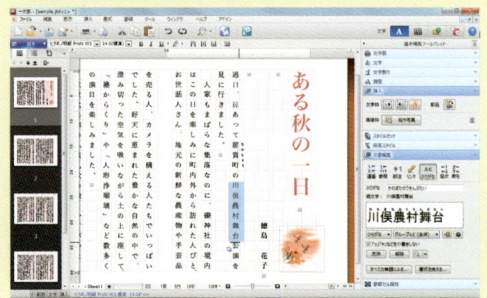

（画像提供：ジャストシステム）

●日本語入力システム

　日本語入力システムはパソコンで日本語を入力するためのソフトウェア。日本語は英語と違って膨大な数の文字が必要になるため、キーボード１つ１つのキーにすべての文字を当てはめることが難しい。そのため、複数のキー操作で文字入力する仕組みとして開発されたのが日本語入力システムだ。

　Windowsには「Microsoft IME」が標準で付属されているが、各社から開発されている日本語入力システムを後から追加することも可能。複数のものを切り替えて使うこともできる（右図上）。

●２つの入力方法

　パソコン上での日本語入力には「**ローマ字入力**」と「**かな入力**」の２種類の方式があり、ほとんどの日本語入力システムはどちらにも対応している（右図中）。

　ローマ字入力は、読みに対応するローマ字の綴りを入力することで、かなに変換されるもの。それに対して、かな入力はキーに表示されたひらがなを直接入力する。現在、日本ではJIS規格のキーボードが主流で、各キーにかなも表示されている。

　入力されたひらがなは、日本語入力システムによって漢字に変換される。日本語入力システムには、かなから変換できない文字や記号を入力するための補助的な入力方法も用意されている。たとえば、「**手書き認識**」機能を利用すれば、読みのわからない漢字などを入力したいときに、マウスを使ってその文字を描画し、候補として出てくるリストの中から目的の文字を選択することで文字入力ができる（右図下）。

各社から登場している日本語入力システム

Microsoft IME

Microsoft Office IME 2010

ATOK

Google 日本語入力

さまざまな日本語入力システムが開発されていて、変換候補や補助機能などにそれぞれの特徴がある。上は各日本語入力システムのメニューバー

ローマ字入力とかな入力

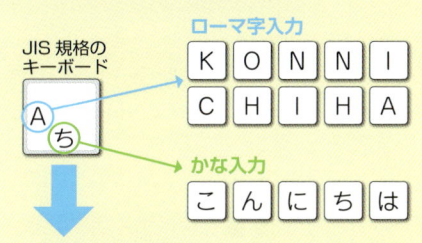

JIS規格のキーボード

ローマ字入力： K O N N I / C H I H A
かな入力： こ ん に ち は

どちらの入力方式でも「こんにちは」と入力できる

日本語入力には「ローマ字入力」と「かな入力」の２つの入力方法があり、それぞれに一長一短がある

手書き認識

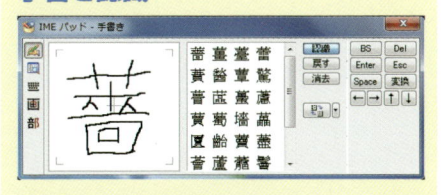

「手書き認識」機能を使えば、読みのわからない漢字も入力することができる

第４部　第１章　ソフトウェアとは？

第1章 ソフトウェアとは？

文字コード

パソコンで文字の入力や表示ができるのは文字コードのおかげ。さまざまな文字コードがあるが、1つの文字コード体系で多言語に対応するUnicodeが主流になりつつある。

●文字にそれぞれ固有の数値を割り当てる

パソコンは、「0」と「1」で構成される2進法（160ページ参照）の数値でさまざまな処理をしていて、文字データを扱うときもその数値を使っている。「A」や「?」など、個々の文字や記号に**文字コード**と呼ばれる固有の数値（ビットパターン）を割り当て、各文字と文字コードを紐づけることで入力や表示を可能にしているのだ。

米国生まれのパソコンでは、当初アルファベットや数字などをどう扱うが検討され、**ASCII**（American Standard Code for Information Interchange：アスキー）という文字コードが導入された。ASCIIでは、7桁の2進数（7ビット、10進数では0〜127）、つまり128通りの数値それぞれにアルファベットと数字、さらに記号や「改行」などの制御記号が割り当てられている（下表）。

ASCIIなど、各文字コードで扱う文字の集合のことを文字セットという。ASCIIはその後、128番目以降に欧州言語で用いるアクセント記号付き文字などを文字セットに加えて、8ビット（256通り）の**拡張ASCII**としてパソコンで利用されるようになった。

なお、パソコン内部では情報を8ビット（1バイト）単位で扱うことが多く、拡張ASCIIなど、1バイトで表現ができる文字のことを1バイト文字と呼ぶ。一方、漢字やひらがななどを含む日本語は、1バイトで表現できる256通りの文字数では収容しきれないため、2バイト分を使って文字を表現している。このような文字は2バイト文字と呼ぶ。

ASCIIコードでの文字の割り当て

上位3ビット \ 下位4ビット	0	1	2	3	4	5	6	7	8	9	A	B	C	D	E	F	
0	NUL	SOH	STX	ETX	BOT	ENQ	ACK	BEL	BS	HT	LF	VT	FF	CR	SO	SI	制御文字
10	DLF	DC1	DC2	DC3	DC4	NAK	SYN	ETB	CAN	EM	SUB	ESC	FS	GS	RS	US	
20	SP	!	"	#	$	%	&	'	(	)	*	+	,	-	.	/	欧文記号・数字
30	0	1	2	3	4	5	6	7	8	9	:	;	<	=	>	?	
40	@	A	B	C	D	E	F	G	H	I	J	K	L	M	N	O	大文字
50	P	Q	R	S	T	U	V	W	X	Y	Z	[	\	]	^	_	
60	`	a	b	c	d	e	f	g	h	i	j	k	l	m	n	o	小文字
70	p	q	r	s	t	u	v	w	x	y	z	{			}	~	DEL	

7ビットで表現される文字コードの代表であるASCIIはアメリカで策定され、現在は世界的に広く利用されている。7ビットで0〜127まで128個の文字や記号が定義されている。表中の下位4ビットのA〜Fに関しては、161ページの右上の表を参照

● 1つの文字コード体系で多言語に対応するUnicode

　文字コードにはさまざまな種類があり、OSやアプリケーションによって異なる文字コードが使われていたり、テキストファイルもさまざまな文字コードで保存されている。

　パソコン上でファイルを開くときやメールを読むとき、通常はソフトウェアが文字コードを判断して適切な変換を行ってくれるが、何かの原因で誤った文字コードで変換してしまうと、文字化けなどが発生してしまうことになる。

　たとえば、日本語の場合だと、日本独自のローカルな文字コードとして、1982年にスタートした**シフトJIS**がWindowsやMac OSなどのOSで採用される一方、**EUC-JP**※と呼ばれる文字コードがUNIXで使われるなど、同じ日本語でも複数の文字コードが混在している。このため、とくに異なるOS間では文字コードを意識して通信などを行わなければならなかった。

　このような問題を解決するために、世界中のすべての文字を16ビット（2バイト）で表現し、1つの文字コード体系で多言語に対応しようとしたのが**Unicode**である（下表）。世界の主要な言語のほとんどの文字が収録されているので、近年のWindowsやMac OSではシフトJISに代わる文字コードとして採用されるようになり、このほか、多くのアプリケーションでも広く利用され始めている。

　Unicodeは、1980年代にゼロックス社によって提唱され、マイクロソフト社、アップル社、IBM社、ジャストシステムなど多くの企業が参加しているユニコードコンソーシアムによって定められ、1993年に国際規格として標準化された。2バイト表記により最大6万5536文字を収録することができる。

　ただし、当初2バイトの文字コードですべての文字を表現しようしていたUnicodeだが、途中2バイト分では足りなくなり、1996年のUnicodeのバージョン2.0からは21ビットを使った文字コードに拡張されている。16ビットを超える部分は補助文字として定義されている。

※ECU-JPは「Extended UNIX Code Packed Format for Japanese」の略

Unicodeでの文字の割り当ての一部

上位ビット ＼ 下位4ビット	0	1	2	3	4	5	6	7	8	9	A	B	C	D	E	F
6EF0	滰	滱	渗	滳	滴	滵	激	滷	滸	滹	滺	滻	滼	滽	滾	滿
6F00	漀	漁	漂	漃	漄	漅	漆	漇	漈	漉	漊	漋	漌	漍	漎	漏
6F10	漐	漑	漒	漓	演	漕	漖	漗	漘	漙	漚	漛	漜	漝	漞	漟
6F20	漠	漡	漢	漣	漤	漥	漦	漧	漩	漪	漫	漬	漭	漮	漯	漰
6F30	漱	漲	漳	漴	漵	漶	漷	漸	漹	漺	漻	漼	漽	漾	漿	潀

1つの文字コードで世界中のコンピューターが利用できるようになる目的で考案されたUnicode。当初は、2バイト（16ビット）で世界中の文字を表現しようとしたが、途中で足りなくなったため、現在は21ビットを使った文字コードになっている

第1章 ソフトウェアとは？

フォント

書体データであるフォントには数多くの種類があり、特徴や形状によっていくつかのカテゴリーに分けることができる。

●さまざまな種類があるフォント

　縦と横の線の太さが違う明朝体や、縦横の太さが均等なゴシック体など、パソコンが画面にさまざまな書体を表示できたり、印刷できるのは、パソコンが**フォント**と呼ばれる書体データを持っているからだ（右図上）。

　フォントの種類を大別すると、**等幅フォント**と**プロポーショナルフォント**の2つがある。等幅フォントは、それぞれの文字の幅が統一されているフォント。プロポーショナルフォントは、文字ごとに異なる幅を持つフォントである。

　一般的にプロポーショナルフォントのほうが自然で読みやすいとされるが、初期のパソコンには画面表示や印刷で文字を並べるときに、文字毎に異なる幅データを保持して反映させるための十分な技術や処理能力がなかった。そのため、どの文字も同じ幅を持つ等幅フォントが用いられていた。しかし、技術と処理能力の向上によって、近年ではWindowsの日本語フォント「メイリオ」などプロポーショナルフォントが使用されるケースが増えている。

　フォントは、頭に「MS」が付くWindows標準のフォントなど、OSにいくつかは付属しているが（右図下）、アプリケーションと一緒にインストールするなど、後から追加もできる。出版などでよく使われるフォントでは、フォント単体で販売されているケースもある。

　なお、OSのウインドウのタイトルバーやメニューの文字に使用されるフォントは**システムフォント**と呼ばれている。たとえば、Windows 7の標準では「メイリオ」、Mac OS Xでは「AquaKana」というふうに、それぞれのOSによって設定されている。

さまざまなフォント

MS明朝 ／ HG正楷書体-PRO
AR POP 4B ／ AR勘亭流H

数百種類はあるといわれるフォントは使用目的や表現方法によって使い分けられる

OSに付属しているフォント（一例）

Windows 7
メイリオ ／ MSゴシック

Mac OS X
ヒラギノ角ゴ_ProN_W3 ／ ヒラギノ明朝_ProN_W6

それぞれのOSには標準でいくつかのフォントが付属している

●ビットマップフォントとアウトラインフォントの特徴と違い

数多く存在するフォントはそのデータの種類によって、点（ピクセル）の集合で表現する**ビットマップフォント**と、輪郭線（アウトライン）で表現する**アウトラインフォント**の2つに分けることができる。

ビットマップフォントは、文字を小さな正方形の点の集合として表し、縦32マス×横32マスなど、決まった数の格子に当てはめて文字の形状を表現する。データ量が小さく、表示や印字する際の処理速度が速いため、初期のパソコンやプリンターでは標準的に使われていた。

しかし、ビットマップフォントは、拡大すると文字がギザギザになってしまったり、縮小すると隙間がつぶれたり線がなくなったりするなど、想定外のサイズで使用すると形が崩れてしまうという問題がある。そのため、いくつかのサイズのバリエーションを用意する必要が出てくるが、いろいろな大きさを作るとデータ量が多くなり、結局、大容量になってしまう（下図上）。

それに対してアウトラインフォントは、文字の輪郭を定義する点だけを記憶しておくことで出力時に点と点の間のラインを計算し、その点の部分を塗りつぶして文字をつくる。それにより、出力解像度に依存しない最適な表示や印刷が可能になり、大きさを変えてもなめらかな輪郭で表示できる。また、1つのデータからさまざまなサイズを作れるのでデータ量を減らせるメリットもある。ただし、ビットマップフォントに比べ、処理時間がかかる。

アウトラインフォントは、線の太さの変化や「はね」や「はらい」などのデザインを表現できるのも特徴である。WindowsやMac OS XなどのOSが標準で使用するTrue TypeフォントやOpenTypeフォントはアウトラインフォントである（下図下）。

なお、ディスプレイは点の集まりなので、アウトラインフォントも最終的には点のデータに変換されるが、その処理は**ラスタライズ**という。

ビットマップフォントとアウトラインフォント

ビットマップフォント

個々の文字をピクセルの集まりとして設計するビットマップフォントは、表示や印刷の処理は高速だが、拡大や縮小により形が崩れてしまう

アウトラインフォント

文字の形状を基準となる点と輪郭線の集まりとして表現するアウトラインフォントは、表示や印刷時に描画する点の配置を計算して決定するため、拡大や縮小しても文字の形が崩れない

第1章 ソフトウェアとは？

グラフィックソフト

画像を処理するグラフィックソフトには、ペイント系ソフトとドロー系ソフトの2種類があり、それぞれに特徴がある。フォトレタッチソフトもペイント系ソフトに含まれる。

●画像の描き方などに違いがある2つのグラフィックソフト

パソコン上で図形や画像データを扱うアプリケーションは**グラフィックソフト**と呼ばれているが、画像を細かい点の集合として扱う**ペイント系ソフト**と、座標にポイントを決めて計算式で図形を描く**ドロー系ソフト**に大別できる（下図）。

多くの人が並んで図柄を作る人文字と同じように、各点それぞれに色をつけ、その点を並べることで出来上がる画像のことを**ビットマップ**という。ペイント系ソフトは、このビットマップ画像を扱うグラフィックソフトで、基本的には各点（「ピクセル」と呼ぶ）の色を変更することで、さまざまな画像処理を実現している。

ピクセルの色を変えるという処理は紙に色を塗っていくという作業に近いため、ペイント系ソフトでは、鉛筆や筆のような感覚でマウスを使いながら絵を描くことができる。そのため、ドロー系ソフトより直感的な操作が可能になっている。ただし、精細な画像を表現するためにピクセルを細かくしていくと、データのサイズが非常に大きくなり、パソコンの処理に時間がかかるというデメリット

ペイント系ソフトとドロー系ソフトの違い

ペイント系ソフト
画像をピクセルの集まりで表現し、鉛筆や筆で絵を描くようにマウスなどを用いて絵を描くことができる。フォトレタッチソフトもペイント系ソフトに分類される

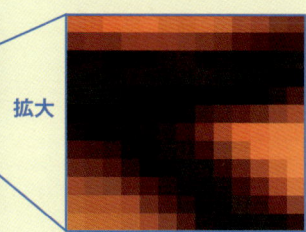

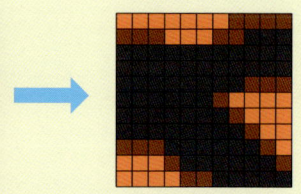

拡大 → 1ピクセル単位で色情報を持つ

ドロー系ソフト
幾何学的な図形や曲線を編集することができ、計算式をもとに画面に表示するのがドロー系ソフト。代表的なソフトに「Adobe Illustrator」がある

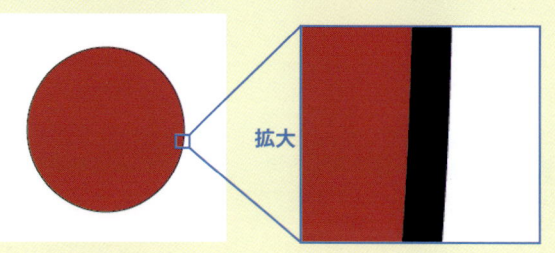

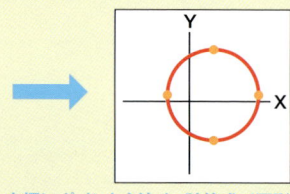

拡大 → 座標にポイントを決め、計算式で図形を描く

もある。

　一方、ドロー系ソフトは図形を**ベクターイメージ**と呼ばれるデータで扱う。ベクターイメージとは、図形を構成する各線の始まる位置や終わる位置、太さ、色、曲線であればその曲がり方などを、式や数値で記録しているデータである。そのため、ドロー系ソフトで線を描く際は、式で表すことができるベジェ曲線やスプライン曲線などが用いられ、ペイント系ソフトに比べて、操作にある程度の慣れが必要となる。

　ドロー系ソフトは、画像のサイズを拡大しても数値が変更になるだけなので、データサイズをほとんど変えずに同じ品質で図形が表示できる点がメリットだ。

●画像編集が可能なフォトレタッチソフト

　フォトレタッチソフト（画像編集ソフト）は、スキャナーやデジタルカメラから取り込んだデジタル写真を加工・修正するためのアプリケーションである。デジタル写真の画像はピクセルの集合であるビットマップ形式になっているため、フォトレタッチソフトはペイント系ソフトに分類される。

　赤目修正をはじめとして、明度やホワイトバランスの補正、色数や色調といったトーンやコントラストの変更、解像度の変更や画像の拡大・縮小などの幅広い機能があり、トリミングやコピーなどの操作も容易に行うことができる（右図）。

　また、モザイクや輪郭抽出、ぼかし、特定のパターンへの変形など、さまざまな特殊効果をかけることができる高機能なソフトウェアもある。

　さらに、最近のフォトレタッチソフトは多機能化が進んでおり、写真に映りこんだ微細なゴミなど、画像の一部を除去したり、被写体の人物の肌のしわやくすみを消去したりといった修正も可能だったり、さらにドロー系ソフトが持つ描画機能が統合された製品もある。

　代表的なものに「Adobe Photoshop」が挙げられるが、デジタルカメラなどに簡易的なフォトレタッチソフトが付属されていることも多い。

フォトレタッチソフトの画像調整機能の例

調整前

やや暗いかなという写真をフォトレタッチソフトの「レベル補正」で調整する

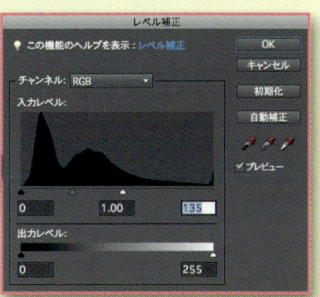

調整後

フォトレタッチソフトの基本的な機能であるレベル補正では、画像の色調を自由にコントロールすることで、明るさやコントラストなどを見やすい状態に修正することができる

第1章 ソフトウェアとは？

データベース

パソコンで扱う顧客情報や住所録などの各種データは、データベースで管理されている場合が多い。データベースにはさまざまな種類があるが、いまの主流はリレーショナルデータベースだ。

●効率的にデータを管理するデータベース

普段パソコンを使っていると、顧客情報や在庫情報、住所録など、さまざまな情報にアクセスすることがある。

これらの情報は、パソコンなどで効率的に活用できるように加工され、データの集まりとして一カ所に保存された**データベース**（Database：DB）で扱われることが多い（下図左）。データベースは、パソコン単体でデータベースソフトを用いて管理することもできるが、ネットワークを通じて複数のパソコンからデータベースにアクセスする仕組みもある。なお、サーバーに蓄積されるデータベースを管理するようなコンピューターシステムのことは、**データベースマネジメントシステム**（Database Management System：DBMS）という（下図右）。

単にデータを管理するなら、テキストファイルや、Excelなどの表計算ソフトでまとめる方法もある。しかし、テキストファイルや表計算でのデータ管理では、パソコンなどで利用するときに問題も多く、快適に利用することができない。

たとえば、テキストファイルや表計算のファイルをネットワークで共有した場合、複数のパソコンからそのファイルに保存された情報を閲覧することはできるが、誰かがそのファイルを編集しているときには、ほかの人は編集できない。

また、データが大量になると、テキストファイルを編集するエディターソフトや表計算ソフトに用意されている検索機能では非常に時間がかかるという問題もある。さらに、銀行の口座情報や患者の医療情報など、何かのトラブルがあったとしても消失することが許されないデータを扱う場合には、データが消えない仕組みを用意しておく必要がある。DBMSは、これらの問題を解決できる機能を持っている。

データベースは大量の情報の集まり

住所録や顧客情報などの大量の情報を一カ所にまとめて保存することで、パソコンで効率的に活用できるようになる。このようなデータの集まりをデータベースという

DBMSでデータベースを安定的に運用

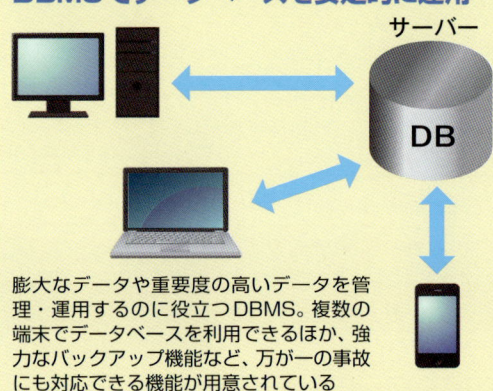

膨大なデータや重要度の高いデータを管理・運用するのに役立つDBMS。複数の端末でデータベースを利用できるほか、強力なバックアップ機能など、万が一の事故にも対応できる機能が用意されている

●表形式でデータを管理するリレーショナルデータベース

データベースは、データの格納の仕方によっていくつかの種類がある。たとえば、階層構造でデータを管理する階層型データベースや、データ自体とそれを操作する処理を「オブジェクト」という単位でまとめたオブジェクト指向データベースなどがあるが、現在主流となっているのは、**リレーショナルデータベース**（Relational Database：RDB）である。

RDBは、Excelのように列と行がある表のような形式でデータを管理する（下表）。「名前」や「住所」など列にあたる項目のことを**フィールド**、行にあたる1件分のデータを**レコード**、表全体にあたるデータの集合を**テーブル**と呼ぶ。1つのデータベースは、複数のテーブルを格納することができ、各テーブルの項目をリンクさせることで、さまざまな情報検索を実現している。

RDBを操作するには、**SQL**（Structured Query Language）と呼ばれる専用言語が用いられる。クライアントからサーバー側にあるRDBを管理するRDBMS（Relational Database Management System）にSQL文を送り、RDBMSがデータベース本体からデータを取り出し、SQL文が指定した形式でクライアントに要求したデータを戻すというのが一般的な処理の流れになる。

RDBには数種類あり、代表的なところではオラクル社の「Oracle Database」や、マイクロソフト社の「SQL Server」、ソースコード（164ページ参照）が公開されている「MySQL」などが有名（上表）。ただし、これらのデータベースを操作するには相応の知識が必要になるため、簡単な知識でデータベースが構築できるマイクロソフト社の「Microsoft Access」も広く普及している（下図）。

代表的なRDB

製品名	開発元
Oracle Database	オラクル社
Microsoft SQL Server	マイクロソフト社
DB2	IBM社
PostgreSQL	オープンソース
MySQL	オープンソース

リレーショナルデータベース

社員ID	氏名	配属	入社年月日
0001	鈴木信二	総務部	1990年4月1日
0002	佐藤祐子	第一営業部	1992年4月1日
0003	市川隆史	制作部	1996年8月1日
0004	斉藤久治	経理部	1984年3月1日
0005	酒井明子	第一営業部	1993年8月5日
0006	安藤浩一	第二営業部	2001年4月1日
0007	東海真俊	業務推進部	2004年4月1日
0008	新藤浩二	制作部	2010年4月1日
0009	野崎美紀	経営企画室	1998年4月1日
0010	相沢加代	経営企画室	2011年7月1日
0011	近藤勇	第二営業部	2011年2月1日
0012	竹下晋太郎	第一営業部	1993年4月1日

リレーショナルデータベース（RDB）は、表形式でデータを管理する

Microsoft Access

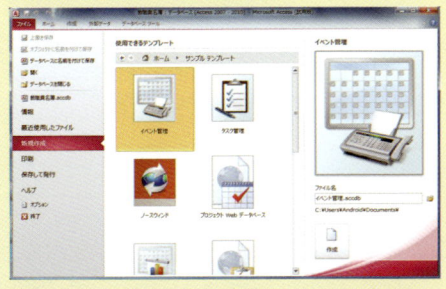

「Microsoft Office」の一部パッケージにも同梱され、視覚的にデータベースを操作できる「Microsoft Access」

第1章 ソフトウェアとは？

OSの役割（1）

パソコンのシステムを管理するソフトウェアであるOSは、ユーザーインターフェースやアプリケーションの実行など、さまざまな機能を提供している。

● OSが提供するユーザーインターフェース

　OS（Operating System）は「基本ソフト」とも呼ばれるように、パソコンの基礎になる動作を可能にするソフト。キーボード入力や画面出力といった入出力機能をはじめとして、ディスクやメモリーの管理など、多くのアプリケーションが共通して利用する機能を提供している。

　私たちがアイコンをダブルクリックしてファイルを開いたり、メニューを選択して各種操作をパソコンに指示するといった、パソコンと利用者の間で情報をやり取りするための機能は**ユーザーインターフェース**と呼ばれるが、この機能を提供するのもOSである。

　ユーザーインターフェースは、グラフィカルな**GUI**（Graphical User Interface）と文字による**CUI**（Character User Interface）に大きく分けられる。

　GUIでは情報の表示にアイコンや画像を多用し、多くの操作をマウスなどのポインティングデバイスによって行うことができる。状態を視覚的に把握することができ、より直感的な操作ができるのが特徴である（左図上）。

　それに対して、情報の表示を文字によって行い、すべての操作をキーボード中心に行うのがCUIである。CUIは、画面上に命令の入力を促すプロンプトと呼ばれる文字列が表示され、利用者がコマンド（命令）を入力することで指示を与え、処理過程や結果が出力されるという対話式で進んでいく（左図下）。

　CUIは初期のパソコンでは標準的なユーザーインターフェースであったが、現在はGUIが主流となっている。

GUIとCUI

GUI グラフィカルに情報が表示されるGUIは直感的な操作が可能だ

CUI 文字によるCUIではユーザーはキーボードを使ってコマンドで指示を与える

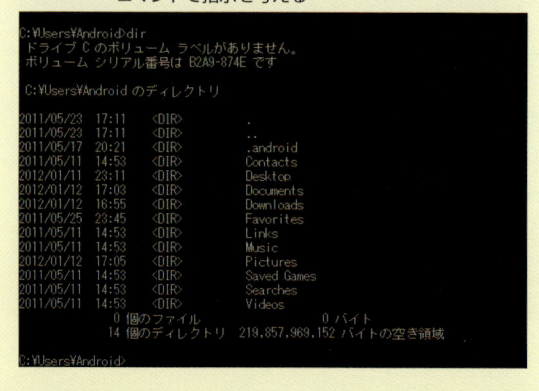

●アプリとハードを仲介するカーネル

OSの中核部分は**カーネル**と呼ばれている。カーネルには、いくつかの大切な役割があるが、その1つがアプリケーションとハードウェアの仲介である。

パソコンの電源を入れると、まずOSが起動する。OS起動後、ワープロや表計算、Webブラウザーなどのさまざまなアプリケーションが使えるようになるが、これらのアプリはすべてカーネルの仲介で動いているのだ（下図上）。

カーネルは、アプリケーションが利用できるメモリーの領域（システムリソース）を管理していて、アプリケーションが実行されるとそのメモリー領域にプログラムを書き込む。アプリケーション起動後も、各種ハードウェアへの命令や、メモリーへの読み書きなどもカーネルが管理している。

カーネルはOSごとに異なるため、あるOSで動作するアプリケーションは、基本的にほかのOSでは動作しない。たとえば、Windowsで動作するアプリケーションは、Mac OSでは使用できない。また、同じOSでもバージョンが違えば動作しないこともある（右図下）。

もともとパソコンには統一された規格がなく、それぞれ独自の仕様で作られていたため、アプリケーションもそれぞれのパソコン用に開発しなければならず、多くの時間とコストがかかっていた。それが、アプリケーションとハードウェアを仲介するOSのおかげで、OSの仕様に合わせたアプリを制作すれば、ハードウェアの違いを考慮する必要はなくなったのだ。とくに、マイクロソフト社のOSであるWindowsが普及して、圧倒的な市場シェアを獲得したことにより、アプリケーション開発の時間とコストは大きく削減できるようになった。

OS上でアプリケーションは動作する

OS（カーネル）はハードウェアとアプリケーションとの間に位置するようなイメージで、両者の仲介役としての機能も持つ

アプリケーションの動作環境の例

OS	Windows 7 ／ Windows Vista (Service Pack 2以上) ／ Windows XP (Service Pack 3以上) 各日本語版 ※64ビット版Windowsでは、32ビット互換モードで動作します。 ※Windows XP Professional x64 Edition は Service Pack 2以上に対応しています。
CPU／メモリー	お使いのOSが推奨する環境以上
ハードディスク必要容量	1.0GB以上 ●XXXXXXをセットアップすると、別途345MB以上必要です。 ※お使いのハードディスクのフォーマット形式や確保容量などにより、必要容量は異なります。

アプリケーションには使用するための条件である動作環境が定められている。アプリケーションはOS上で動作するため、上記のようにOSの種類やバージョンが条件として表示されている

第1章 ソフトウェアとは？

OSの役割（2）

OSは、多くのアプリケーションが利用する機能を提供したり、複数のプログラムを同時に実行させる機能なども備えている。

●OSの機能を利用するアプリケーション

　OSは、ファイルの管理や、ユーザーインターフェース、描画機能、ネットワーク機能など、各種機能を持っているが、それらの機能はシステムコールと呼ばれる方法で、アプリケーションが利用することもできる。

　つまり、「保存」や「画面表示」など、すべてのアプリケーションで共通して利用するような基本的な機能はOS側が用意することで、アプリケーションはその機能を必要に応じて呼び出すことができるのだ。たとえば、ワープロソフトで作成した文書を保存する場合には、アプリケーションから保存を指令するが、実際にHDDに働きかけて保存の機能を実行するのはOSの仕事である。ほかにも、入力した文字の表示、印刷など、一見アプリケーション上で行われているように見える機能の多くがOSによって実現している（下図）。

　OSが基本的な機能を提供することで、アプリケーション開発者は、すべてをゼロから開発する必要がなく、アプリケーション固有の機能にのみ注力できる。また利用者にとっては、各アプリケーションの基本的な機能の操作体系が共通化され、アプリケーションごとに操作を覚える必要もない。

アプリケーションの基本機能はOSが提供

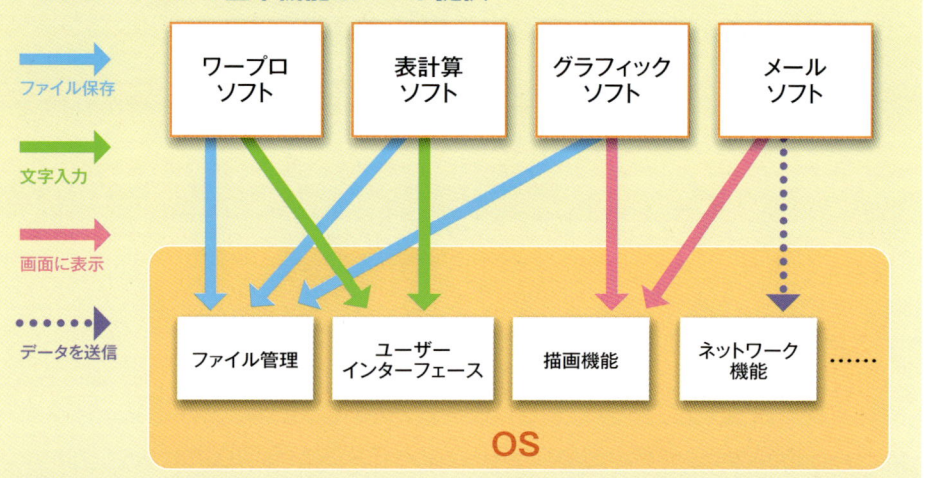

凡例：
- ファイル保存
- 文字入力
- 画面に表示
- データを送信

アプリケーション：ワープロソフト／表計算ソフト／グラフィックソフト／メールソフト

OS：ファイル管理／ユーザーインターフェース／描画機能／ネットワーク機能

文字入力やファイルの保存など、アプリケーションで実行されるさまざまな基本的な機能の多くは、OSが担当している。これは、WordやExcelなどのオフィスソフトをはじめとして、グラフィックソフトやメールソフトなどすべて同じである

●同時に複数のアプリが使えるマルチタスク機能

私たちがパソコンを使うとき、音楽再生ソフトで曲を聴きながら、Webブラウザーでホームページを見たり、メールソフトでメールを作成したりと、当たり前のように複数のアプリケーションを同時に使っているが、これは**マルチタスク**というOSの機能によって実現している。

マルチタスクは厳密にはプログラムを同時に処理しているわけではない。私たちが気付かないほど非常に短い間隔でCPUで処理するプログラムを切り替えることで、私たちの目には複数のアプリケーションが同時に動いているように見える（下図）。

マルチタスクには、OSがCPUを管理する**プリエンプティブマルチタスク**と、各アプリケーションが処理をしていないときにCPUを自発的に解放する**ノンプリエンプティブマルチタスク**の2つがある。プリエンプティブマルチタスクは、OSが各アプリケーションにCPUの使用時間を割り振るため、万が一、アプリケーションのどれかにトラブルが発生しても、ほかのアプリケーションを問題なく動かすことができる。ただし、OSの処理が複雑になるため、ノンプリエンプティブマルチタスクに比べて、CPUに負荷がかかってしまう。

一方、ノンプリエンプティブマルチタスクは、アプリケーションがCPUを解放しない限り、ほかのアプリケーションはCPUを使うことができない。そのため、CPUを使用しているアプリケーションに何か問題が発生すると、ほかのアプリケーションも影響を受けて動かなくなってしまう。

現在は、CPUの性能が向上したため、WindowsやMac OS Xなど、ほとんどのOSでプリエンプティブマルチタスクが採用されている。

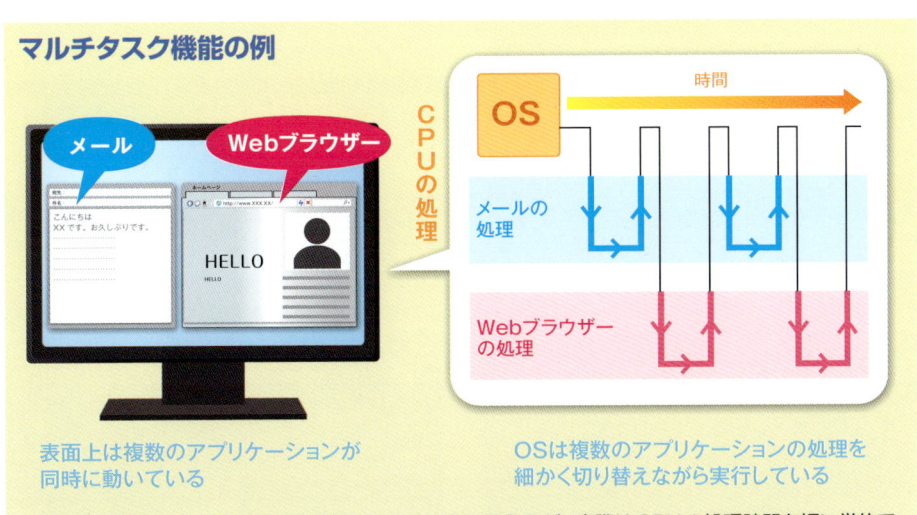

マルチタスク機能の例

表面上は複数のアプリケーションが同時に動いている

OSは複数のアプリケーションの処理を細かく切り替えながら実行している

一見すると複数のソフトが同時に動作しているように見えるが、実際はCPUの処理時間を短い単位で各アプリケーションに割り当てることによって順番に実行している。このマルチタスク機能によって、同時に複数のアプリケーションを使用することができる

第1章 ソフトウェアとは?

OSの種類

基本ソフトであるOSにはさまざまな種類があり、それぞれ歴史や特徴を持っている。
ここではパソコンの代表的な3つのOSについて説明しよう。

● Windows、Mac OS X、Linuxの特徴

パソコンのOSにはいくつかの種類があり、主要なものにマイクロソフト社の**Windows**（下図左）、アップル社の**Mac OS X**（下図右）、サーバー向けの**Linux**などがある。

Windowsは企業から一般家庭まで幅広く使われていて、最も利用者が多いOS。アイコンとマウスによって直感的に操作できるGUIや、複数のアプリケーションを同時に実行できるマルチタスク機能などによって誰にでも使いやすくなっている。従来は一般向けのWindows 9x系と、ビジネス向けのWindows NT系に分かれていたが、現在はWindows NT系に統合されている（右ページ上）。

一方、Mac OS Xは、直感的に操作できる洗練されたGUIに定評があり、DTPやマルチメディア関連のアプリケーションが豊富にそろっているため、クリエイティブ分野で特に人気がある。

Mac OS Xの前身であるMac OSは、1984年に登場したMacintoshに最初に搭載され、GUIの普及に大きく貢献した。Mac OSはバージョン9まで続き、その後、UNIX※を基礎に安定性や速度を向上させたMac OS Xが登場する。「Aqua」と呼ばれるユーザーインターフェースを採用するなど、Mac OSとは仕様が大きく異なる（右ページ下）。

1991年に開発されたLinuxは、学術機関などを中心に広く普及しており、企業などのサーバーとしても広く採用されている。プログラムの元であるソースコード（164ページ参照）が公開されているオープンソースという特徴がある。

Linuxとは、本来カーネルと呼ばれるOSの心臓部のことを指す。カーネルにコマンドやインストーラーなどシステムの構築・運用に必要なソフトウェアをまとめた配布パッケージはディストリビューションと呼ばれ、有償・無償含めてさまざまなバージョンが配布されている。

※AT＆T社のベル研究所で開発されたOS。ソースコードがコンパクトで、独自に拡張された多くの派生OSが登場している

Windows 7の画面

2009年に一般発売されたWindows 7はそれまでのWindows Vistaと比べて、動作の高速化と操作性の向上が図られた点が特徴である

OS X 10.7 Lionの画面

「OS X Lion」。後継としてさらに新機能を追加した「OS X Mountain Lion」が開発されている

Windowsの歴史

(Windows 9x系)

1993年 Windows 3.1
CUI式のOSであるMS-DOS上で動作し、厳密にはOSではない。GUIによるファイル操作環境を提供する

1995年 Windows 95
MS-DOSを統合した一般ユーザー向けのOS。ネットワーク機能が強化されている

1998年 Windows 98
Webブラウザー「Internet Explorer」をOSに統合。USBやIEEE 1394などのインタフェースに対応する

2000年 Windows Me
統合前のWindows 9x系の最後のOS。マルチメディア機能が充実している

(Windows NT系)

1993〜1996年 Windows NT
32ビットOS。最初からプリエンプティブマルチタスクを採用し、Windows 9x系に比べて安定したOSである

2000年 Windows 2000
Windows NTを基に開発された業務用OS。当初、Windows 9x系とのデバイスドライバーの統合を目指していた

(統合)

2001年 Windows XP
Windows 9x系とWindows NT系を統合する目的で、Window 2000をベースに開発されたOS

2007年 Windows Vista
3Dグラフィックを使用した「Windows Aero」と呼ばれる新しいユーザーインターフェースを採用したOS

2009年 Windows 7
Windows Vistaに比べて、低スペックのパソコンでも快適な操作環境を実現したOS

Mac OS、Mac OS Xの歴史

(米国)

1984〜1987年 System 1〜4
初代Macintoshに搭載されたOSから進化したシステム。基本的にシングルタスクのOSで、複数のソフトウェアを同時に使うことはできなかった

1989年 System 6

1991年 System 7.0

(日本)

1986〜1988年 漢字Talk1.0〜2.0
System 1 〜 System 4を日本語に対応させたもの

1989年 漢字Talk6.0

1992年 漢字Talk7.1

(統合)

1997年 Mac OS 7.6
Systemと漢字Talkという呼び名が廃止され、Mac OSという名称に統合される

1997年 Mac OS 8.0

1999年 Mac OS 9.0
現在のOSにもつながる、さまざまな新機能が搭載される

(UNIXベース)

2001年 Mac OS X 10.0
Mac OS 9からOSが一新され、UNIX系のOS技術を基盤としたため安定性が大幅に向上した。プリエンプティブマルチタスク機能をMac向けOSとして初めて採用している

2002〜2009年 Mac OS X 10.2〜10.6 Snow Leopard

2011年 OS X 10.7 Lion
従来の光ディスクでの販売が廃止され、「Mac App Store」(141ページ参照)もしくは、USBメモリーでのみ提供されるようになった

第4部 第1章 ソフトウェアとは？

第1章 ソフトウェアとは？

デバイスドライバー

マウスやプリンターなどの周辺機器を使用するときには、デバイスドライバーと呼ばれるソフトウェアが必要になる。

● OSと周辺機器の橋渡しをするデバイスドライバー

デバイスドライバーは、パソコンに接続した周辺機器を制御し、さまざまな操作を行うためのソフトウェアであり、OSと各機器をつなぐ役割を果たしている（下図）。

周辺機器は、基本的にはそれぞれ固有の方法で制御しなければならないため、パソコンに接続しただけでは機能しない。そこで、機器ごとに用意されたデバイスドライバーをインストールして、各機器とOSの仲立ちをさせることではじめて周辺機器が利用できるようになる。

キーボードやマウスといった機器は、OSがあらかじめデバイスドライバーを用意しているため、パソコンにつなげるだけで使うことができる。近年のOSは主要なデバイスドライバーをOSが最初から用意していて、キーボードやマウス以外の機器でも、プラグアンドプレイ（次ページ参照）ですぐに利用できるケースが多い。

しかし、パソコンに接続する機器は非常に多岐に渡る。当然、それぞれの周辺機器に対応したデバイスドライバーも膨大な数にな

るため、OSですべてを用意することはできない。OS側のドライバーで対応できない周辺機器に関しては、その機器を提供するメーカーがデバイスドライバーをCD-ROMなどで製品に添付するか、インターネット上で配布するといった方法で提供することになる。たとえば、プリンターのデバイスドライバーは多くの場合、CD-ROMとして製品に添付され、バージョンアップが行われるとインターネット経由でダウンロードできるようになっている。最近は、多くのパソコンがインターネットに接続しているため、バージョンアップされるとネット経由で通知してくれる機能を持ったデバイスドライバーも増えている。

周辺機器とOSをつなぐデバイスドライバー

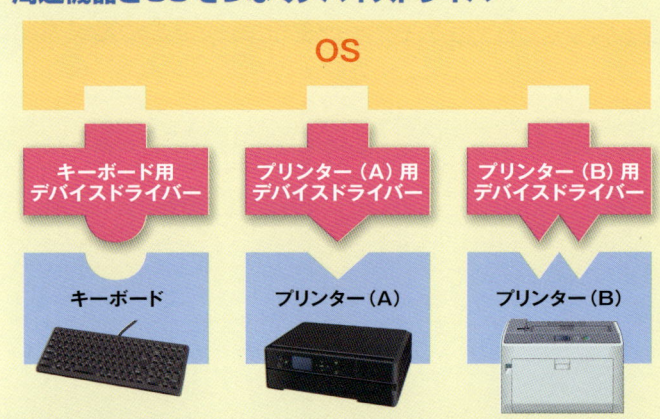

OS / キーボード用デバイスドライバー / プリンター（A）用デバイスドライバー / プリンター（B）用デバイスドライバー

キーボード / プリンター（A） / プリンター（B）

周辺機器が機能するように、OSとの橋渡しをするのがデバイスドライバーの役割。OSにあらかじめインストールされている場合と別途インストールが必要な場合がある

●パソコンが自動的に機器を検出するプラグアンドプレイ

　USBメモリーやハードディスクなどは、パソコンに接続するとすぐに認識され、そのまま使用することができる。この仕組みは**プラグアンドプレイ**と呼ばれる。パソコン本体に各種周辺機器を接続すると、パソコンが自動的にその周辺機器向けのデバイスドライバーを読み込むなどして、その周辺機器が利用できるようになる（下図）。文字通り「接続（プラグ）すればすぐに使える（プレイ）」という目的を実現するためにつくられた機能で、パソコンの使いやすさの向上にもつながっている。

　プラグアンドプレイは、1995年にマイクロソフトから販売されたWindows 95で初めて本格的に実装された。しかし、当時はメーカーの足並みが揃わず、周辺機器を接続するためのインターフェースの規格も数多くあり、プラグアンドプレイが機能しないケースも多かった。また、プラグアンドプレイの仕組みは、周辺機器側の対応が必要だが、まだ対応できない古い規格のハードウェアも数多く存在していた。しかし、その後OSが改良され、周辺機器との接続にUSBが採用されるなど、インターフェースが世代交代したことで、いまのような快適なプラグアンドプレイが実現されるようになった。

　プラグアンドプレイが導入される以前、OSにあらかじめインストールされているデバイスドライバーは非常に少なく、機器を動作させるまでのプロセスが多く、ユーザー側の負担が大きかった。周辺機器をパソコンに接続するだけでOSが自動的に認識するようになったことで、接続された機器を使用するまでの時間も大幅に短縮された（下図上）。

デバイスドライバーを自動でインストール

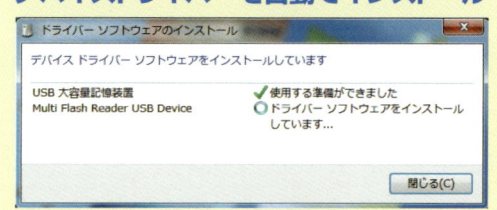

プラグアンドプレイでは、周辺機器をUSBなどのインターフェースに接続すると、デバイスドライバーが自動でインストールされる

プラグアンドプレイの仕組み

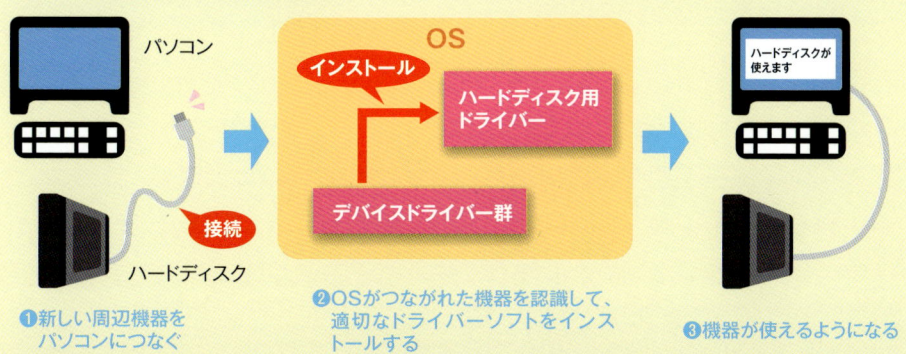

❶新しい周辺機器をパソコンにつなぐ
❷OSがつながれた機器を認識して、適切なドライバーソフトをインストールする
❸機器が使えるようになる

周辺機器を接続すると、パソコンがその機器を自動で検出して最適なデバイスドライバーを読み込み、利用者が何もしなくてもその機器が使えるようになる仕組みのことをプラグアンドプレイという

第2章　プログラムをつくる

2進数

パソコンは、オンとオフの2つの状態しか表現できない。
そこでパソコン内部では、「0」と「1」の2つの数字のみで数を表す2進数を使用する。

●パソコンは「0」と「1」で数を表現する

　私たちの日常は、「0」から「9」までの10種類の数字を組み合わせて数を表現している。このような数の表現方法を**10進数**という。

　一方、パソコンのCPU内部の各トランジスターは、電流が流れているオンの状態と、電流が流れていないオフの状態の2種類しか表現できない。そこでパソコンでは、オンの状態を「1」、オフの状態を「0」として、この「1」と「0」だけで数を表現している。これが**2進数**である。

　「0」から「9」まで10種類の数字が使える10進数の場合、「9」までいったところで1桁繰り上がり数が増えていくのに対して、「0」と「1」の2種類しか数字が使えない2進数の場合は、「1」までいったところで1桁繰り上がり数が増えていく。つまり10進数では10ごとに数が繰り上がり、2進数では2ごとに数が繰り上がる。この繰り上がりの数値を基数という。両者の違いは基数を使った式で表現するとわかりやすい（下図）。

　パソコン内では使いやすい2進数だが、桁がすぐに上がってしまい、そのまま表現すると膨大な桁数になってしまうことが多い。そこで、2進数の4桁分（10進数で「0」から「15」まで）の値を1桁で表現できる**16進数**も、文字コード（144ページ参照）などパソコンの世界ではよく使われている。16進数は、「0」から「9」までいくと、その後「A」から「F」までのアルファベットを使って数字を表現して、「F」までいったところで1桁が繰り上がる（右表）。

　ちなみに、コンピューターの世界では、2進数の1桁分を「**1ビット**」、2進数の8桁分（8ビット）を「**1バイト**」と呼ぶ。バイトは、メモリーやハードディスクなど、記憶装置の容量を表す単位として使われている。

2進数と10進数の違いは基数の違い

> 10進数の基数は10

→ $15 = (1 \times 10^1) + (5 \times 10^0)$

> 2進数の基数は2

→ $1111 \Rightarrow (1 \times 2^3) + (1 \times 2^2) + (1 \times 2^1) + (1 \times 2^0)$
　　$= 8 + 4 + 2 + 1 = 15$

10進数の「15」は2進数の「1111」である

●2進数の掛け算はシフト演算

パソコンは2進数を使って四則演算を行うが、「0」と「1」の数字しかない2進数では計算方法は独特である。たとえば掛け算の場合、10進数で「10」を10倍するときは後ろに「0」を足して「100」にする。このように10進数だと10倍で繰り上がるが、2進数では2（2進数表現だと「10」）倍で繰り上がる。つまり、2倍にするときは、もとの数字を左に1桁ずつシフトして、1桁目に「0」を加えれば計算できる。これを**シフト演算**と呼ぶ（下図）。

このことを応用して、2進数の2桁目が1だったら左に1回シフト、3桁目が1だったら左に2回シフト…と考えていけば、2進数の掛け算は基本的にシフト演算だけで計算ができてしまう。また、逆に除算は右シフトだけでできることもわかる。

このように、2進数では「0」と「1」でしか数を表現しない特徴を生かした四則演算を用いることで、パソコン内の処理を単純にしているのだ。

10進数・2進数・16進数の対応表

10進数	2進数	16進数
0	0	0
1	1	1
2	10	2
3	11	3
4	100	4
5	101	5
6	110	6
7	111	7
8	1000	8
9	1001	9
10	1010	A
11	1011	B
12	1100	C
13	1101	D
14	1110	E
15	1111	F
16	10000	10

10進数の「16」は、2進数では「10000」となり、桁数がすぐに増えてしまう。そのため、2進数の4桁分を1桁で表現できる16進数がパソコンの世界ではよく使われる

2進数の掛け算はシフト演算

例1 10進数の5×2を2進数で計算した場合

- **10進数** 5 × 2 = 10
- **2進数** 0101 × 0010 = 01010

2倍は各桁が左へ1つシフトする

0101 → 01010

1桁目は「0」を加える

例2 10進数の5×4を2進数で計算した場合

- **10進数** 5 × 4 = 20
  5 ×（2 × 2）= 20
- **2進数** 0101 × 0100 = 010100

4倍は各桁が左へ2つシフトする

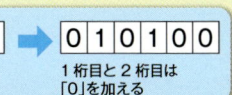

00101 → 010100

1桁目と2桁目は「0」を加える

第4部 第2章 プログラムをつくる

第2章 プログラムをつくる

ネイティブコードとアセンブリ言語

CPUはネイティブコードで書かれたプログラムしか理解できない。
ネイティブコードと一対一で対応しているアセンブリ言語と併せて解説する。

● CPUはネイティブコードしか理解できない

　パソコンはプログラムで動作するが、実際に命令を処理しているところはCPUである。多くの日本人は、日本語で日常会話を行っているが、CPUもCPUが理解できる言葉（言語）で書かれたプログラムを受け取っている。このCPUが理解できる言語を**マシン語**と呼び、マシン語で書かれたプログラムのことを**ネイティブコード**（「オブジェクトコード」ともいう）という。市販のパソコンソフトのCD-ROMなどには、このネイティブコードで書かれたプログラムが収録されている。

　ネイティブコードは、私たちが見てもただ数字が羅列されているだけで、どんなプログラムが書かれているのか、まったくわからない。Windowsには、拡張子が「exe」のEXE（エグゼ）ファイルと呼ばれる、ネイティブコードで書かれたプログラムが多数あるが、試しにそのファイルを、ダンプと呼ばれる方法で1バイトずつ2桁の16進数（160ページ参照）で表示すると左下のように数字（中味は0と1のパターン）が羅列されているのがわかる（下図左）。私たちには何が書かれているかわからないマシン語だが、実際はCPUへの命令にあたる**オペコード**と、その命令を実行する際に必要になるデータの場所を示す**オペランド**がワンセットで構成されている（下図右）。

　オペコードは大きく分けて、メモリーからCPUに「入力」するときの命令、CPUからメモリーへ「出力」するときの命令、CPUに「演算」をさせる命令、パソコン内部の装置を「制御」する命令の4種類があり、これらの命令をひとまとめにしたものをCPUの**命令セット**という。この命令セットは、CPUの種類によってまったく異なるため、AというCPUで動作するネイティブコードは、BというCPUでは一般に動作しない。

ネイティブコード

```
---------|-0--1--2--3--4--5--6--7--8--9--A--B--C--D--E--F-
000004e0|3e 00 75 09 89 37 33 c0 5f 5e 5b 5d c3 8b ce 84
000004f0|db 84 7d 08 74 0f 8a 01 8a d3 3a c2 74 15 47 8a
00000500|17 84 d2 75 f5 41 80 39 00 75 e4 8b 45 0c 83 20
00000510|eb 09 8b 45 0c c6 01 00 41 89 08 8b c6 eb c8
00000520|55 8b ec 81 ec 0c 02 00 00 a1 f4 16 42 00 33 c5
00000530|39 45 fc 56 57 68 08 02 00 00 8b f1 e8 2d 7a 00
00000540|8b f8 8b ff ff 59 74 6a 68 00 f1 00 00 8d 85 f4
00000550|fd ff ff 50 6a ff 56 8a 00 6a 00 ff 15 40 c0 41
00000560|8d 85 ff f4 ff ff ff 50 57 68 ff 8b 66 00 00 8d 85
00000570|f4 fd ff ff 50 e8 08 67 00 00 8d 34 47 8d 85 f4
00000580|fd ff ff 68 9c 3c 42 00 50 e8 7c 66 00 00 83 c4
00000590|14 85 c0 75 1a 53 bb bc dc 41 00 53 ff 15 50 c0
000005a0|41 80 00 53 e8 da 66 00 00 83 c4 0c 8d 34 46 5b eb
000005b0|83 26 00 8b c7 8b ff c5 5f 33 c0 5e e8 13 5d 00
000005c0|00 c9 c3 56 68 80 01 00 00 57 e8 40 58 00 00 57
000005d0|e8 c4 63 00 00 8b f8 57 e8 c8 76 74 16 e8 91
000005e0|61 00 00 ff 30 56 57 68 d8 dc 41 00 e8 99 fe ff
000005f0|ff 83 c4 10 8b c6 5e c3 55 8b ec 81 83 ec 38 57 68
00000600|80 01 00 00 56 e8 05 58 00 00 68 30 e2 41 00 56
00000610|e8 ff 55 00 00 ff 75 08 8b f8 56 e8 ef 57 00 00
00000620|8d c4 18 85 c0 75 1d 8d 45 cc 50 68 48 e5 af 50 00
00000630|00 85 c0 59 59 75 04 33 42 3b 45 08 75 04
00000640|9b c7 eb 0d 85 ff 74 07 57 e8 bc 66 00 00 59 33
00000650|c0 5f c9 c3 53 8b 5c 24 08 56 57 6a 2f 53 33 ff
00000660|1b 6d 00 00 8b f0 85 f6 59 59 74 46 66 21 3a
00000670|53 e8 de ff ff 8b f8 85 ff 59 75 31 53 e8 78
```

ネイティブコードで記録されたEXE（エグゼ）ファイルを、ダンプで2桁の16進数で表示したところ。ネイティブコードが数字の羅列であることがわかる

マシン語の構成

オペコード	＋	オペランド
CPUへの命令の種類		命令実行時のデータの場所を示す

マシン語は、CPUの命令にあたるオペコードと、命令に使用するデータがどこにあるかを示すオペランドで構成されている

●マシン語と一対一で対応するアセンブリ言語

数字が並ぶマシン語は私たちには理解しにくい言語だが、それを英文字などでわかりやすい表現にして、一対一で対応させたのが**アセンブリ言語**である。

アセンブリ言語は、マシン語と一対一で対応しているため、ネイティブコードがCPUに対してどんな命令を与えているのかを把握するのに役立つ言語である。アセンブリ言語を見れば、文字や画像をディスプレイに表示させたり、インターネット上で通信したり、さまざまなゲームができるパソコンが、CPUレベルでは非常に単純な命令を繰り返し実行しているだけであることがわかる。

たとえば、メモリー上のある場所に保管されている値を、別の場所に保管されている値にする「代入」という命令は、CPUの命令セットのなかで代表的な命令。この代入は、マシン語では2進数で表されていて、私たちがネイティブコードを見てもどこが代入の命令なのかはわからないが、アセンブリ言語なら「mov」と書かれたところが代入の命令で、すぐに見つけることができる（下図）。

アセンブリ言語では、足し算の命令は「add」、引き算の命令は「sub」（「引き算する」の英語が「subtract」のため）など、ほとんどが直接的な英語で表現されている（上図）。

なお、アセンブリ言語からネイティブコードに変換するプログラムを**アセンブラ**と呼び、変換することをアセンブルするという。逆にネイティブコードからアセンブリ言語に変換するプログラムを**逆アセンブラ**と呼び、変換することを逆アセンブルという。

アセンブリ言語の命令の例

sub	A, B
命令の内容 Aの値からBの値を引き算して、結果をAに代入する	
inc	A
命令の内容 Aの値に1を加算して、結果をAに代入する	
call	A
命令の内容 Aにある関数（処理命令）を呼び出す	

アセンブリ言語はマシン語の命令と一対一で対応しており、その命令はわかりやすい英語で表現されているものが多い

アセンブリ言語の例

[代入]の命令

　　　mov　A, B
　　　（命令の意味）Bの値をAに代入する。

[加算]の命令

　　　add　A, B
　　　（命令の意味）Aの値とBの値を足し算して、Aにその結果を代入する。

第2章 プログラムをつくる

プログラムのつくり方

人間がマシン語を使ってプログラムを作るのは非常に難しい。
ここでは、私たちがプログラムを作成して、ネイティブコードにするまでのプロセスを紹介する。

●プログラムはまずソースコードで制作する

　私たちがパソコンのプログラムを作成する場合、数字が羅列されているだけのマシン語を使いこなすのは非常に難しい。また、アセンブリ言語はCPUレベルの命令しか用意されていないため、私たちがパソコンに処理させたい複雑な作業をプログラムにするのはマシン語と同様、困難である。

　そこで、C言語やJava（168ページ参照）など、人間にとってプログラムを作成しやすい言語が開発されていき、現在プログラマーはそれらの言語を使ってプログラムを制作している。なお、パソコンの言語は、マシン語やアセンブリ言語などCPUレベルの命令に近い言語と、C言語やJavaなど人間が理解しやすい言語に分類されていて、前者を**低級言語**、後者を**高級言語**と呼んでいる。

　高級言語で作成されたプログラムは**ソースコード**と呼ばれ、そのままの状態ではCPUが理解できない。英語がわからない日本人に英語を翻訳して伝えるように、ソースコードもCPUが理解できるネイティブコードに変換（翻訳）する必要があり、その翻訳作業のことを**コンパイル**、翻訳ソフトを**コンパイラー**という（下図）。

　コンパイルは、ソースコードとネイティブコードの対応表のようなものを使って翻訳が行われるが、アセンブリ言語のように一対一で対応しているわけではない。そのため、実際はソースコードの構文解析や意味解釈が同時に行われていて、かなり複雑な作業になっている。

　コンパイラーは高級言語ごとに用意されているが、同じ高級言語でも、CPUの違いでネイティブコードが異なるので、CPUごとに異なるコンパイラーが必要になる。

プログラム制作の流れ

プログラムは、まずC言語やJavaなどの高級言語でソースコードを制作する。ただし、ソースコードのままではCPUは理解できないので、ネイティブコードに翻訳されてCPUに伝えられる

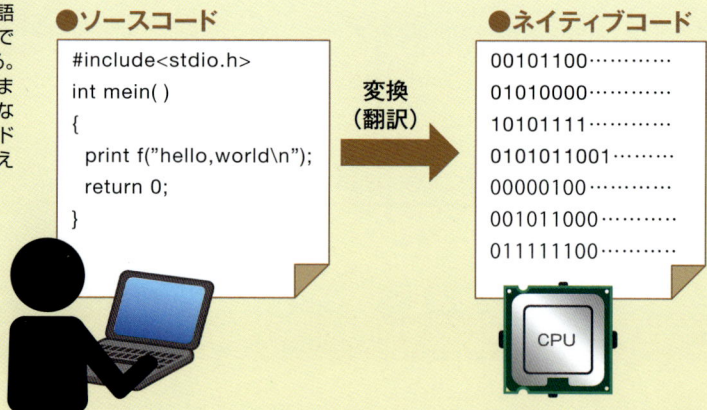

●ソースコード
```
#include<stdio.h>
int mein( )
{
  print f("hello,world\n");
  return 0;
}
```

変換
（翻訳）

●ネイティブコード
```
00101100‥‥‥‥
01010000‥‥‥‥
10101111‥‥‥‥
0101011001‥‥‥
00000100‥‥‥‥
001011000‥‥‥
011111100‥‥‥
```

●ネイティブコードに変換する方法は２種類

　高級言語で書かれたソースコードをCPUが理解できるネイティブコードに変換する方法には大きく分けて２つある。

　164ページで紹介したコンパイルがその１つで、もう１つは、ソースコードで書かれたプログラムを１つの命令ごとにネイティブコードに変換（解釈）し、CPUが実行していく**インタープリター**という方法である。

　コンパイルは一括でネイティブコードに変換するため、一度プログラムがネイティブコードになってしまえば、その後いっさいの変換作業は不要になり、インタープリター方式よりも処理速度が速い特徴がある。ただし、もしプログラムに問題があった場合は、ソースコードに戻ってプログラムを修正しなければならないため、プログラムの確認作業時に面倒なところがある。

　一方、インタープリター方式は、都度プログラムの変換作業が発生するため、コンパイルしたプログラムを動かすより処理速度が遅い傾向がある。ただし、コンパイルという作業自体が不要になるため、比較的容易にプログラムを開発することができる。

　コンパイル方式か、インタープリター方式かは、プログラム言語によって決まっている。Ｃ言語やJavaなど、コンパイル方式を採用するプログラム言語は**コンパイラー言語**、JavaScriptやPerl（170ページ参照）など、インタープリター方式を採用するプログラム言語は**インタープリター言語**と呼ぶ（下図）。

２種類の変換方法

ソースコードをネイティブコードに変換する方法には、一括で変換（翻訳）するコンパイルと都度変換（解釈）するインタープリターの２種類がある

コンパイラーで一括変換

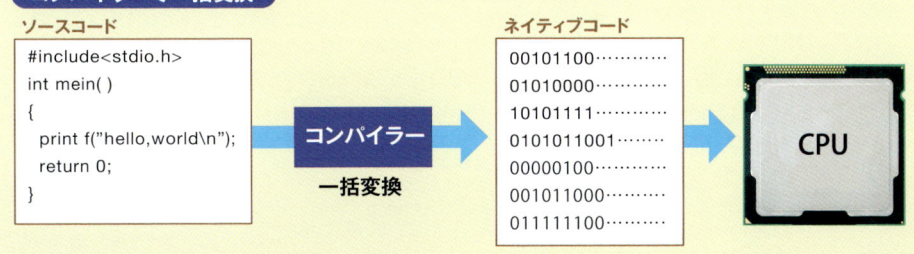

ソースコード
```
#include<stdio.h>
int mein( )
{
  print f("hello,world\n");
  return 0;
}
```

→ コンパイラー（一括変換）→ ネイティブコード
```
00101100……
01010000……
10101111……
0101011001……
00000100……
001011000……
011111100……
```
→ CPU

インタープリターで都度変換しながら実行

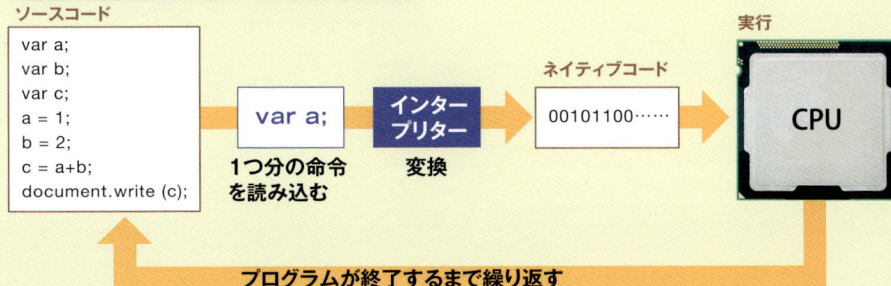

ソースコード
```
var a;
var b;
var c;
a = 1;
b = 2;
c = a+b;
document.write (c);
```

→ `var a;` １つ分の命令を読み込む → インタープリター（変換）→ ネイティブコード `00101100……` → 実行 CPU

プログラムが終了するまで繰り返す

第2章 プログラムをつくる

プログラミング言語の歴史

プログラミング言語の歴史は古い。
初期のプログラミング言語と初期のパソコンに搭載されたBASICの歴史を見ていこう。

● 50年以上前からあったプログラミング言語

　人間にとって数字が羅列するマシン語は理解することが困難なため、現在プログラムを作成するときは人間が理解しやすい高級言語が使われている。高級言語は、プログラムを書くときに必要となる言語なので**プログラミング言語**とも呼ばれている。

　プログラミング言語の開発の歴史は古く、最初のプログラミング言語といわれる**FORTRAN**（フォートラン）が登場したのは、まだパソコンが誕生する以前の1954年である。FORTRANは、IBM社のジョン・バッカスによって考案されたプログラミング言語で、数学の数式通りに計算式を記述できた最初の言語で、科学技術の計算などで使われていた。

　一方、1959年に開発された**COBOL**（コボル）は事務処理用に開発されたプログラミング言語で、自然言語である英語に近い記述ができるところが特徴で、会社の経理事務などで広く使用された。英語に近い記述ということは、可読性が高いプログラムを作成できるため、COBOLで動作しているシステムは修正や保守作業が比較的容易であった。

　COBOLが登場して5年後の1964年には、科学技術計算向きのFORTRANと事務処理用のCOBOLの両者の特徴を併せ持った**PL/I**（ピーエルワン）というプログラミング言語が登場。IBM社の大型コンピューターなどで利用された。ただし、プログラムの仕様が複雑だったため、大型コンピューター以外で使われることはほとんどなかった（下図）。

プログラミング言語の歴史

プログラミング言語の歴史は、パソコンが登場する前の大型コンピューターの時代までさかのぼる。最初のプログラミング言語であるFORTRANは、50年以上前に考案された言語である

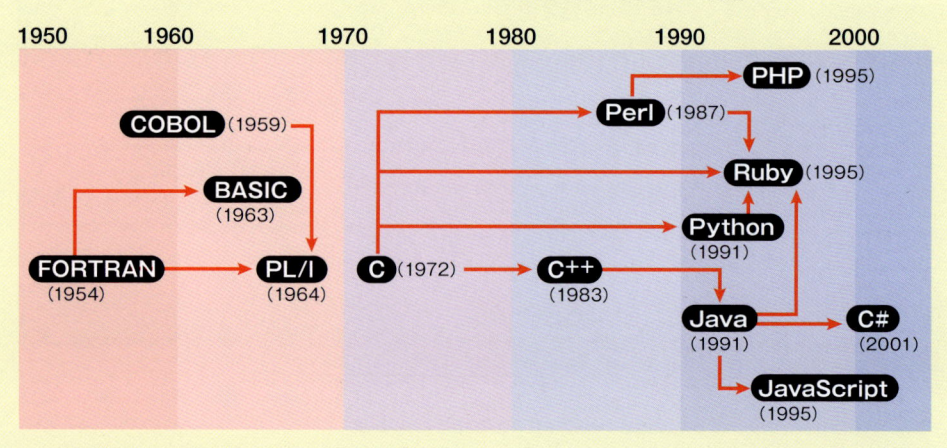

- FORTRAN（1954）
- COBOL（1959）
- BASIC（1963）
- PL/I（1964）
- C（1972）
- C++（1983）
- Perl（1987）
- Java（1991）
- Python（1991）
- PHP（1995）
- Ruby（1995）
- JavaScript（1995）
- C#（2001）

●初期のパソコンに搭載されたBASIC

　BASICは、ダートマス大学の数学者ジョン・ケメニーとトーマス・カーツによって、コンピューター教育用として開発されたプログラミング言語。FORTRANの文法がベースになっている。

　教育用言語のため、BASICの構文は単純で覚えやすいのが特徴。命令の順番を把握しやすいように、行頭に行番号を入れて、命令文を区切る方式を採用していて、「GOTO」という命令の後に行番号を指定すると、該当する行の命令にジャンプできる。ある条件によってパソコンの処理を変更する場合などに、「GOTO」の命令はよく使われるが、この命令を多用すると命令が行ったり来たりしてしまい、かえってプログラムの流れが追いにくくなるという欠点もあった（右図）。

　BASICは当初、コンパイル方式を採用するコンパイラ言語だったが、その後、当時まだハーバード大学の学生だったビル・ゲイツとポール・アレンなどが、インタープリターを開発した結果、インタープリター言語として初期のパソコンに広く採用されることになる。

　日本のパソコンでもBASICの採用は進み、初期の8ビットパソコン（130ページ参照）は、電源を入れたらBASICを入力する状態で起動するものが数多くあった。このため、最初に制作したプログラムがBASICだったというプログラマーは多い。

　BASICは、ISOやJISなど各標準化団体により仕様が規格化されていたが、BASICを採用していた当時のパソコンの進化はめざましく、規格化されたBASICだけでは物足りなくなってしまう。そのため、規格化されたBASICはMinimal BASICと呼ばれ、実際にパソコンで採用されるBASICは、各メーカーが独自に仕様を追加したものだった。

　たとえば、NECのPC-8001に採用されたBASICはN-BASICで、その後PC-8801では、さらに仕様が追加されてN88-BASICが採用されている。ほかにも、富士通のFMシリーズに採用されたF-BASICや、シャープのMZシリーズに採用されたS-BASICなどもあり、BASICで作成されたプログラムとはいえ、ほかのパソコンでは動かすことができないケースが数多くあった。

　このように初期のパソコンに採用されたBASICだが、当時のパソコンは非力でインタープリターを使ったプログラムでは十分な処理速度を得ることができなかった。また、当時BASICのソースコードをネイティブコードに変換するコンパイラーは高価だったため、BASICでプログラミングに慣れたプログラマーは、より高速な処理速度でプログラムを動作させるためにアセンブリ言語やC言語を利用するようになっていく。

BASICのサンプルプログラム

BASICの特徴は、各命令が記述されている行頭に行番号があるところ。命令が条件により分岐するときは、この行番号を指定すれば該当の命令に行くことができる

```
10 PRINT "あなたの年齢は"
20 INPUT a
30 IF a>=20 THEN GOTO 50
40 IF a<20 THEN GOTO 70
50 PRINT "あなたはお酒が飲めます"
60 GOTO 80
70 PRINT "あなたはお酒が飲めません"
80 END
```

第4部　第2章　プログラムをつくる

第2章 プログラムをつくる

C言語とJava

パソコンのプログラミングで利用者が多いC言語とJava。
両者の特徴を紹介しながら、利用者が多い理由を解説する。

●多くのプログラミング言語に影響を与えたC言語

　C言語は、1972年にAT&Tベル研究所のデニス・リッチーとブライアン・カーニハンなどによって開発されたプログラミング言語である。

　C言語は当初、サーバーなどに使われているOSのUNIXを記述するために開発されたが、どんな分野のプログラムにもある程度の適性があったため、現在ではパソコンの幅広い分野で活躍している言語だ。そのため、プロのプログラマーから趣味でプログラミングをしている人まで、非常に多くの人がC言語を利用している(下図左)。

　C言語は、コンピューターが行う処理を実行順に記述していく手続型言語である。コンパイルしてから実行するコンパイラー言語なので、インタープリター言語より実行速度は速い。また、OSを記述するために開発されているため、アセンブラ言語のようなCPUレベルに近い命令を記述することができる特徴もある。

　さらにC言語は、その後に登場する数多くのプログラミング言語に影響を与えている。たとえば、ビャーネ・ストロヴストルップによって開発された**C++**は、C言語を拡張したプログラミング言語で、Windowsのアプリケーション開発などで使われている。C++は、C言語にはない**オブジェクト指向**という特徴を持っている。オブジェクト指向とは、細かいプログラムを部品のようにとらえて、それらを組み合わせることでより大きなプログラムを作成していくという考え方で、大規模システムを効率的に開発できる。

　このほか、アップル社のMacintoshやiPhone、iPadなどのアプリケーションを作成するための公式開発言語である**Objective-C**も、C言語を拡張したプログラミング言語だ。C++同様に、オブジェクト指向で開発ができ、iPhone、iPadの普及とともに注目を集めている(下図右)。

C言語のサンプルコード
画面に「hello, world」と表示させるC言語のサンプルコード

```
#include <stdio.h>

int main()
{
    printf("hello, world\n");
    return 0;
}
```

Objective-Cのサンプルコード
Objective-Cのサンプルコード。C言語のサンプルコードと比較すると、構造がよく似ている

```
#import <Foundation/Foundation.h>

int main (int argc, const char * argv[]) {
    NSAutoreleasePool * pool = [[NSAutoreleasePool alloc] init];

    NSLog(@"Hello, World!");
    [pool drain];
    return 0;
}
```

●CPUやOSに依存しないJava

　Javaは、サン・マイクロシステムズ社が開発したオブジェクト指向のプログラミング言語で、C言語やC++の影響を強く受けている。

　Javaは、コンパイラー言語だが、ネイティブコードにはコンパイルされずに、**バイトコード**と呼ばれるコードに変換される。ネイティブコードはCPUやOSごとにコードが異なるため、1つのネイティブコードですべてのCPUやOSに対応させることはできない。一方、Javaのバイトコードは**仮想マシン**と呼ばれるソフトウェア上で動作する。

　このJava仮想マシンは、WindowsやMacintosh、LinuxなどのOSごとに用意されているため、Javaのプログラムは CPU や OS に依存せずに開発できるメリットがある（右図）。

　コンパイルされるバイトコードは、中間コードとも呼ばれ、仮想マシン上ではインタープリター方式で都度変換されながらプログラムが実行される。ソースコードと比較して、バイトコードはパソコンにとって扱いやすいコードのため、ソースコードから変換するインタープリター方式よりはパフォーマンスの点で優れている。

　Javaは、HTML（215ページ参照）に組み込み、Webブラウザー上で動作させることもできる。このプログラムのことをJavaアプレットといい、Webブラウザー上でアニメーションなどの動きのあるページや、インタラクティブなページを制作したいときに利用される。また、Webサーバーで動作するJavaプログラムもあり、こちらはJavaサーブレットと呼ばれている。なお最近では、スマートフォン用のOSであるAndroid（246ページ参照）のアプリケーション開発でもJavaは使われている。

　インターネットの利用が当たり前になり、プログラム利用者のパソコン環境が特定できない場合に有効なプログラムとして、Javaは多くのシステム開発に利用されている。

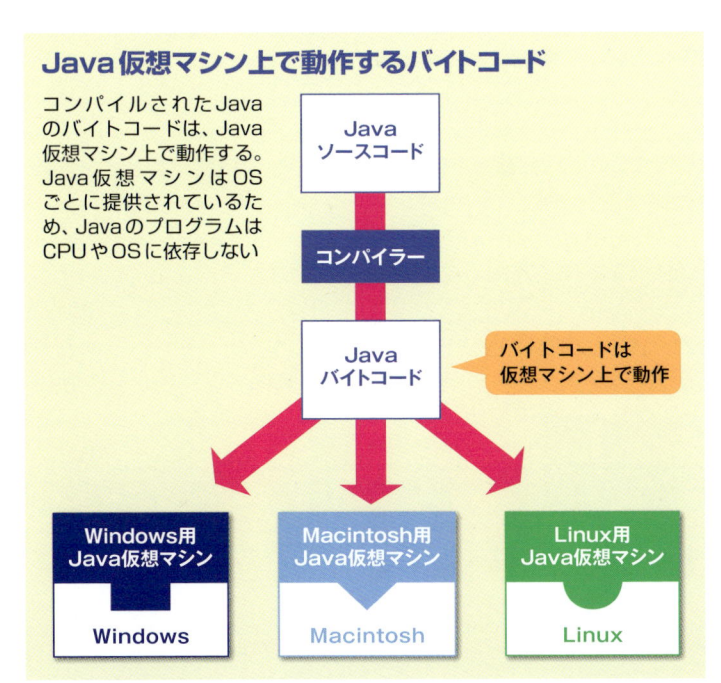

Java仮想マシン上で動作するバイトコード

コンパイルされたJavaのバイトコードは、Java仮想マシン上で動作する。Java仮想マシンはOSごとに提供されているため、JavaのプログラムはCPUやOSに依存しない

Javaソースコード
↓
コンパイラー
↓
Javaバイトコード　←　バイトコードは仮想マシン上で動作

→ Windows用Java仮想マシン / Windows
→ Macintosh用Java仮想マシン / Macintosh
→ Linux用Java仮想マシン / Linux

第2章　プログラムをつくる

Webプログラミング

Webを活用した各種サービスが増加している。ここでは、そのサービスを開発するためのWebプログラミング言語について見ていこう。

● Webの仕組みを使ったプログラム

　インターネットのブロードバンド接続が普及するにつれ、パソコン本体に保存されているアプリケーションを利用するのではなく、サーバー（214ページ参照）上にプログラムを置いて、そこにWebブラウザーでアクセスすることで各種のサービスを利用するWebアプリケーションが増加した。このWebの仕組みを使ったプログラムを作成することを**Webプログラミング**という。

　Webプログラミングは、Webサーバーで動作するプログラムと、Webブラウザーで動作するプログラムの開発があり、前者を**サーバーサイドプログラミング**（下図）、後者を**クライアントサイドプログラミング**と呼ぶ。

　サーバーサイドのプログラミング言語として、代表的なものに**Perl**や**PHP**、**Ruby**などがある。Perlは、1987年にラリー・ウォールによって開発されたインタープリター方式のプログラミング言語である。もともとは、テキスト処理やファイル処理に向いたプログラミング言語だが、環境変数というWebサーバーの各種情報と組み合わせることで、Webブラウザーからのユーザーの問い合わせに対して、動的にHTMLファイル（215ページ参照）を作成して結果を返すプログラムが開発できるようになった。なお、このような仕組みを**CGI**という。

　PHPは、1995年にラスマス・ラードフによって開発されたインタープリター方式のプログラミング言語。開発当初からサーバーサイドプログラミングに特化していて、データベースにアクセスするプログラムを簡単に作成できる。

　一方、Rubyは、1995年に日本人のまつもとゆきひろによって開発されたプログラミング言語で、主にインタープリター方式を採用している。楽しくプログラミングできることを重視した言語で、可読性が重視されているのが特徴。

　Rubyが注目されるようになったのは、Ruby on Railsと呼ばれる、Webアプリケーションの開発の土台を提供するフレームワークという仕組みが登場してからだ。この仕組みを利用すれば、Webアプリケーションの開発速度が上がるため、Webサービスを提供する大手企業にも採用されるようになった。

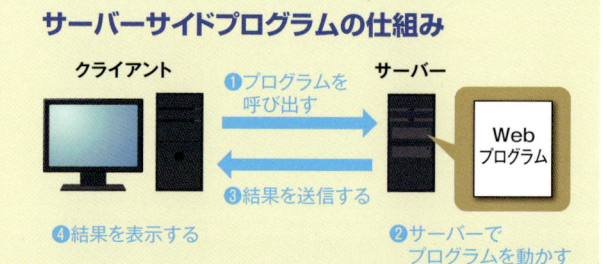

サーバーサイドプログラムの仕組み

クライアント　　❶プログラムを呼び出す　　サーバー
　　　　　　　　❸結果を送信する　　　　　Webプログラム
❹結果を表示する　　　　　　　❷サーバーでプログラムを動かす

サーバーサイドプログラムでは、クライアントであるパソコンのWebブラウザーを介して、サーバーのプログラムを呼び出し、サーバーで処理された結果がクライアントに送信される

● Webブラウザーで動作する言語

　クライアントサイドのプログラミング言語の代表は、**JavaScript**である（下図）。1995年にネットスケープコミュニケーションズのブレンダン・アイクによって開発された。基本的にはWebブラウザー上で動作する言語で、1996年に登場した「Netscape Navigator 2.0」が初めてJavaScriptに対応したWebブラウザーである。

　JavaScriptは、Javaアプレット同様、HTMLファイルにプログラムを組み込むことで、Webブラウザー上で現在時刻を表示させたり、ある画像にカーソルを合わせたら違う画像を表示させるなど、動きのあるWebページを作成することができるようになる（右図）。

　このようにクライアントサイドのプログラミング言語を使って、動きのあるWebページを制作する技術のことを総称して**ダイナミックHTML**と呼ぶ。Google社の各種Webアプリケーションで採用されるなど、最近注目されている **Ajax**※という技術も、Webブラウザーの非同期通信などを利用して、Webページの一部を動的に書き換えるダイナミックHTMLの一種である。

※Ajaxは「Asynchronous JavaScript + XML」の略

HTMLに組み込んで使うJavaScript

```html
<html>
<head>
<meta http-equiv="Content-Type" content="text/html; charset=UTF-8" />
<title>計算</title>
</head>
<body>
<pre>
<script type="text/javascript">
<!--
```
JavaScript部分
```
var x = 10;
var y = 12;
var z = x + y;

document.write( x, "+", y, "=", z );

//-->
</script>
</pre>
</body>
</html>
```

JavaScriptはHTMLに組み込まれる形で利用されることが多い

JavaScriptはWebブラウザー上で動作するクライアントサイドプログラム

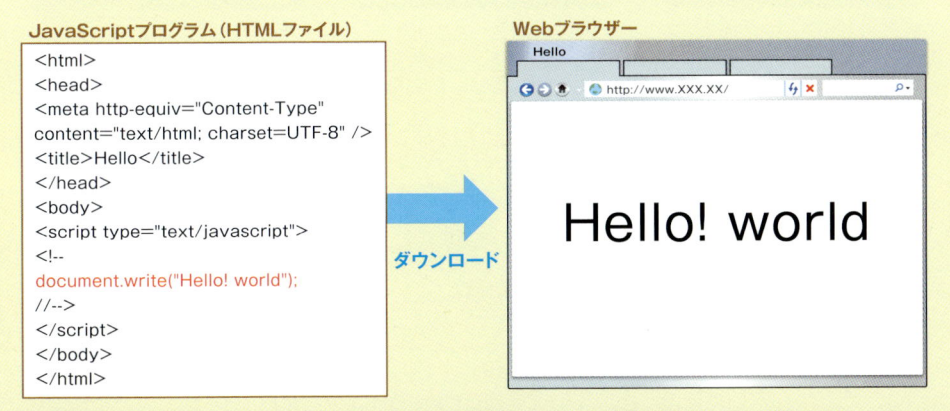

JavaScriptプログラム（HTMLファイル）

```html
<html>
<head>
<meta http-equiv="Content-Type" content="text/html; charset=UTF-8" />
<title>Hello</title>
</head>
<body>
<script type="text/javascript">
<!--
document.write("Hello! world");
//-->
</script>
</body>
</html>
```

→ ダウンロード →

Webブラウザー

Hello
http://www.XXX.XX/

Hello! world

JavaScriptはクライアントサイドのプログラミング言語。HTMLに組み込まれたプログラムをサーバーからダウンロードした後、Webブラウザーでプログラムが読み込まれて動作する

論理演算

パソコンは、CPU内部のトランジスターを組み合わせ、電子回路を作ることで各種演算処理を実現している。ここでは、電子回路でなぜ演算ができるのかを解説する。

電子回路のベースになったブール代数

　パソコンは「0」と「1」の2進数で計算を行っているが、この計算を実現するため、CPU内部ではトランジスターを組み合わせ、電子回路を形成している。

　電子回路を作る上でベースとなっている考え方は、19世紀中頃にジョージ・ブールによって考案された論理数学の代表的な概念である**ブール代数**である。ブール代数では、論理学で扱う「真」を「1」、「偽」を「0」で表現して、その1と0の値を使って、**論理積**（AND）、**論理和**（OR）、**否定**（NOT）の3つの演算ルールを基本に「論理演算」を行う。

　論理積は、ある事象Aが「真（1）」で、ある事象Bも「真（1）」であるなら、結論も「真（1）」であり、どちらかが「偽（0）」、もしくは両方「偽（0）」の場合は、結論が「偽（0）」になる演算ルールである。

　一方、論理和は、ある事象Aが「真（1）」で、ある事象Bも「真（1）」であるなら、結論も「真（1）」であるのは論理積と同じだが、どちらかが「偽（0）」の場合も結論は「真（1）」であり、両方「偽（0）」の場合のみ結論が「偽（0）」となる。

　また、否定は、事象Aが「真（1）」なら結論が「偽（0）」、逆に事象Aが「偽（0）」なら結論が「真（1）」になる。なお、この論理演算ルールをまとめた表のことを真理値表と呼ぶ（下表）。

　この論理演算ルールは、電気が流れる状態を「真（1）」、電気が流れない状態を「偽（0）」と考えれば、回路図として表現するこ

ブール代数の3つの基本

論理積（AND）
●真理値表

事象A	事象B	結論C
真（1）	真（1）	真（1）
真（1）	偽（0）	偽（0）
偽（0）	真（1）	偽（0）
偽（0）	偽（0）	偽（0）

●論理積回路図

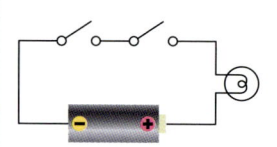

事象AとEBの両方が「真（1）」の場合のみ、結論が「真（1）」となる。事象のどちらか一方でも「偽（0）」なら、結論は「偽（0）」である

論理和（OR）
●真理値表

事象A	事象B	結論C
真（1）	真（1）	真（1）
真（1）	偽（0）	真（1）
偽（0）	真（1）	真（1）
偽（0）	偽（0）	偽（0）

●論理和回路図

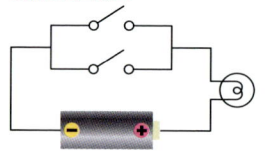

事象AとBの片方が「真（1）」なら、結論も「真（1）」となる。事象の両方が「偽（0）」の場合のみ、結論が「偽（0）」となる

否定（NOT）
●真理値表

事象A	結論C
真（1）	偽（0）
偽（0）	真（1）

●否定回路図

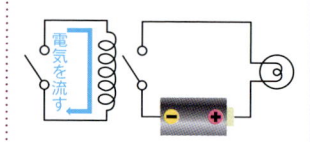

事象が「真（1）」なら結論は「偽（0）」、事象が「偽（0）」なら結論は「真（1）」となる

とができる。たとえば、事象AとBを電流の流れを制御するスイッチ、結論を電球がつくかどうかで考えると左下のような回路図が考えられる。

論理積は、どちらか一方でもスイッチがオフ、つまり電流が流れない（「偽（0）」）状態なら、電球がつかない（「偽（0）」）状態である必要があるので、スイッチが直列に並んでいる回路図で表現できる。一方、論理和は、どちらか一方でもスイッチがオン、つまり電流が流れている（「真（1）」）状態なら、電球がつく（「真（1）」）状態なので、スイッチを並列に並べた回路図での表現が可能である（左図下）。

2進法で1桁の足し算を実現する回路

論理積と論理和、否定の回路を組み合わせることで、1桁の2進法の足し算回路を設計できる。この足し算回路はまだ単純なものだが、さらに組み合わせれば、2桁以上の足し算など、複雑な演算も実現できる

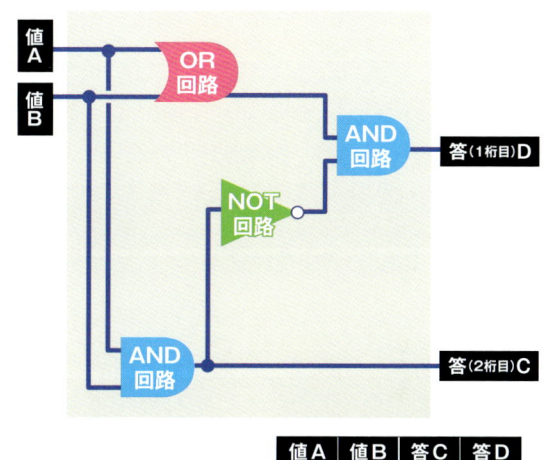

値A	値B	答C	答D
0	0	0	0
1	0	0	1
0	1	0	1
1	1	1	0

値A + 値B = 答C 答D

回路を使って各種演算を実現する

　この論理積と論理和、否定の回路を組み合わせれば、2進法の演算を行う回路を設計できる。右上の図は1桁の2進数の足し算を実現する回路図である。

　この回路図のポイントは、値Aと値Bの両方が1の状態のとき、1桁繰り上がって、10（10進法では2）の状態をどうやって作り出すかだ。まず値Aと値Bは、それぞれ枝分かれして、OR（論理和）回路とAND（論理積）回路の両方を通過するが、どちらの値も1なので、当然どちらの回路の結論も1になる。AND回路で1となった結論は、また枝分かれして、一方はNOT（否定）回路に入り、もう一方はそのまま2進法の2桁目の答えに到達する。

　一方、OR回路で1となった結論は、NOT（否定）回路で1から0になった結論ともう一度AND回路を通過する。AND回路は、どちらか一方の値が0なら、結論も0になるので、ここでの結論は0になり、その結果が2進法の1桁目の答えとなり、最終的に2進法の10という計算結果が確定するというわけだ。

　この足し算回路は非常に単純なものだが、論理積と論理和、否定の回路図をさらに組み合わせれば、桁数の多い足し算やシフト演算なども実現できる。パソコンは、CPU内部のトランジスターでこのような電子回路を実現することで各種の演算を行っている。

第3章 マルチメディアとパソコン

マルチメディア端末としてのパソコン

音楽、映像、テレビなど、マルチメディア端末として幅広く活用できるパソコン。
用途や使う人に応じて、さまざまな楽しみ方ができる。

●さまざまな形態の情報を一元化して扱うマルチメディア

マルチメディア（複合媒体）とは、一般的に、文字、静止画、動画、音声など、さまざまな形態の情報を統合して扱うメディアのことを指す。

また、複数の形態の情報を統合するだけでなく、利用者の操作に応じて情報の表示や再生の仕方に変化が生まれる双方向性（インタラクティブ性）も特徴だ。

そうしたマルチメディアを扱うことができる端末のことを**マルチメディア端末**と呼び、近年は高性能と多機能を両立したパソコンが代表的なマルチメディア端末として普及している。

これらのパソコンは、高速な映像処理性能や高音質のスピーカーなどが備わっていたり、ほかのAV機器との連携が強化されていることで、より快適にマルチメディアを楽しめる点が大きな特徴として挙げられる。

その背景には、コンピューターの処理能力が飛躍的に向上したことや、大容量のコンテンツデータを光ディスクやインターネット経由でやり取りできるようになったことも大きな要因である。それにより、データ容量が大きい静止画や動画もストレスなくパソコンで処理できるようになり、さまざまなコンテンツを楽しめるようになった。

●マルチメディア端末として活用できるパソコン

パソコンでは、テレビ放送などと異なり、多くのコンテンツが時間や場所を限定せずに楽しむことができる。

たとえば、インターネット上の音楽配信サービスや動画の配信・共有サービスのデータはいつでもダウンロードやストリーミングでコンテンツを再生できる。デジタルカメラなどで撮影した写真や映像を、データとしてパソコンに取り込めば、大画面で楽しんだり、さまざまな端末でも閲覧が可能になる。

また、最近は地上デジタル放送を視聴できる地デジ対応パソコンや、パソコンとテレビが融合した「スマートテレビ」など、新しいマルチメディア端末も登場している。地デジ対応パソコンではテレビと同じように番組を視聴でき、ハードディスクへの録画や外部メディアへ移して番組を楽しむこともできる。

テレビにパソコンの機能を併せ持ったスマートテレビは、インターネットに接続することで、テレビの大画面でSNS（ソーシャル・ネットワーク・サービス）や動画配信・共有サービスなどのWebコンテンツを楽しむことができる。さらに、スマートフォンやほかのデジタル機器と連携することで、データの転送など双方向な使い方をすることも可能だ。

このように、1台のパソコンでも使う人やその用途によってさまざまな楽しみ方ができ、マルチメディア端末としてのパソコンの可能性は広がっている。

第4部 第3章 マルチメディアとパソコン

写真や映像、音声など、さまざまなコンテンツが楽しめるパソコン

映画や音楽はネットで楽しむ

映画や音楽などのエンタテインメント関連のコンテンツは、インターネットを活用した音楽配信サービスや、動画配信サービスで楽しむのが一般的になった

動画共有サービスで遠隔地とコミュニケーション

地方の実家に孫の近況を知らせるなど、動画共有サービスで遠く離れた人とコミュニケーションを取ることができる

テレビでインターネット

スマートテレビというパソコンのように使えるテレビが登場。テレビでインターネットを楽しめる

パソコンでテレビ

地デジ対応パソコンを使って、パソコンでテレビ放送を楽しむことができる。ノートパソコンなら、家のどこでもテレビの視聴が可能

第3章 マルチメディアとパソコン

アナログとデジタル

プリント写真（スチル写真）やレコードなどをパソコンで扱えるようにするには、アナログをデジタルに変換する必要がある。アナログをデジタルに変換するプロセスを見ていこう。

●アナログ信号とデジタル信号の違いと特徴

　情報を伝える信号には大きくわけて、**アナログ信号**と**デジタル信号**があり、パソコンで利用するには、アナログ信号はデジタル信号に変換しなくてはならない。

　アナログは情報が隙間のない連続した波形で表現される。そのため、写真ならなめらかな輪郭で描け、音声なら高音から低音まですべての音を再現できる。

　一方、デジタルは指で物を数えるように、情報は不連続で「0」と「1」という2つの状態しか表現できない。そのため、厳密には画像や音声などをなめらかに表現できない。ただし、最後の受け手が人間の場合、識別能力に限界があり、能力以上の高品質は必要ない。

　デジタルは情報を「伝える」という点で優れている。アナログは連続した波形すべてが情報なので、正確に伝えるには送信先で波形の形状を正確に再現しなくてはいけない。そのため、送信途中にノイズ信号などが入り、波形に乱れが生じると情報が劣化する（下図左）。

　一方、デジタルの波形が伝えていることは、「0」と「1」という2つの状態だけなので、少しぐらいノイズ信号が入っても、送信先で簡単に元に戻せる（下図右）。

アナログ信号とデジタル信号

アナログ信号

特徴❶　連続した波形で無段落にデータを表せる

特徴❷　ノイズに弱い

ノイズ

波形が乱れると元に戻せない

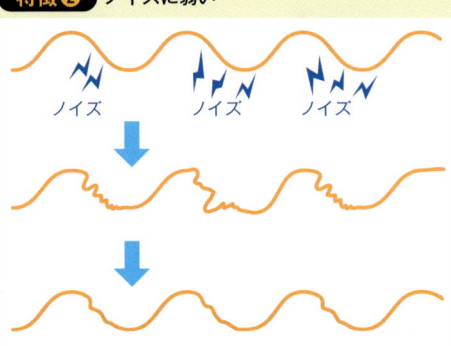

デジタル信号

特徴❶　「0」と「1」しか表現できない

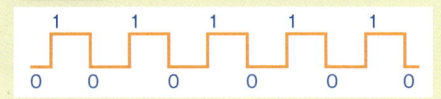

特徴❷　ノイズに強い

ノイズ

波形が乱れても「0」か「1」なので元に戻しやすい

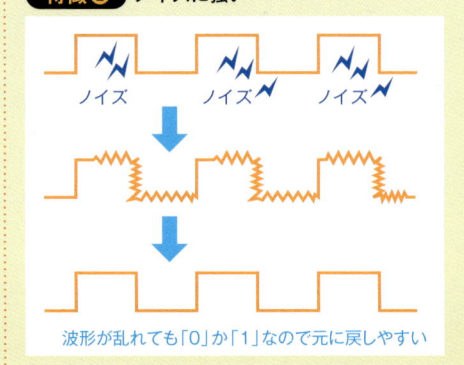

デジタル信号は、途中でノイズが発生しても、もともとの情報が「0」か「1」なので元に戻しやすく、アナログ信号よりデータの送受信に向いている

●デジタル化に必要な「標本化」と「量子化」

　現実にある情報は本来アナログの状態で存在するが、アナログの連続的な波形を数値化し、最終的に離散的（凹凸）な波形に変換すれば、アナログ情報をデジタル情報にすることができる。

　音声データをデジタル化する場合を考えてみよう。まず、最初に連続的な波形で描かれた音声の周波数から、一定の間隔でデータを切り出していく**標本化（サンプリング）**と呼ばれる処理が行われることになる（右図上）。

　どのくらい細かく分割して切り出していくかは**サンプリング周波数（サンプリングレート）**という数値で表される。たとえば、音楽用CDのデジタルサウンドでは44.1kHzと決められている。これは、1秒間に4万4100回データを切り出しているという意味である。

　サンプリングによって切り出されたデータは、その後、波の高さによって数値化される。この処理を**量子化**という。量子化は、波の高さに物差しをあてるイメージだが、その物差しの目盛りにあたるのが**量子化レベル（量子化ビット）**である。

　たとえば、波の一番低いところを「0」として、波の一番高いところを「7」とした場合、波の高さは8段階でしか測ることはできないが、波の一番高いところを「255」にすれば256段階で測ることができる。当然、量子化数が大きいほど、高音質になるが、その分データ量も大きくなる（下図下）。

　なお、量子化数はビット数（160ページ参照）で表され、8段階なら2進数の3桁で表現できるので3ビット、256段階なら2進数の8桁で表現できるので8ビットとなる。

アナログ信号をデジタル化する手順

❶ 標本化（サンプリング）

一定間隔でデータを切り出していく。データを切り出す頻度はサンプリング周波数（サンプリングレート）で決まる。音楽用CDのサンプリング周波数は44.1kHz。これは1秒間に4万4100回データを切り出すことを意味する

❷ 標本化したデータを数値にする（量子化）

2 3 3 1 3 6 4 2 5 7 0 2 7 2 0 3 7 3 5

各数値は2進数で処理される

2 →	010	3 →	011
1 →	001	6 →	110

サンプリングしたデータをどのくらい細かく数値化するか（今回の例では0から7まで）は、量子化数（量子化ビット）という単位で表す。8ビットなら、0～255の256段階に分けて数値化できる

第4部 第3章 マルチメディアとパソコン

第3章 マルチメディアとパソコン

音楽配信の仕組み

ダウンロードして音楽ファイルを購入する仕組みの音楽配信サービス。
ファイルのフォーマットにはそれぞれの特徴がある。

●便利で安価なことから広がりを見せる音楽配信サービス

インターネットを介して音楽をデジタルデータとしてパソコンに配信・販売する**音楽配信サービス**は、ここ数年で大きく利用者数を伸ばしている（下図）。これは、ブロードバンド回線の普及に伴い、数十MB程度の容量の音楽データであれば、数秒から数分でダウンロードできるようになったことや、価格が1曲数百円程度と安価で購入できるようになったことが大きな要因になっている。

もともと音楽配信サービスは、音楽データの海賊版を違法に流通させる行為に歯止めをかける目的で1990年代後半にスタート。2000年代に入って、アップル社が開始した「**iTunes Music Store**」（現**iTunes Store**）が、低価格で楽曲を提供したことから人気を集めた。同サービスは2005年に日本でも開始。日米で多少サービス内容は異なるものの、日本でも利用者を増やしている。日本ではこのほか、専用サイトの「mora」や各レコード会社が提供しているサービスなどがある。

音楽配信サービスは、CDに比べて、1曲だけの購入が可能であったり、品切れが発生しなかったり、廃盤などで入手困難な楽曲も購入できる可能性があるといったメリットがあるが、一方で不正コ

パソコン向けの音楽配信サービスの仕組み

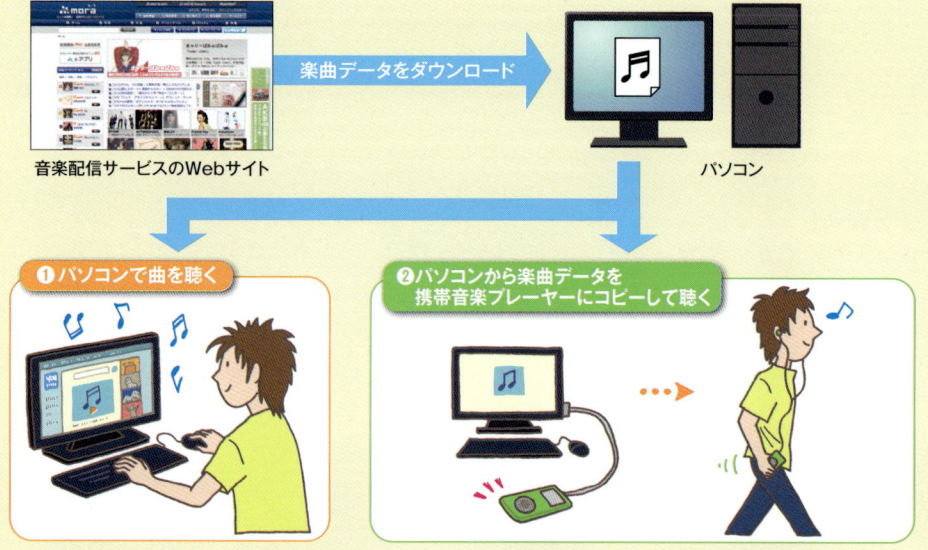

音楽配信サービスのWebサイト → 楽曲データをダウンロード → パソコン

❶ パソコンで曲を聴く
❷ パソコンから楽曲データを携帯音楽プレーヤーにコピーして聴く

インターネットでダウンロードした音楽データはパソコンで聴いたり、携帯音楽プレーヤーに取り込んで楽しむなどの利用方法もある

ピーという問題に対応しなくてはならない。そのため、音楽配信サービスでは著作権保護機能により音楽データを暗号化している。

利用者は、楽曲データを購入するとき、一緒に暗号化された音楽データを再生するための「鍵」データをダウンロードする。パソコンの専用ソフトや携帯音楽プレーヤーは、暗号化されたデータを鍵データで復号させながら再生する。

音楽配信サービスは、検索サービス大手のGoogle社が「Google Music」をアメリカで開始するなど、さらなる広がりを見せている。

●音声ファイルには数種類のフォーマットがある

音楽配信サービスなどでダウンロードする音声ファイルには「**AAC**」「**ATRAC3**」「**MP3**」など、さまざまなフォーマットがあり、圧縮率や音質などに違いがある。また、それぞれ再生可能な携帯音楽プレーヤー（下写真）も変わってくる。

たとえば、ATRAC3という形式はソニーが独自に開発したフォーマットのため、同社が運営する音楽配信サイトではこの形式で配信される。一方、アップルが展開する音楽配信サービス「iTunes Store」で購入した音楽ファイルはAAC形式で配信されるなど、それぞれ採用しているフォーマットが異なる。

それぞれのフォーマットには互換性がないので、そのままでは非対応の携帯音楽プレーヤーで聴くことはできない（右図）。視聴する場合には、プレーヤーが対応している形式に変換する必要がある。

世界で最も普及しているMP3形式のように、汎用性の高いフォーマットもあるが、当初は著作権保護機能に課題があったため、現在のようにさまざまなフォーマットが乱立してしまった。

逆に、アップルが推奨しているAAC形式は同社の携帯音楽プレーヤー「iPod」と音楽再生ソフト「iTunes」の普及とともにシェアを拡大したため、以前は非対応だった他社のプレーヤーも現在では対応を進めるなど、最近はユーザーの利便性を考慮した動きも見られる。

携帯音楽プレーヤー

音楽配信サービスの楽曲をパソコン以外で楽しむには、音声ファイルを再生できる携帯音楽プレーヤーが必要

（写真は「MP870」、写真提供：トランセンドジャパン）

音声ファイルフォーマットの違いによる問題

AACの楽曲データ／ATRAC3の楽曲データ

ATRAC3 非対応の携帯音楽プレーヤーA

AAC 非対応の携帯音楽プレーヤーB

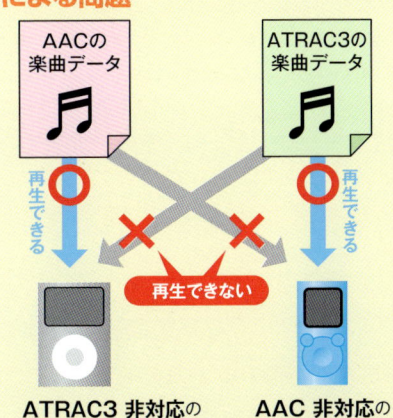

それぞれの音声ファイルフォーマットには互換性がないことがあり、携帯音楽プレーヤーによっては再生できないフォーマットがある

第4部 第3章 マルチメディアとパソコン

動画配信・共有の仕組み

動画サービスは、提供側が公開している動画を閲覧して楽しむ配信サービスと、ユーザー自らが撮影した動画を投稿して、ユーザー同士で共有するサービスに分けられる。

●豊富なコンテンツを手軽に楽しめる動画配信サービス

配信側が用意している動画コンテンツを、インターネットを通じて視聴することができる**動画配信サービス**。ビデオオンデマンド（Video On Demand）とも呼ばれている。テレビのように放送する時間が決まっているわけではないので、利用者は、あらかじめサーバーにアップされた動画ファイルを見たい時間に自由に試聴することができる（下図）。

動画配信サイトの番組チャンネルは「ニュース」「映画」「音楽」「ドラマ」「アニメ」「スポーツ」など、豊富なカテゴリーが揃えられていて、オリジナル番組が用意されていることもある。番組はWebブラウザーやメディアプレーヤーなどのソフトウェアで、そのまま視聴可能なものが多い。配信側で著作権問題はクリアされているので、安心して視聴できる。

現在は無料、有料を含めてさまざまな動画配信サイトがあるが、代表的なものにヤフーが運営する「GyaO!」（右図）や、2011年に日本向けにサービスを開始した「Hulu（フールー）」などが挙げられる。

また、NHKや日本テレビ放送網など、各テレビ局も、過去に放送した番組を配信する動画サービスを展開している。たとえば、NHKが運営する「NHKオンデマンド」は、有料で「見逃し見放題パック」という見逃した番組を一定期間配信するサービスと、「特選見放題パック」という過去の名作番組が視聴できるサービスを用意している。

映画やドラマ、アニメからお笑いまで幅広い映像コンテンツが楽しめる動画配信サービス。日本では、ヤフーが運営する「GyaO!」が有名

動画配信サービスとは

❶見たい番組を選択
❷該当する番組を配信

動画配信サービスのWebサイト
配信用のサーバー
パソコン

動画配信サービスから送られる動画データは、Webブラウザーやメディアプレーヤーなどのソフトウェアで再生できる

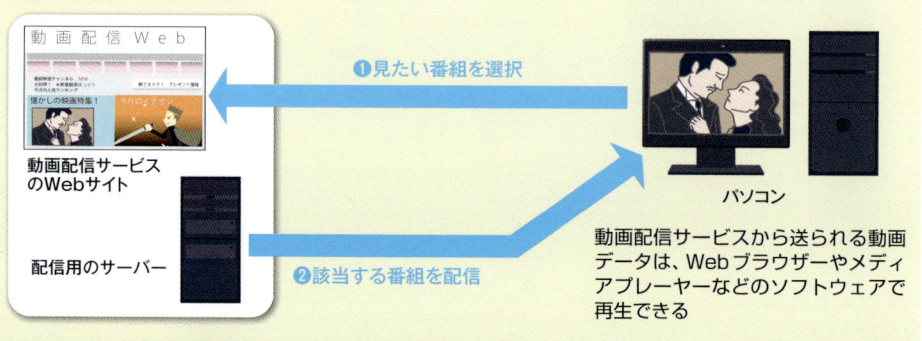

●動画共有サービスではユーザーがコンテンツを投稿する

動画共有サービスは、ユーザー自身が動画コンテンツをWebサイトにアップして、ほかのユーザーがアップされた動画を視聴できるサービスのこと（下図）。動画投稿サイトとも呼ばれる。

コンテンツの再生は、Webブラウザーを通じてストリーミング方式（188ページ参照）で行われるサービスが多い。動画を視聴するという目的だけであれば、登録などの手続きが不要な場合がほとんど。ユーザー登録することによって自分の動画を投稿したり、他人の動画に対して評価やコメントを記載したりすることが可能になる。

このように、コミュニティーの要素があり、ブログやSNS（236ページ参照）との連携も容易なことから動画共有サービスは急速に拡大した。また、Webブラウザー以外に専用ソフトなどの準備も必要なく、キーワード検索などを使って利用者の好みの動画を見つけやすいことも人気の一因となっている。

ただし、動画共有サービスは、作品の発信手段や宣伝効果として大きな力を発揮する一方、ユーザーが自由に動画を投稿するため、著作権侵害が問題になることもある。

よく知られている動画共有サービスとしては「YouTube」（下図）「niconico」「USTREAM」などがあり、デジタルカメラやウェブカメラで撮影した動画を誰でも手軽にインターネットで共有できるほか、近年では生中継によるリアルタイムの発信も増えてきている。

また、動画共有サービスでは、左ページの動画配信サービスを同時に展開しているケースもある。

動画共有サービスには、プロアマを問わず、さまざまな映像コンテンツがアップされる。その中でも圧倒的なコンテンツ量を誇るのが「YouTube」である

動画共有サービスとは

❶動画をアップロードする
❷見たい動画を選択
❸該当する動画を配信

動画共有サービスのWebサイト
配信用のサーバー
Aさんのパソコン
Bさんのパソコン

ユーザーは撮影した動画を自由に動画共有サイトにアップでき、ほかの利用者はそれにアクセスすることで視聴することができる。この双方向性が動画共有サービスの魅力である

第3章 マルチメディアとパソコン

動画共有サービス企業　現地取材

ネットユーザーに人気の高い動画共有サービス「niconico」を通して、コンテンツ配信がどのように行われているかを見ていこう。

独自のサービスで人気のniconico

インターネット上ではさまざまなコンテンツが楽しまれているが、ブロードバンドによる高速通信の普及とともに人気が高くなったのが、動画コンテンツである。とくにユーザー自身の投稿した動画が公開され、閲覧できる動画共有サービスは、「YouTube（ユーチューブ）」など世界中にサイトがあり、多くのユーザーに利用されている。

中でも、日本発のサイトで独特のコミュニティが高い人気を呼んでいるのが、「niconico」である。ニコニコ動画を通して、ネットコンテンツが提供される仕組みや、その裏側を見ていこう。

niconicoはドワンゴによって提供される動画共有サービスで、およそ2500万人のユーザーが登録されている。その特徴は、単に投稿された動画を楽しむだけでなく、投稿された動画上に閲覧ユーザーのコメントが表示される、いわばユーザー参加型のモデルにある❶。投稿者だけでなく閲覧者も一緒になって動画コンテンツを形づくれる点が、ネットの双方向性という特徴とあいまって高い人気を得ているのだ。単なる動画コンテンツではなく、投稿動画を中心にユーザー同士が交流できるコミュニティーの提供が、ユーザーが支持する背景にあると言えるだろう。

動画配信の技術的な側面ではとくに、ユーザーとサーバーをつなぐ通信回線設備が重要である。ユーザーがサーバーに接続しながら、ストリーミングで随時データを再生するため、ユーザーから見れば余るほどの回線（トラフィック量）があればよいが、事業としては適正な回線数でなければ成り立たないからだ（右図）。

そこでniconicoでは、大多数を占める無料会員より、会費を支払うプレミアム会員に優先的にトラフィックを割り振るシステムを採ることで、ユーザーの利便性と事業の収益性のバランスを取っている。一般的にこうしたサイトの運営は、会員からの会費収入や掲載される広告収入でまかなうが、ドワンゴ社では事業収入の7割が150万人のプレミアム会員からの会費でまかなっている。

ニコニコ動画

❶ ユーザーからのコメントが画面上に流れている。反響が大きいときはコメントで画面が埋まり、視覚的に捉えることができる

ニコニコ生放送の仕組み

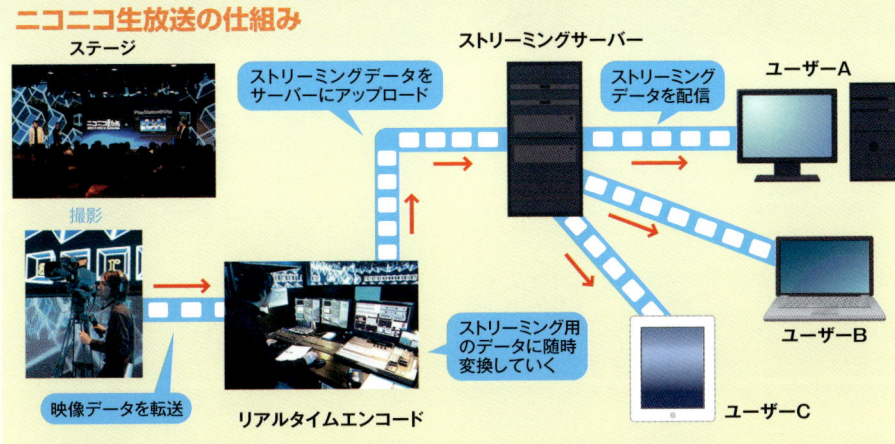

ステージ / 撮影 / 映像データを転送 / リアルタイムエンコード / ストリーミングデータをサーバーにアップロード / ストリーミング用のデータに随時変換していく / ストリーミングサーバー / ストリーミングデータを配信 / ユーザーA / ユーザーB / ユーザーC

カメラで撮影された映像データは、アップロードしながら同時に再生できるストリーミングデータに変換され、ストリーミングサーバーに保存される。ユーザーはストリーミングサーバーにアクセスすることで、映像のストリーミング配信を受けられる

動画共有を中心に広まるさまざまなコンテンツ

niconicoでは、このネット上にコミュニティを築く「コメント」に着目し、あらゆるものにコメントを付けようという「ニコニコ宣言」を行い、動画共有だけでなく、動画配信や直販など、さまざまなサービスに場を広げている。

とくにニコニコ生放送と呼ばれる、ストリーミングによるライブ配信は広く知られている2。芸能人や政治家の記者会見、スポーツイベントなど、一定の需要があるもののテレビでは放送されないコンテンツを取り上げ、ユーザーの支持を得ている。従来のマスメディアと異なるコンテンツを提供できる、ネットの新たなメディアとしての役割を示している例と言えるだろう。

また、こうしたニュース性のある動画の配信とともに提供されているのがニコニコニュースである3。メディアからの配信記事のほか、niconico独自の生中継などの動画コンテンツを生かした独特のニュースサイトとなっている。

ニコニコ生放送
さまざまなイベントがライブ中継される。テレビと異なり編集やCM、打ち切りのないことが人気を呼んでいる

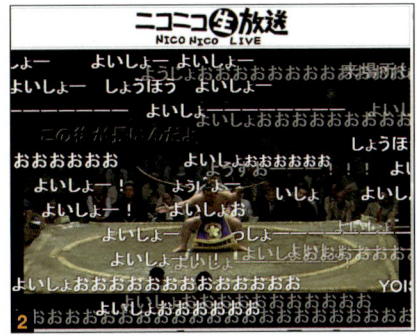

ニコニコニュース
配信記事のほかniconicoの動画や生放送の書き起こしなど、独自記事を加えたニュースサイト

第4部 第3章 マルチメディアとパソコン

niconicoの組織

niconicoを運営していくには、さまざまな役割がある。たとえば、niconicoのサイト運営、サーバーや通信回線の保守管理、生放送などイベントの企画や運営などである。

niconicoではこうした仕事を主に、企画開発部、事業推進部、ユーザー文化推進部、コンテンツ企画制作部で行っている。会社全体で650人の社員がいる中、450人近くがniconicoに携わっていて、その内訳は実際にプログラム開発を行うエンジニア200人、編集や運営を行う企画担当が150人あまりである（2012年4月現在）。プログラミングを外注する企業も多いが、niconicoではニュース性のあるコンテンツも多く、迅速に対応できるようエンジニアを多く抱えている。

基本的には、niconicoの運営と新しいサービスの企画に分けられ、新しいサービスは軌道に乗ると運用部門に引き継がれる形で、niconicoのサービスを拡充している（下図）。

niconicoの組織図（一部抜粋）

```
                ┌─ 企画開発部
                │
                ├─ 事業推進部
ニコニコ事業本部 ┤
                ├─ ニコニコニュース編集部
                │
                ├─ ユーザー文化推進部
                │
                └─ コンテンツ企画制作部
```

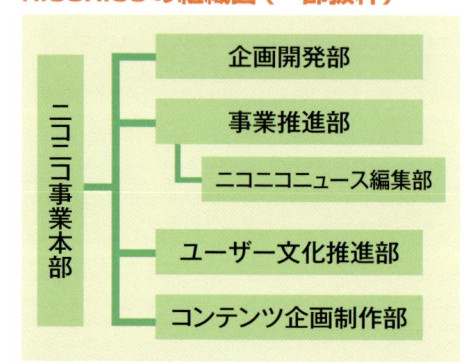

組織上は分かれているが、新しいサービスの引き継ぎなどもあり、担当するサービスの切り分けは柔軟である

企画開発部

企画開発部は新しいniconicoのサービスを企画し、それを支える設備の開発を行う部署である。サービスごとにチームが分かれていて、それぞれがサービスに必要なサーバーやトラフィック管理などの開発業務を一括して責任を持って行う仕組みとなっている。

niconicoの新しいサービスは、基本的にユーザーが動画をより楽しめるコンテンツである。そのため、ムービーメーカーやエンコードの作成を行ったりもしている。

また、こうした新しい企画にはユーザビリティーからの視点と、プログラミングからの視点がある。企画先行の場合もあれば、プログラムは簡単なのになぜこんな企画がないのかという場合もある。そのため、企画開発部ではエンジニアと企画担当の席が混在していて、日頃から企画とプログラムが一緒になって新しいサービスを考える仕組みになっている❹。

すぐに会議ができる環境

思い立ったときに打ち合わせできるよう、オフィス脇に小さな会議スペースが設けられている。ときによっては立ち話のような会議もある

事業推進部

　事業推進部は主にniconicoのサービス運用を担当し、アクセスしてきたユーザーを交通整理する部署だ。具体的には、生放送や動画などトップページにどのコンテンツを掲載するかを考えたり、生放送のときには集中するトラフィックを想定して、設備のキャパシティを調整するなど、いわばniconicoの編成作業を行っている **5**。

　そのため、事業推進部では100人規模で、サービスページに掲載するコンテンツの準備を行っている。たとえば、動画の中で今どれが一番人気があるか、トップページで特集を組むとき何の動画がよいかといった情報収集を行い、実際にトップページの更新も行っている **6**。

　中には、人気のある動画投稿者を日頃からフォローすることもあり、niconicoのサービス向上のためこうした投稿者をユーザー文化推進部に知らせることもある。また、企画開発部のサービス担当からトップページへの掲載要望などもあり、niconicoのトップページを介して、総合調整の役割も担っている。

ユーザー文化推進部

　niconicoならではの部署がユーザー文化推進部である。この部署は、niconicoで注目されている動画やアーティストを探し出すなど、niconico内で起きているトレンドをいち早く社内、そしてniconicoのユーザーに伝える役割を担っている。

　niconicoは、ユーザーによる動画の投稿やコメントの書き込みなど、ユーザーの積極的な参加によるコミュニティーの盛り上がりが魅力の源泉である。その

トップページも事業推進部で制作
きめ細かく収集された情報を元に、niconicoのニュースが頻繁に更新されていく

パソコンの前で日々更新作業を行う
niconicoの看板であり入口でもあるトップページをつくるために、100人規模で作業を行っている

ため、サービスの開発者や運営者は、常にniconicoのトレンドに敏感でなくてはならない。そこで、niconicoのトレンドをウォッチし、niconico内で活躍するユーザーを総合的にサポートし、文化を拡大する部署を設置した。

　「エリートニコ厨募集」と称した、いわゆるniconicoのヘビーユーザーに対する人材募集や、先述した事業推進部からの人気投稿者の情報など、情報収集に努めるのはユーザー参加型のモデルならではの取り組みと言えるだろう。

第4部 第3章 マルチメディアとパソコン

第3章　マルチメディアとパソコン

コンテンツ企画制作部

　niconicoの中でも人気が高まっている、ニコニコ生放送を担当しているのがコンテンツ企画制作部だ。月間でおよそ800～1000本の生放送を配信している。生放送の企画から出演交渉、実際の撮影から配信までのすべてを行い、ネット企業ながら実務はほとんど放送会社のような部署である。

　ニコニコ生放送は大きく分けると、取材チームを組んで会見など現場から中継するコンテンツと、企画を組んでスタジオなどから生放送するものがある。とくにニコニコ生放送では、「ニコニコ本社」にあるスタジオと「ニコファーレ」にあるイベント会場を設けており、こうした拠点からのライブ中継に精力的に取り組んでいる **7**。

　たとえばニコファーレでは、niconico関連のイベントが定期的に開かれる。来場者はイベントにもよるが、ユーザーを抽選で招待することもある。ライブ中継では1万人規模のトラフィックに対応している。そのため会場には、放送局さながらの放送機材が並び、高品質の動画を配信している **8 9**。

　また、こうして集まったユーザーはライブ自体を楽しみながらも、スマートフォンなどで自分がいるその場の中継にコメントを入れている。単なるイベントやコンテンツだけではなく、その動画に関心を持って集まったネットとリアル両者の交流を楽しんでいるのだ。

niconicoが運営するニコファーレ
東京・六本木に設けられた最大収容400人のイベント会場。ニコニコ動画のイベントを中心に開催され、ライブ配信の拠点となっている

カメラワーク
niconicoではARシステムと呼ばれる技術を用いて、複数のカメラで撮影した映像を重ね合わせた映像を配信することができる

音響・カメラ割り
会場には配信する映像を管理するスタジオが備えられていて、音響やカメラ割りを行っている

第4部 第3章 マルチメディアとパソコン

ニコニコニュース編集部

ニコニコニュースは事業推進部の一部門だが、編集部として独立していて、ニュース記事の作成や配信を行っている。さまざまなメディアが配信する記事をまとめラインナップ化するとともに、独自記事の取材および執筆、配信を行うのが、この部署の主な役割である。独自記事の中には、一般のテレビ放送から文字を書き起こすものや、取材チームを組んでまとめあげたニコニコニュースのオリジナル記事などがある 10。

ある意味、ニコニコ生放送がネット専業の放送局なら、ニコニコニュースはネット専業の新聞社である。ネットユーザーならではのニーズに応えられるよう、ニュースの価値を並べ替えていることが特徴と言えるだろう。

また、niconicoでの単独取材などオリジナルなコンテンツの書き起こしを行ったり、動画コンテンツとの関連づけも行っている。映像と文字の情報を兼ね備えた、マルチメディアを生かしたコンテンツづくりもその特徴である 11。

活気のある編集部
新聞社さながらに編集部員が配信記事の順位付けを行い、記事をまとめあげ、ニコニコニュースに掲載していく

自ら撮影を担当することも
編集部員は場合によっては自らカメラを持って、現場取材に急行する

担当者に聞く

コミュニケーションの場を作る

niconicoは、動画投稿やコメントと、ユーザーさんの積極的なコミュニティーへの参加によって成り立っています。そのためniconicoにとっては、ユーザーさんが交流できる場を提供して、コミュニケーションをより楽しんでいただくことが何より大切です。ニコファーレで開かれるイベントも、ユーザーさんに対する一方通行の催しでなく、Face To Faceで一緒に参加していただくことが一番の目的です。会場に来場されたユーザーさんたちを見ると、さまざまに楽しんでいただいていることを実感しますが、こうしたニーズにこれからもしっかり応えていきたいと思っています。

niconicoを運営するドワンゴ社内を案内してくれたコーポレート本部広報室の高橋江梨子さん

187

第3章 マルチメディアとパソコン

動画再生の仕組み

インターネットで動画や音声を再生する方式にはストリーミングとダウンロードの2つがある。
ここでは再生方法や動画ファイルについて解説する。

●動画や音声を楽しむための2つの方式

インターネット上にある動画や音声などのデータをパソコンで再生する方法には、**ダウンロード**と**ストリーミング**という2つの方式があり、それぞれメリットとデメリットがある（下図）。

ダウンロードは、データを一度すべてパソコンに読み込んでから再生する方式。パソコンに全データがあるので、途中で動画が止まることもなく快適に視聴を楽しめるが、読み込みが完了するまでは再生できないため、データの容量が大きい場合には再生までの待ち時間が長くなるというデメリットがある。

また、利用者のパソコン内にファイルとして動画データが保存されるため、データの流用など著作権上の問題も残る。

これに対してストリーミングは、データを受け取りながら再生を行う。インターネットではデータを送るとき、一定の容量に区切って小さなまとまり（パケット）にして送信するが、ストリーミングはパケットを受け取ったらすぐに再生を開始するため、待ち時間は大きく短縮される。またストリーミングは、データを保存しないので、ダウンロードに比べて著作権に配慮することもできる。

なお、動画データのファイルはとても容量が大きいため、ダウンロード、ストリーミングともにデータを圧縮した状態で送り、パソコン側で元の状態に戻しながら（伸長しながら）再生する。そのため、動画の再生はとても負荷のかかる作業で、CPUやグラフィックボードの処理速度が向上するまで、満足できる再生品質を実現するのは難しかった。

ダウンロードとストリーミング

ダウンロード

メリット	一度ダウンロードすれば、その後の再生はスムーズ
デメリット	動画ファイルが大きい場合、ダウンロードに時間がかかる

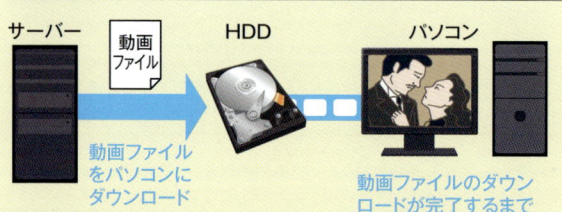

サーバー → 動画ファイル → HDD → パソコン
動画ファイルをパソコンにダウンロード
動画ファイルのダウンロードが完了するまで再生できない

ストリーミング

メリット	動画データを読み込みながら再生するので、すぐに再生が始まる
デメリット	インターネット回線の状況が悪いと、動画が途中で止まる

ストリーミングサーバー → 動画データをパケットにして送信 → パソコン
動画データのパケットが届いたら、すぐに再生が始まる

●ファイルフォーマットとコーデックの違い

　動画は映像と音声という2つのデータで成り立っていて、動画ファイルはこの2つのデータを格納している。

　格納されている映像データと音声データは、パソコンに取り込むときに一定の規則に従って変換されていて、その変換作業のことを**符号化（エンコード）**と呼ぶ。映像データと音声データはファイル容量が非常に大きいため、通常、符号化では圧縮処理も施される。動画ファイルを再生するときは、**復号化（デコード）**という作業で符号化された映像データと音声データをもとの状態に戻す必要がある。なお、符号化と復号化を行うソフトウェアを**コーデック**という（下図）。

　パソコン上で動画を再生するには、動画再生ソフトを利用する。動画再生ソフトは対応する動画ファイルのフォーマットが決まっている。たとえば、Windowsに標準で用意されている「Windows Media Player」では、Windows Media Audio（WMA）形式やAVI形式、MPEG形式などは再生できるが、QuickTime形式のファイルは再生できない。一方、アップル社が提供する動画再生ソフト「QuickTime Player」では、QuickTime形式はもちろん、AVI形式も再生できるが、WMA形式は再生できない。

　また、動画再生ソフトには、コーデックの機能が含まれているが、コーデックが特殊な場合は再生できないことがある。この場合は、別途コーデックソフトウェアをパソコンにインストールする必要がある。

動画ファイルの構成と再生の仕組み

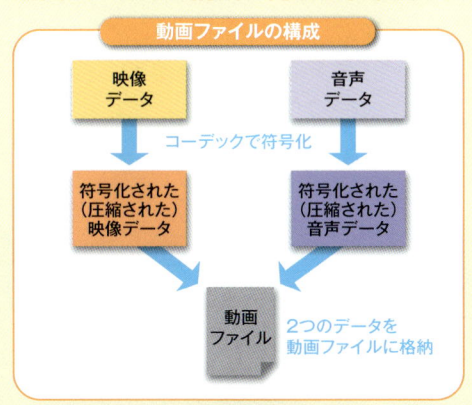

動画ファイルの構成

映像データ ／ 音声データ
→ コーデックで符号化 →
符号化された（圧縮された）映像データ ／ 符号化された（圧縮された）音声データ
→ 動画ファイル（2つのデータを動画ファイルに格納）

代表的な動画ファイルフォーマット

フォーマット名	拡張子
MPEG-1（エムペグワン）	.mpg
MPEG-2（エムペグツー）	.mpg
MPEG-4（エムペグフォー）	.mp4
Windows Media Audio	.wma
QuickTime	.mov
Audio Video Interleave	.avi

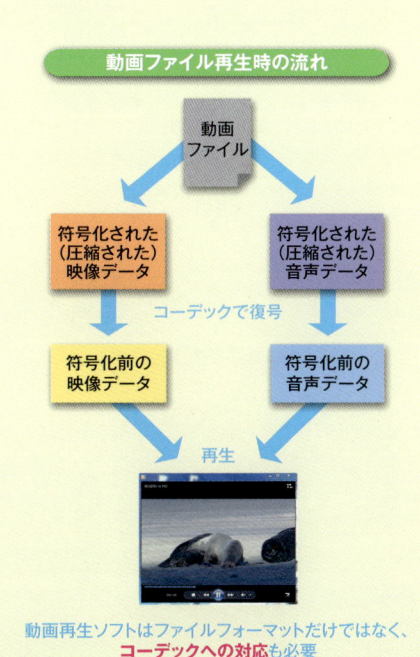

動画ファイル再生時の流れ

動画ファイル
→ 符号化された（圧縮された）映像データ ／ 符号化された（圧縮された）音声データ
→ コーデックで復号 →
符号化前の映像データ ／ 符号化前の音声データ
→ 再生

動画再生ソフトはファイルフォーマットだけではなく、**コーデックへの対応**も必要

第4部　第3章　マルチメディアとパソコン

第3章 マルチメディアとパソコン

地デジ対応パソコン

地上デジタル放送が楽しめる地デジ対応パソコン。デジタル放送はアナログ放送と違いコピーしても劣化しないため、地デジ対応パソコンにもコピー防止機能が実装されている。

●便利に使える地デジ対応パソコン

地デジ対応パソコンは、地上デジタル放送を視聴できるパソコンのこと。リモコンを付属している機種が多く、通常のテレビと同じような感覚で放送を楽しめる。また、パソコンに搭載されたハードディスクを使って番組を録画することも可能で、ブルーレイ・DVDレコーダーのように、電子番組表を見ながら録画予約することもできる。機種によっては、BS・CS放送を見ることも可能だ（下写真）。

地デジ対応は、地デジ対応パソコンを利用する以外にも、パソコンに地デジチューナーを後から追加することでも実現できる（右写真）。ただし、追加の際は地上デジタル放送が再生できるパソコンの処理能力や、次ページのCOPPやHDCPへの対応が必要になる。

地上デジタル放送は通常16〜18Mbps程度と高い圧縮率で送られてくる動画データを伸長しながら再生する。※

そのため、ストリーミングのときと同様、ある一定のCPUの処理能力が必要となる。

※地上デジタルの動画は、1440×1080ドットの24ビットフルカラーの画像を毎秒30コマ送るので、非圧縮だと理論上は約1042Mbpsでデータが送られることになる

地デジチューナーの例

PCI Express x1を採用した内蔵タイプ

拡張機能が高いデスクトップパソコンなら、PCI Express x1スロットに地デジチューナーを差すことで地上デジタル放送を受信できるようになる
（写真は「DT-H70/PCIE」、写真提供：バッファロー）

BUFFALOなどの外付けタイプ

拡張スロットがないデスクトップやノートパソコンは、外付けタイプを使えば地上デジタル放送を楽しめる
（写真は「DT-H11/U2」、写真提供：バッファロー）

地デジ対応パソコンの機能

視聴
地上デジタル放送を受信して、リアルタイムに再生できる

録画
内蔵ハードディスクを使って、地上デジタル放送を録画できる

地デジチューナーを内蔵して、最初から地デジを楽しめるパソコンが各社から登場している
（写真は「FH77/GD」、写真提供：富士通）

●地デジ対応パソコンの著作権保護の仕組み

　地上デジタル放送は、アナログ放送と違って、劣化することなくデータをコピーできる。そこで、地デジ対応パソコンでは、著作権保護のために暗号化技術を使って、簡単にデータをコピーできないようにしている。

　地デジ対応パソコンの暗号化は大きくわけて2つ。パソコン内部で行われる**COPP**（Certified Output Protection Protocol）と、パソコンからディスプレイにデータを送るときに行われる**HDCP**（High-bandwidth Digital Content Protection）である（下図）。

　パソコン内の地デジチューナーで受信された地上デジタル放送は、コーデックソフトでいったん復号化された後、ディスプレイに表示するための処理を行うGPUと呼ばれる半導体チップに転送される。COPPはこの間にほかのソフトウェアに映像データを読み取られないように暗号化する技術で、暗号鍵と呼ばれる情報をアプリケーションとGPUの間で交換することで実現している。※

　GPUに転送されたデータは、いったん復号化して、暗号化前の状態に戻されるが、GPU内で今度はHDCPで暗号化された後、DVI端子でつながったディスプレイに送られる。HDCPで暗号化された映像データは、最終的にディスプレイ側で復号化して映像を映し出す。

　データを出力側（パソコン）で暗号化し、入力側（ディスプレイ）で復号化することで、仮にその途中でデータが傍受されても、コピーできない仕組みになっている。ただし、この仕組みを実現するためには、ディスプレイだけではなく、パソコン側のグラフィック機能もHDCPに対応している必要がある。

※COPPは、Windows XP Service Pack 2（SP2）と、Windows Media Player 10以降で導入された技術

地デジパソコンの著作権保護の仕組み

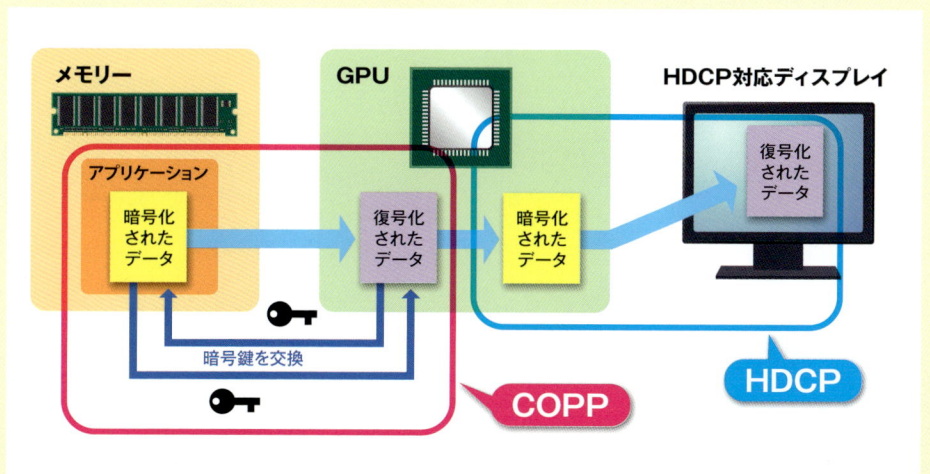

COPPでは暗号鍵を利用してアプリケーションとGPU間の暗号化を行い、HDCPではハードウェア間でデジタル信号を送受信する経路を暗号化し、コンテンツが不正にコピーされるのを防止する

第3章 マルチメディアとパソコン

スマートテレビ

テレビの機能を取り込んできたパソコン。
一方で、テレビもパソコンの機能を取り込み、進化し始めている。

●テレビとパソコンが融合したスマートテレビ

　テレビの機能が進化した**スマートテレビ**は、テレビとパソコンの融合ともいえる製品。通常のテレビ放送に加えて、インターネットに接続することで、動画配信サービスが利用できたり、アプリケーションをインストールしてテレビ単体でゲームができたり、パソコンのようにテレビが使えるようになる。

　スマートテレビには、通常のテレビに小型セットトップボックスをつなぐタイプと、最初からスマートテレビの機能が組み込まれたディスプレイ一体型がある。

　小型セットトップボックスでスマートテレビを実現する代表例は、アップル社の **Apple TV**。インターネットに接続することで、同社の運営する「iTunes Store」の映画や、動画共有サービスの「YouTube」などにアップされた動画、画像共有サイト「flickr」の写真などを家庭の大画面テレビで視聴できる。

　また Apple TV は、同社のスマートフォン「iPhone」や、タブレット端末「iPad」などの画面をテレビに映し出して、各端末に保存してある写真や映像を閲覧したり、端末の画面とテレビの画面の2つのスクリーンを使ってゲームを楽しむことも可能。さらに、同社のクラウドサービス「iCloud」（240ページ参照）を利用すれば、iPhone などで撮影した写真が自動的にネット上にアップされ、何もしなくても Apple TV で閲覧できる（左写真上）。

　Google TV は、Google 社が提唱するスマートテレビ。Apple TV が、ビデオオンデマンドなどのコンテンツの視聴が中心なのに対して、Google TV は、同社の OS「Android」（246ページ参照）を搭載していて、Android スマートフォン向けのアプリをテレビ用にカスタマイズして使えるのが特徴。Web も閲覧できるので、Google 社の検索サービスで、さまざまな情報を大画面で閲覧できる（左写真下）。

Apple TV アップル社が運営するiTunes Storeの映画や音楽を楽しむことができるApple TVは、テレビに接続して利用する

Google TV Google TVでは同社のOS「Android」を搭載。北米や欧米を中心に各社からテレビ本体やセットトップボックスが発売（予定）されている
（写真は2012年夏に北米や欧州で発売予定のネットワークメディアプレーヤー「NSZ-GS7」、写真提供：ソニー）

●日本のスマートテレビは家電メーカーから登場

　Apple TVやGoogle TVなどの例を見てもわかるように、米国ではITメーカー主導でスマートテレビを開発しているが、日本ではパナソニックやシャープなど、家電メーカーからスマートテレビが登場している。

　たとえば、パナソニックの「スマートビエラ」はビデオオンデマンドやゲームが楽しめるだけでなく、FacebookなどのSNSや、スマートフォンで録画した番組が楽しめるなど、多彩な機能が用意されている(下図)。

　また、日本メーカーのスマートテレビは、日本の企業が運営する各種コンテンツサービスが利用できる点も大きな特徴である。

　たとえば、2012年4月からスタートした有料のオンデマンドサービス「もっとTV」では、民放キー局が放映しているドラマ・アニメ・バラエティなど、さまざまなジャンルの映像が用意されていて、好きなときに視聴することが可能。関連するシリーズ番組の放送時間なども表示される。日本企業が運営するビデオオンデマンドサービスは、もっとTV以外にも「TSUTAYA TV」「アクトビラ」「ひかりTV」などがある。

　サムソン電子やLGエレクトロニクスなど韓国メーカーの開発も著しいスマートテレビ市場だが、日本のスマートテレビも家電メーカーを中心に独自に進化している。

スマートテレビの機能(パナソニックの「スマートビエラ」の例)

❶ビデオオンデマンド
ビデオオンデマンドを利用して各種サービスから見たい番組を選ぶことができる

❷ゲーム
自由にアプリをダウンロードして各種ゲームを楽しむこともできる

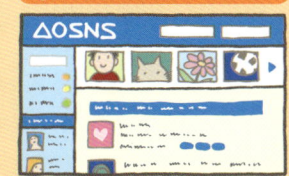

❸SNS
番組を見ながら、FacebookなどのWebサービスが楽しめる

❹スマートフォンとの連携
録画した番組をスマートフォンなどに転送できる

(写真提供:パナソニック)

パソコンの未来とネットワーク

第5部

第**1**章──── インターネットを利用する

第**2**章──── パソコン最新情報

メールや Web ページの閲覧はもちろん、今やアプリケーションの利用もインターネット上で行われるようになった。パソコンがインターネットにつながる仕組みを解説しながら、インターネットを利用したパソコンの新しい利用方法を紹介する。

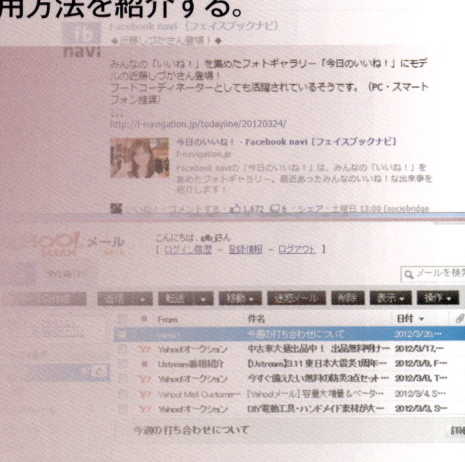

第1章 インターネットを利用する

インターネットとは

インターネットは、世界を結ぶ広大なネットワークのこと。
ここでは、インターネットの基幹となる技術と歴史について解説する。

●インターネットは広大なネットワーク

　いまや家庭の隅々まで普及し、身近になった**インターネット**。その正体は、全世界を結ぶ広範囲なネットワークだ。

　家庭内や企業内のパソコンなどを結ぶ小規模なネットワークをLAN（Local Area Network）、企業の支店同士など複数のLANを結んだネットワークをWAN（Wide Area Network）と呼ぶ。インターネットは、これらのネットワーク（net）をIPゲートウェイというサーバーで相互（inter）に接続したもので、世界規模のネットワークである（下図）。

　インターネットの基幹となる技術は、大きく3つある。1つは、**パケット**と呼ばれる少量のデータ単位で通信するパケット交換という仕組み。古いデータ通信は、電話のように通信時に回線が占有さ
※IPは「Internet Protocol」の略

れ、効率が悪かった。そこで、データを小さなパケット単位に分割して、柔軟に回線を使用することで、効率を高めた。

　2つ目は**分散型ネットワーク**。パケットは、網の目状につながったルーターという機器の間でやり取りされる。隣り合ったルーター同士が、バケツリレーのように次々とパケットを渡すことで、目的地まで運ぶ構造になっている。機器の故障などにより一部の経路が使用不可になっても、ほかの経路を使って通信が可能で、頑健性が確保されている。

　3つ目は、IP※などの**プロトコル**（通信規約）を策定したこと。異なるシステム間でネットワークを構築するのは大変だが、IPという通信規約に対応することで、相互接続がしやすくなっている（右図）。

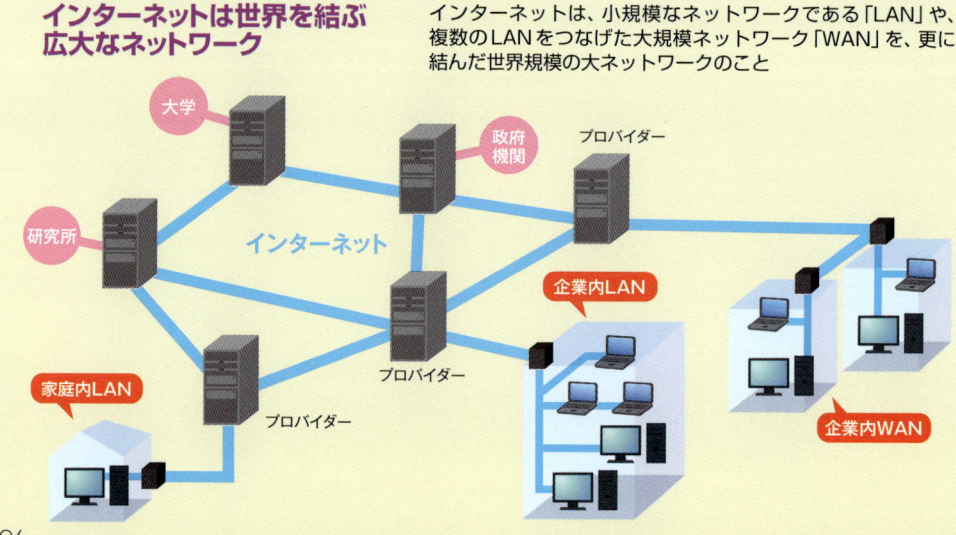

インターネットは世界を結ぶ広大なネットワーク

インターネットは、小規模なネットワークである「LAN」や、複数のLANをつなげた大規模ネットワーク「WAN」を、更に結んだ世界規模の大ネットワークのこと

大学 / 政府機関 / プロバイダー / 研究所 / インターネット / 企業内LAN / 家庭内LAN / プロバイダー / プロバイダー / 企業内WAN

インターネットの基幹となる3つの技術

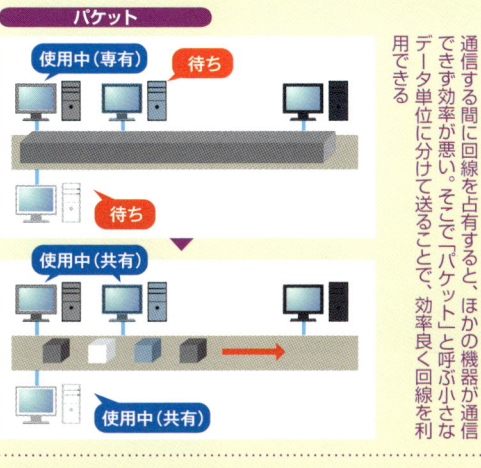

パケット

通信する間に回線を占有すると、ほかの機器が通信できず効率が悪い。そこで「パケット」と呼ぶ小さなデータ単位に分けて送ることで、効率良く回線を利用できる

分散型ネットワーク

パケットは、縦横無尽に接続された「ルーター」によって運ばれる。一部のネットワークが切断されても、ほかの経路でパケットを運べるので、安全だ

プロトコル 異なる仕組みのネットワーク間でもパケット送信を可能にするため、「TCP」や「IP」と呼ぶ通信規約（プロトコル）を策定した

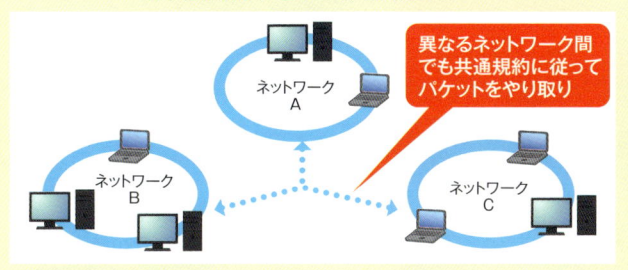

インターネットは、いくつかの基幹技術で構築されている。代表的なものは3つある。1つは、データを「パケット」と呼ぶ小さな単位でやり取りすること。2つ目は、一部のネットワークに障害があってもパケットを送信できる「分散型ネットワーク」であること。3つ目は、パケットを「IP」や「TCP」といった通信規約（プロトコル）にしたがってやり取りすることだ

●前身はARPANET

インターネットの歴史は、比較的新しい。さきがけとなったのが、米国防総省の傘下機関「ARPA」（Advanced Research Projects Agency）が1969年に構築した世界初のパケット交換型ネットワーク「**ARPANET**」と言われている。

1980年代には、IPプロトコル（当初はTCP/IPといい、200ページで紹介するTCPと一体になっていた）の仕様が確定し、更なる広がりを見せた。

そして1989年には、米国で世界初の商用プロバイダー（インターネット接続業者）が登場。以後、家庭も含め全世界に爆発的に広がっていく（上表）。

インターネットの始まりは1969年

1969年	世界初のパケット交換型ネットワーク「ARPANET」が完成
1974年	最初のTCP/IPプロトコルに関する論文が発表
1978年	TCP/IPの仕様が固まる
1981年	TCP/IPが規格化
1989年	米国で世界初の商用プロバイダーがサービス開始
1992年	日本で商用プロバイダーがサービス開始

インターネットのさきがけは、1969年に構築された、複数の大学間をパケット交換方式で接続したネットワーク「ARPANET」と言われる。その後、1989年には商用インターネットのサービスが開始され、以後、全世界へ爆発的に広がった

第5部 第1章 インターネットを利用する

第1章 インターネットを利用する

IPとIPアドレス

インターネットでは、パケットと呼ばれる小さな単位でデータをやり取りする。現在では、IPと呼ばれるプロトコルに従って、パケット通信が行われている。

●データはパケットという細かな単位で送られる

インターネットでは、データはパケットと呼ぶ小さな単位でやり取りされる。その方法を定めた通信規約が**IP**だ。

IPの世界では、インターネットに接続している機器1つ1つに対し、IPアドレスという互いに異なる番号が割り当てられている。これが、いわば住所の役割を担う。パケットには、送信元と送信先のIPアドレスなどが、荷札のように追加されている。パケットは、インターネットに繋がったルーターという機器が運ぶ。隣のルーターに次々と渡すバケツリレー方式で、送信先の機器まで運ばれていく。ルーターは、IPアドレスが記載された荷札を元に、次にどのルーターへ渡すかを判断する（左図）。

IPアドレスは、32桁の2進数（32ビット）の番号。設定画面などでは、読みやすいように8桁ごとにまとめた4ブロックの10進数の組み合わせで表記されることが多い（下図）。

IPアドレスの総数は約43億個だが、インターネットの拡大により数が足りなくなっている。そのため、LANの内と外で異なるアドレスを利用する**プライベートアドレス**と**グローバルアドレス**という手法が導入された（右図上）。アドレスの変換は、基本的にルーターが担当する。**NAT**や**IPマスカレード**など、アドレス変換の手法は複数ある（右図中）。

プライベートアドレスなどの手法を取り込んだものの、2011年ごろには、IPア

IPアドレスはインターネット上の住所

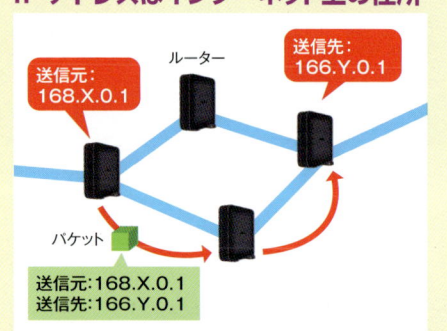

送信元：168.X.0.1
送信先：166.Y.0.1
ルーター
パケット
送信元：168.X.0.1
送信先：166.Y.0.1

インターネットでは、データは小さなパケット単位で送られる。これを実現する通信規約（プロトコル）が「IP」だ。IPでは、ネット上の機器に固有の「IPアドレス」という番号を割り振り、送信先の指定に利用する。IPパケットには、送信するデータ本体のほか、「送信先」や「送信元」のIPアドレスなどをまとめたデータが、荷札のように添付される

IPアドレスは32桁の2進法で表される

2進表記	11000000	10101000	00000000	00000001	32桁の2進数
10進表記	192	168	0	1	8桁ごとにまとめ4ブロックの10進数で表す

IPアドレスは、32桁の2進数（32ビット）になっている。2進数では桁が多く不便なので、間をピリオドで区切った4ブロックの10進数で表記することが多い

ドレスはほぼ枯渇状態になってしまった。
　この問題に対処するため、従来の32ビットから128ビットへと拡大した**IPv6**と呼ばれる新しいアドレスの仕組みが順次導入されている（下図下）。IPv6のアドレス数は膨大で、事実上枯渇することはない。なお、従来のIPアドレスは**IPv4**と呼ばれる。

LAN内では特殊なIPアドレスを利用する

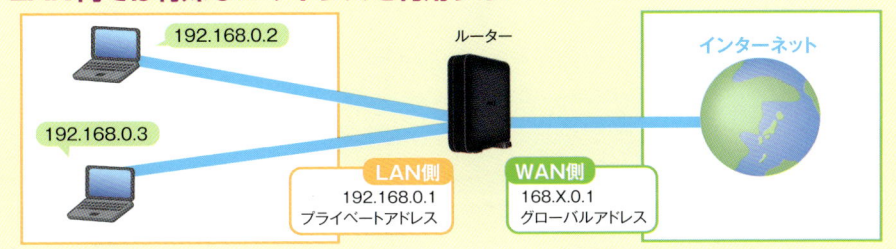

192.168.0.2
192.168.0.3
ルーター
インターネット
LAN側　192.168.0.1　プライベートアドレス
WAN側　168.X.0.1　グローバルアドレス

IPアドレスの枯渇を防ぐため、LAN内ではプライベートアドレスという特殊なアドレスを利用する。これに対し、機器ごとに割り当てられる本来のIPアドレスをグローバルアドレスという。ルーターが両者を変換することで、LAN内の各パソコンがインターネットに接続できる。プライベートアドレスとして利用可能な番号は、「10.0.0.0 ～ 10.255.255.255」「172.16.0.0 ～ 172.31.255.255」「192.168.0.0 ～ 192.168.255.255」のいずれかと決まっている

ルーターがIPアドレスを変換する

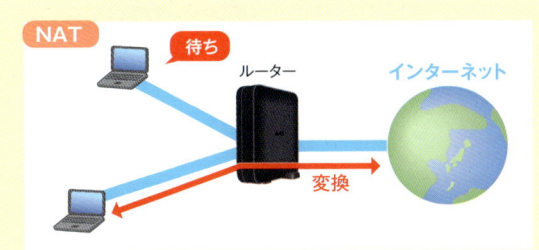

NAT
待ち
ルーター
インターネット
変換

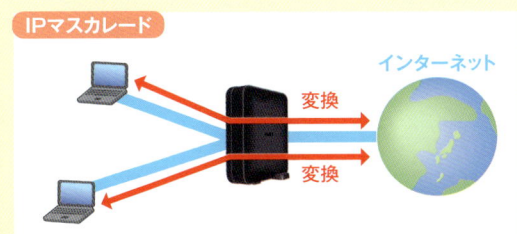

IPマスカレード
インターネット
変換
変換

プライベートアドレスはそのままではインターネット上では利用できないが、ルーターが変換することで、適切な通信を可能にする。この変換のやり方には「NAT」と「IPマスカレード」という2つがある。NATは1台の機器が通信中はほかの機器は通信できないが、IPマスカレードは複数機器で同時に通信が可能だ

IPアドレスの枯渇対策として登場した「IPv6」

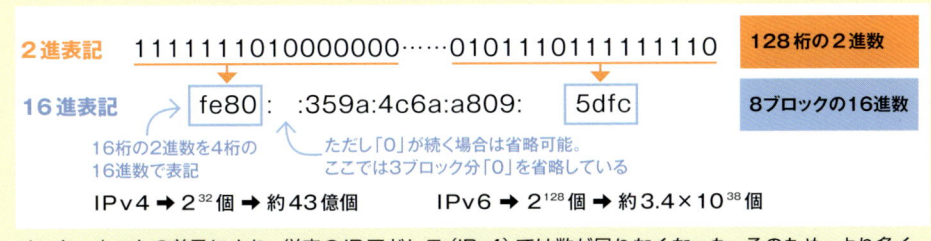

2進表記　1111111010000000……0101110111111110　**128桁の2進数**

16進表記　→　fe80 : :359a:4c6a:a809: 5dfc　**8ブロックの16進数**

16桁の2進数を4桁の16進数で表記
ただし「0」が続く場合は省略可能。ここでは3ブロック分「0」を省略している

IPv4 ➡ 2^{32}個 ➡ 約43億個　　IPv6 ➡ 2^{128}個 ➡ 約$3.4×10^{38}$個

インターネットの普及により、従来のIPアドレス（IPv4）では数が足りなくなった。そのため、より多くのアドレスを利用できる「IPv6」が登場。これへの移行が進みつつある。IPv6は128桁（ビット）の2進数。桁が多いので、基本的には8ブロックの16進数で表記される

第1章 インターネットを利用する

TCP、UDP

インターネットにおけるデータ通信では、さまざまなプロトコルが利用される。
なかでも、IPと同じように重要なのが、正確なデータ通信を行うためのTCPだ。

●正確なパケット通信を行うTCP

インターネットでは、データはパケット単位で送られるが、場合によっては広大なネットワークの途中でパケットが紛失してしまうこともある。IPは送付の保証はしないので、正確な通信を行うためのプロトコルも必要になる。それが**TCP**[※1]だ（下図）。

インターネットでは、複数のプロトコルが、いわば分業で通信を行っている。プロトコルは階層構造になっていて、上位のプロトコルは、下位プロトコルにデータを投げて、担当する作業をしてもらう。インターネットの世界では、この階層構造を**インターネットモデル**などと呼ぶ（右図上）。

プロトコルが階層構造に分かれているのは、開発効率の向上などが主な理由だ。階層の上から下まで処理するプログラムの開発は大変だ。しかし分割構造になっていれば、上位のプロトコルを制御するプログラムを作成し、下位プロトコルは既存のプログラムに任せることが可能で、開発効率は向上する。ほかに、プロトコル単位で機能をバージョンアップできるなどのメリットもある。

TCPでは、**ポート番号**も重要だ。複数のアプリが通信を行っている場合に、どのアプリとデータをやり取りするかを指定するために利用する（右図中）。

なお、TCPと同じ階層のプロトコルに**UDP**[※2]がある。TCPと違いデータ送信の保証はないが処理速度は速い。データが欠落しても問題なく、リアルタイム性を重視するような通信、たとえば音声や動画の配信などに利用されている（右図下）。

※1　TCPは「Transmission Control Protocol」の略
※2　UDPは「User Datagram Protocol」の略

正確なデータの送受信を行う「TCP」の役割

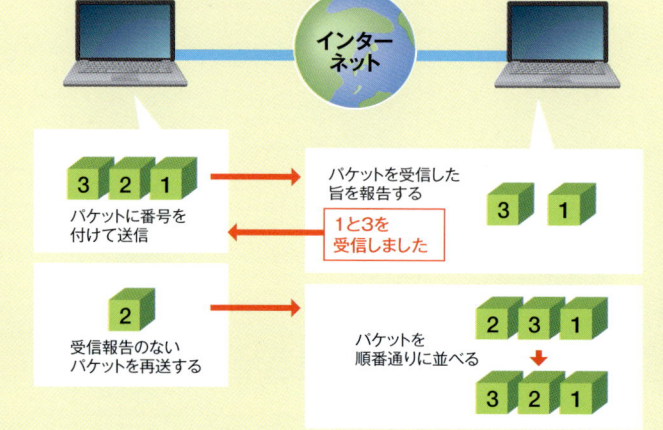

送信元 — インターネット — 送信先

3 2 1　パケットに番号を付けて送信
→ パケットを受信した旨を報告する
← 1と3を受信しました　3 1

2　受信報告のないパケットを再送する
→ パケットを順番通りに並べる　2 3 1 → 3 2 1

TCPは、正確なデータ通信を行うためのプロトコルだ。TCPの役割はいくつかある。たとえば、相手先と通信を確立する、万が一パケットが届かないときは再送する、送ったパケットを順番通りに並べる、などだ。これらの機能を利用して、正確にデータを送信する

プロトコルは階層的に管理される

OSI参照モデル	インターネット(TCP/IP)モデル		プロトコルの例	
7 アプリケーション層	4 アプリケーション層	アプリケーションごとの通信手段	HTTP	
6 プレゼンテーション層			SMTP	
5 セッション層			FTP	
			TELNET	
4 トランスポート層	3 トランスポート層	パケット通信の管理	TCP	UDP
3 ネットワーク層	2 インターネット層	パケットによるデータ送信	IP	
2 データリンク層	1 ネットワークインターフェース層	ケーブル形状など物理的なことや、機器間のデータのやり取りに関する決まり	イーサネット	
1 物理層			トークンリング	
			PPP	

IPやTCPといったプロトコルは、階層的に管理されている。いわば分業制だ。たとえばTCPはパケットを正確に送信するための管理をするが、実際にパケットを送る作業は下位プロトコルのIPに丸投げする。IPは相手先にパケットを送信するが、電気信号に変換してケーブルで通信する作業は、イーサネットなど下位のプロトコルが行う。この階層化構造を「インターネットモデル」などと呼ぶ。このような階層構造には、ほかに国際標準化機構（ISO）が定めた「OSI参照モデル」があり、理解のためにインターネットモデルと対比させることが多い

アプリはポート番号で宛先を指定する

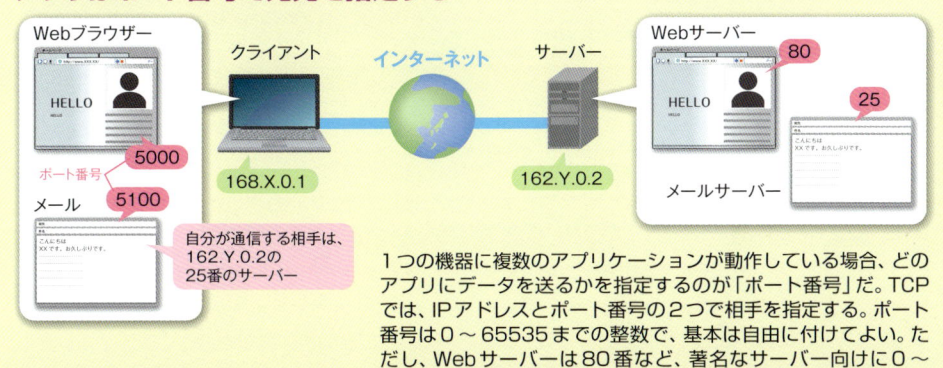

1つの機器に複数のアプリケーションが動作している場合、どのアプリにデータを送るかを指定するのが「ポート番号」だ。TCPでは、IPアドレスとポート番号の2つで相手を指定する。ポート番号は0～65535までの整数で、基本は自由に付けてよい。ただし、Webサーバーは80番など、著名なサーバー向けに0～1023までの番号は予約済み。この番号を勝手には使用できない

UDPは信頼性は低いが高速に通信できる

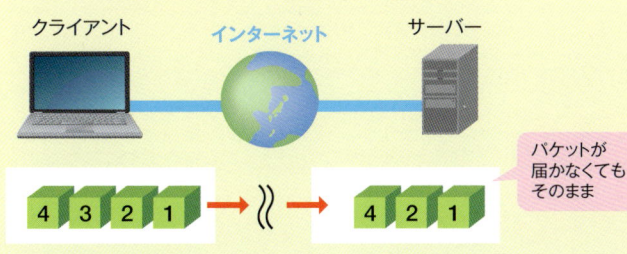

TCPと同じ階層のプロトコルにUDPがある。UDPでは、TCPのように正確にデータを送るための管理は行わない。たとえば、途中でパケットが紛失しても再送しない。その分だけ、処理速度が速い。このため、パケット紛失よりもリアルタイム性を重視する、動画や音声のストリーミング配信などに利用される

第5部 第1章 インターネットを利用する

第1章 インターネットを利用する

ドメイン名

メールソフトやWebブラウザーでは、IPアドレスではなく「natsume.co.jp」のような名前で通信相手を指定する。このような名前をドメイン名という。

●IPアドレスの代わりに使うドメイン名

Webブラウザーで相手先のサーバーを指定するときは、IPアドレスではなく「www.natsume.co.jp」のようなわかりやすい名前を使う。これを**ドメイン名**と呼ぶ。ドメイン名からIPアドレスは一意に決まるので、実際に通信を行う際は、ドメイン名は対応するIPアドレスに変換される（下図上）。

ドメイン名は、ICANN（The Internet Corporation for Assigned Names and Numbers）という専門組織が管理していて、誰でも勝手に付けられるわけではない。

ドメイン名は階層構造になっていて、右からトップレベルドメイン、セカンドレベルドメイン、サードレベルドメイン…と呼ばれる（下図）。

トップレベルドメインは、「jp」といった国別コードや、過去の慣習により利用される「com」「net」などのジェネリック（または分野別）と呼ばれるタイプのものなどがある（右表）。ドメイン名を登録するときには、登録者（企業）や担当者、連絡先といった関連情報が必要で、これはネット上で検索・閲覧ができるように公開される。

わかりやすい文字列でIPアドレスを指定する

ドメイン名　www.natsume.co.jp ⇔ IPアドレス　202.133.119.171

Webブラウザーやメールソフトなどでは、IPアドレスの代わりに「natsume.co.jp」といったわかりやすい文字列で相手先を指定する。これを「ドメイン名」という。ドメイン名からIPアドレスは一意に決まる。ドメイン名で相手先を指定した場合、実際には対応するIPアドレスに対して通信を行う

ドメイン名の階層構造

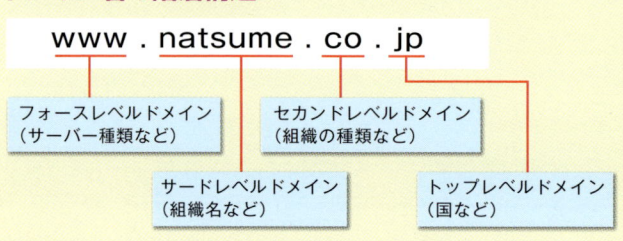

www . natsume . co . jp

- フォースレベルドメイン（サーバー種類など）
- サードレベルドメイン（組織名など）
- セカンドレベルドメイン（組織の種類など）
- トップレベルドメイン（国など）

ドメイン名は、階層構造になっている。一番右にあるのが「トップレベルドメイン」と言い、国などの大分類を表す。続いて、組織の種類などを表す中分類の「セカンドレベルドメイン」、組織名などを表す小分類の「サードレベルドメイン」などと続く

●ドメイン名をIPアドレスに変換する「DNS」

それでは、ドメイン名とIPアドレスの変換は、どのように行われるのだろうか。これは、インターネット上にある**DNS（Domain Name System）サーバー**との通信により行われる。

クライアント（利用している人の端末）がドメイン名を指定すると、あらかじめ登録されている**キャッシュDNSサーバ**ーに対して、問い合わせを行う。

キャッシュDNSサーバーは、実際にドメイン名のデータベースを持つ**権威DNSサーバー**へ更に問い合わせを行い、変換先のIPアドレスを取得する。そして、そのIPアドレスをクライアントに回答するという流れになっている（下図）。

キャッシュDNSサーバーには、一度行った問い合わせの結果が保管される。クライアントから再度同じ変換要求があったときは、権威DNSサーバーに問い合わせることなく、自身で回答する。このような仕組みで、通信の負荷を低減している。

何らかの形でDNSサーバーが利用できなくなると、ドメイン名に対応するIPアドレスが取得できないため、Webページが表示できなくなるといったトラブルが発生する。その場合に備え、バックアップ用のセカンダリーDNSサーバーなどを用意しているプロバイダーも多い。

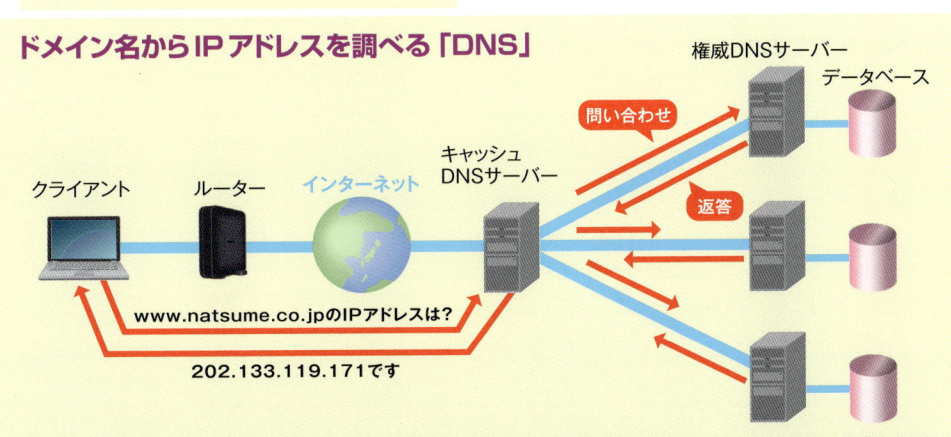

主なトップレベルドメイン

g TLD	ccTLD
.com（企業）	.jp（日本）
.net（ネットインフラ）	.cn（中国）
.org（非営利団体）	.de（ドイツ）
.edu（教育機関）	.eu（ヨーロッパ連合）

ドメイン名は、自由につけてよいわけではなく、「ICANN」という団体が管理している。大分類であるトップレベルドメインは、国別の「ccTLD」や、用途別の「gTLD」などがある

ドメイン名からIPアドレスを調べる「DNS」

ドメイン名からIPアドレスを調べるには、「DNSサーバー」を利用する。まずクライアントは、あらかじめ指定された「キャッシュDNSサーバー」に問い合わせる。キャッシュDNSサーバーは、実際にドメイン名のデータベースを持つ権威DNSサーバーに、次々と問い合わせる。目的のIPアドレスを見つけたら、それをクライアントに報告する。いったん調査した結果はキャッシュDNSサーバーに保管され、同じ問い合わせの際は権威DNSサーバーを利用せずにIPアドレスを報告できる

サーバーの仕組み

ユーザーからの要求に答えて、さまざまな処理を行い、結果を返すのがサーバーだ。
Webページを管理するWebサーバーを例に、サーバーの仕組みを解説する。

●ユーザーからの要求に応えるサーバー

　Webサイトや電子メールなど、インターネット上にはさまざまなサービスが用意されている。これらを具体的に処理しているのが**サーバー**と呼ばれるものだ。サーバーは、数多くのネット上のユーザーの端末（**クライアント**）からのリクエストに応じて、何らかの処理をしたり、処理の結果を返すものだ（下図）。

　ネット上には、さまざまな種類のサーバーが稼動している。

　Webサイトを管理するのが**Webサーバー**、メールソフトとやり取りしてメールの送受信を行うのが**メールサーバー**、ほかにもファイルを保管・管理する**ファイルサーバー**、クライアントから受け取ったデータをプリンターに渡す**プリントサーバー**などがある（下表）。

　サーバーは、小規模なものから大規模なものまでさまざまだ。個人で運用しているサーバーは、1つのパソコンに複数のサーバーソフトが動作しているケースもある。一方、企業がネットサービス用に用意しているものは、多数のクライアントからの要求を瞬時に処理できるように、何百、何千台ものサーバー用コンピューターを組み合わせて、システムを構築している場合もある。

さまざまな種類のサーバーが処理を行う

クライアント
サーバー
①要求
③返答
②処理
インターネット

パソコンなどのクライアント端末からの要求を受け付け、さまざまな処理を行ったり、結果を返答する役割を担うのが「サーバー」だ。サーバーはソフトウェアであり、1つのハードウェアに複数のサーバーが動作していることもある。主なサーバーには、右表のものがある

種類	概要
Webサーバー	Webブラウザーなどから要求を受け、指定されたWebページのデータを送信する
メールサーバー	メールソフトなどから要求を受け、メールの送受信を行う。送信用のSMTPサーバー、受信用のPOPサーバーなどがある
データベースサーバー	データベースの定義、データの入力や削除、データの検索などを行う
ファイルサーバー	ファイル共有のため、ファイルの送受信や管理を行う
プリントサーバー	プリンター共有のため、印刷データの受信や管理を行う
DNSサーバー	クライアントから問い合わせのあったドメイン名に対応するIPアドレスを返答する
DHCPサーバー	クライアントの要求に対し、重複しないIPアドレスを割り当てる

●サーバーと通信してWebページを表示

　ここでは、Webページの管理や表示を行うWebサーバーを例に、詳しい仕組みを見ていこう。

　Webサーバーには、各Webページを構成する文字、画像、動画、音楽といったさまざまなデータが保管されている。

　Webサーバーは基本的に、クライアント側のWebブラウザーと通信を行う。使用するプロトコルは、上位階層の**HTTP**（HyperText Transfer Protocol）だ。

　たとえば、WebブラウザーにWebページのURLを入力すると、ブラウザーはWebサーバーに対して、該当するページのデータを送って欲しい旨のコマンド（命令）を送信する。

　Webサーバー側では、送られてきたコマンドを処理する。Webページの送付コマンドならば、指定されたページで利用する文字や画像などのデータを、クライアントに送信する。送られたデータがどのような種類のものかを判別するには、HTTPの場合、データと同時に送られるメッセージ中にある**MIMEタイプ**（マイム）を使う。たとえば、「Content-Type:image/jpeg」という記述があれば、JPEG形式の画像ファイルとわかる。

　Webページの構造は基本的に、HTML（HyperText Markup Language）（215ページ参照）という仕様に沿ったテキストファイルに記載されている。Webブラウザーは、サーバーから送られたHTMLファイルを解析して、同時に送られた画像などのデータを合わせて、Webページをウインドウの内部に描画する（下図）。

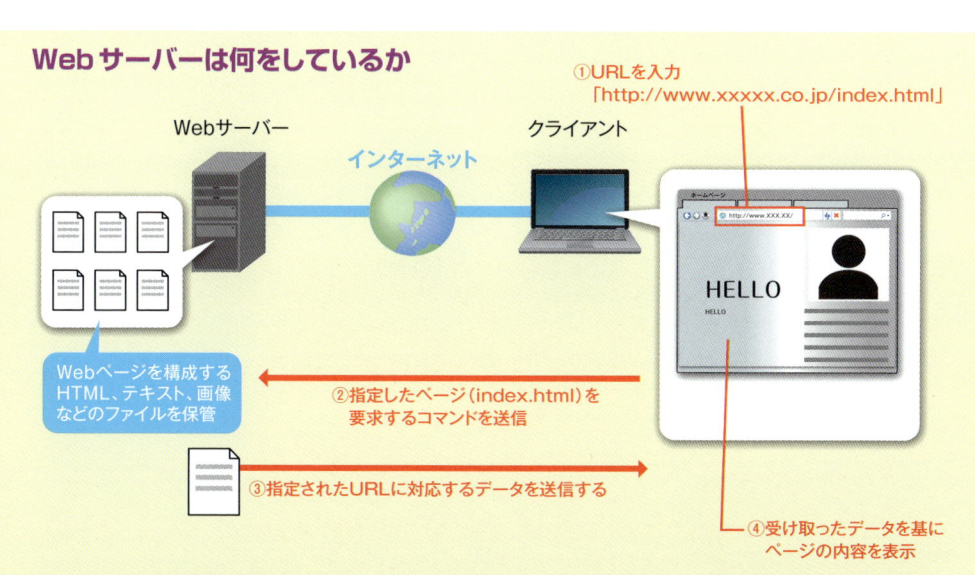

Webサーバーは何をしているか

① URLを入力「http://www.xxxxx.co.jp/index.html」

Webサーバー　インターネット　クライアント

Webページを構成するHTML、テキスト、画像などのファイルを保管

② 指定したページ（index.html）を要求するコマンドを送信

③ 指定されたURLに対応するデータを送信する

④ 受け取ったデータを基にページの内容を表示

Webサーバーの仕組みを紹介しよう。まず、Webブラウザーで見たいページのURLを入力したとする（①）。するとWebブラウザーは、相手のサーバーに対して、指定したURLにあるデータを送ってほしい旨のコマンド（命令）を送信する（②）。コマンドを受け取ったWebサーバーは、該当するデータを送信する（③）。Webブラウザーは、受け取ったデータを解析して、画面上に表示する（④）

第1章 インターネットを利用する

インターネットへのつなぎ方（1）

家庭におけるインターネット接続は、初期は電話回線を使っていた。当初は、低速なダイヤルアップ接続だったが、同じ電話回線で高速に通信できるADSLに移行した。

●初期によく利用されたダイヤルアップ接続

インターネットに接続するには、さまざまな方法がある。ここからは、主に家庭におけるインターネット接続の方法について見ていくことにする※。

家庭向けのインターネット接続サービスでは、従来は電話回線を使って接続することが多かった。

ただし、電話回線はアナログ回線のため、パソコンのデジタル信号をアナログ信号に変換してからデータを流す必要があった。このパソコンと電話回線の間に入り、デジタルとアナログの信号を変換する機器は、**モデム**（Modem）と呼ばれている（下図）。

モデムという名称は、デジタル信号をアナログに変換する変調器（modulator）と、アナログ信号をデジタルに戻す復調器（demodulator）の頭文字を組み合わせたものだ。

電話回線用のモデムは、パソコン側ではシリアル端子やUSB端子などに接続して利用する。パソコンによっては、以前はモデムを内蔵したものもあった。なお、後述するADSLモデムなどは、LAN端子を使って接続する。

インターネットの初期には、それ以前のパソコン通信がメインだった時代と同じように、電話回線とモデムを使った**ダイヤルアップ接続**が利用されていた。

モデムによるダイヤルアップ接続は、電話をかけるのと同じ仕組み。このため、電話回線業者に対して特別な契約は必要なく、インターネット接続プロバイダーと契約すれば利用できた。

ただし、あくまでも電話と同等のものなので、データ通信中は通話をすることができない。また、回線使用料も電話料金と同じく、時間と共に増える**従量制**が主だったため、常時接続というわけにはなかなかいかなかった。通信速度も最大56Kbpsと遅いなど、現在と比べると不便な点も多かった（右図上）。

※家庭（クライアント）とプロバイダーを結ぶ回線をアクセスネットワークと呼ぶ

デジタル信号をアナログ信号に変換するモデム

モデム

（写真は「DFML-560ER」、写真提供：アイ・オー・データ機器）

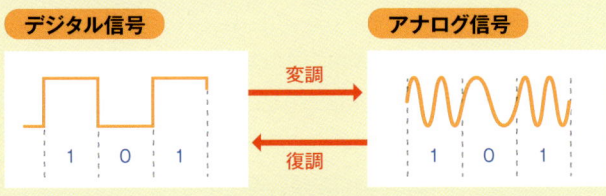

デジタル信号 → 変調 → アナログ信号
アナログ信号 → 復調 → デジタル信号
1 0 1

電話回線などのアナログ回線に、パソコンのデジタル信号はそのままでは流せない。このため、デジタル信号をアナログ信号に変換したり、逆に戻す作業が必要になる。それを行う機器が「モデム」だ

●電話回線で高速に通信可能なADSL

　通信速度など、ダイヤルアップ接続には不便な点もあったが、同じ電話回線を使って高速に通信を行うADSLの登場によって、インターネット接続が非常に快適になった。

　ADSL（Asymmetric Digital Subscriber Line：非対称デジタル加入者線）のAsymmetricは非対称という意味で、通信の上りと下りで速度が異なることを表している。現在での通信速度は、上り最大12.5Mbps、下り最大50Mbpsで、ダイヤルアップ接続に比べ大幅に高速化されている。一般に利用する割合の多い下りの速度を優先することで、最適化が施されている。

　ADSLは、既存の電話回線を利用するため、導入も容易だ。同じ電話回線で、音声通話とデータ通信を同時に利用できる。これは、両者が異なる周波数帯を使って通信することで実現している。データ通信では、ADSLモデムという機器を使って、パソコンなどと接続する。回線使用料は、電話回線のような従量制ではなく、いくらデータ通信をしても料金は一定の**定額制**がほとんどで、これも普及に一役買っている（下図下）。

　ただし、回線を収容している電話局からの距離が遠いと、速度が低下したり、ADSL自体が利用できないといった問題もある。

初期によく利用された「ダイヤルアップ接続」

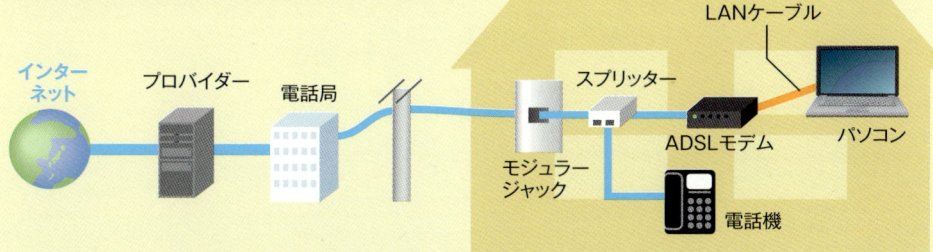

インターネットの初期には、電話回線を使ってインターネットに接続する「ダイヤルアップ接続」が主流だった。モデムを使って、デジタル信号とアナログ信号を変換する。通信は電話をかけて行うため、ネット接続中は音声通話はできない。通信速度も、最大56Kbpsと低速だ

電話回線で高速に通信できる「ADSL」

電話回線を使って、上り最大12.5Mbps、下り最大50Mbpsと高速に通信する技術が「ADSL」だ。音声とデータを別の周波数帯域を使って送受信するため、ネット接続と電話を同時に利用できる。一時期の主流接続方式だった。ADSLでは、音声とデータを分割・混合する「スプリッター」という機器を利用する

第5部　第1章　インターネットを利用する

第1章 インターネットを利用する

インターネットへのつなぎ方（2）

インターネット接続に使用する回線は、電話回線だけではない。ケーブルテレビ用の同軸ケーブルを使うCATVインターネットや、光ファイバーケーブルを使うFTTHがある。

●ケーブルテレビ用の回線を利用する

　家庭向けのインターネット接続サービスに利用する回線は、電話回線以外にもいくつかある。

　その1つが、**CATVインターネット**。ケーブルテレビの視聴用に敷設された同軸ケーブルを、インターネット用のデータ通信にも利用するものだ。

　テレビ放送に使われていない空き周波数帯を使って、同じケーブルでデータ通信も行う。電話回線を使うADSLよりも、高速に通信が可能で、中には下り270Mbpsのサービスもある。

　ケーブルテレビ局から敷かれた同軸ケーブルは、落雷などから回線を守る保安器を経由し、家屋に引き込まれる。ケーブルは分配器を使って回線を分け、一方をテレビの視聴、もう一方をデータ通信に使うケースが多い。

　同軸ケーブルもアナログ回線のため、データ通信を行うには、ケーブルモデムを使って、信号変換を行う。ケーブルモデムとパソコンは、LANケーブルで接続する（下図）。

　一方のテレビ側は、セットトップボックスと呼ばれる機器に接続し、そこからAV端子やHDMI端子などを使って、テレビと接続することが多い。

　最近では、CATV接続でも光通信やADSLと同じように、IP電話のサービスを行うケースもある。

ケーブルテレビの回線を利用する「CATVインターネット」

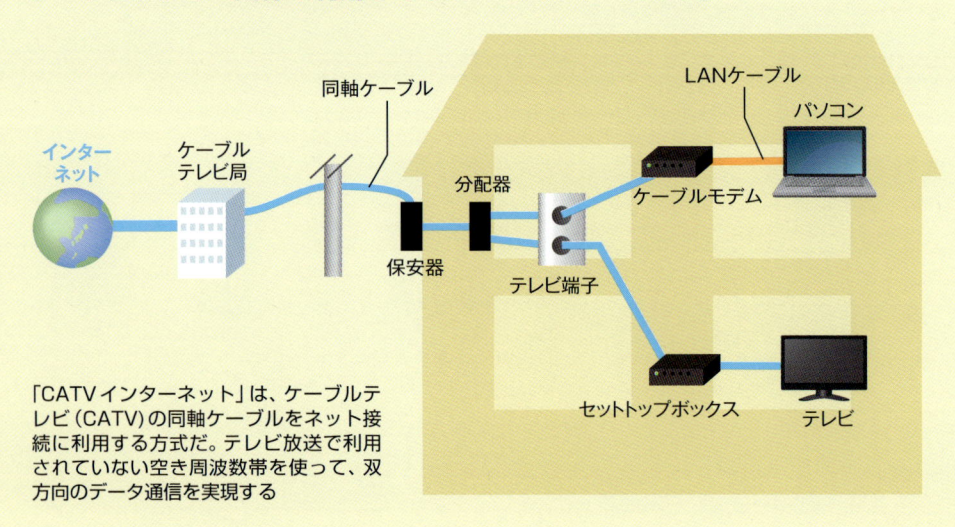

「CATVインターネット」は、ケーブルテレビ（CATV）の同軸ケーブルをネット接続に利用する方式だ。テレビ放送で利用されていない空き周波数帯を使って、双方向のデータ通信を実現する

●高速で安定した通信が可能な光ファイバーケーブル

最近は、光ファイバーケーブル（以下光ケーブル）を使ってインターネットに接続する**FTTH**（Fiber To The Home）が主流になっている。

電気信号を使う電話回線やCATV回線と比べ、光信号を使う光ケーブルはノイズに強く、高速に通信を行うことが可能。最大1Gbpsという高速なサービスも提供されている。また、ADSLやCATVでは、上りと下りで通信速度が異なるが、FTTHの場合は同じ速度になっている。

一戸建ての場合、家屋に引きこまれた光ケーブルは、**ONU**（Optical Network Unit：光終端装置）に接続し、そこからLANケーブルでパソコンに接続する。

従来は、光回線の収容局から1本の光ケーブルで接続するケースもあったが、現在では途中で光スプリッターという分配器を使って、複数に分岐するケースが多い。光回線の分岐には複数の方式があるが、分岐した回線に同じデータを流す**PON**（Passive Optical Network）方式が使われることが多い。スイッチを切り替えるように、各回線固有のデータのみを流す**AON**（Active Optical Network）もあるが、コストがかかるのであまり使われていない（下図）。

マンションなどの集合住宅の場合は、やや異なる。集合住宅では電話線などを分配している配電盤と呼ばれる装置の所まで光ケーブルを引き込み、そこから各部屋までは、LANケーブルや電話回線を使って通信することが多い（VDSL）。これは各建物の設備によって異なる。

最近では高速・安定性を活かし、テレビ放送やIP電話などにも光回線を利用するケースが増えている。

光信号を使って高速データ通信を実現する「FTTH」

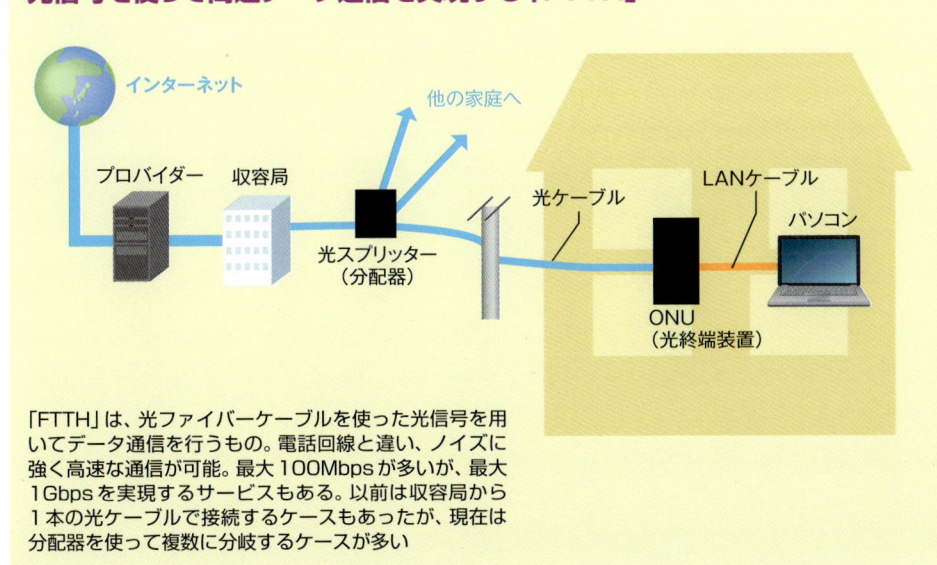

インターネット — プロバイダー — 収容局 — 光スプリッター（分配器） — 他の家庭へ — 光ケーブル — ONU（光終端装置） — LANケーブル — パソコン

「FTTH」は、光ファイバーケーブルを使った光信号を用いてデータ通信を行うもの。電話回線と違い、ノイズに強く高速な通信が可能。最大100Mbpsが多いが、最大1Gbpsを実現するサービスもある。以前は収容局から1本の光ケーブルで接続するケースもあったが、現在は分配器を使って複数に分岐するケースが多い

第1章 インターネットを利用する

無線LAN

ケーブルを使わず電波を使ってデータ通信を行う無線LANの普及が進んでいる。
無線LANには複数の規格があるので、違いをしっかり理解しておきたい。

●ケーブル無しでネット接続が可能

　無線LANとは、LANケーブルではなく、電波を使って無線でLANを構築する仕組みのことだ。自宅で利用する場合は、ADSLモデムやONUなどに**無線LANルーター**（「親機」や「アクセスポイント」とも呼ぶ）を接続して利用する。

　ユーザー端末側には、無線通信を行う子機と呼ばれる周辺機器が必要だ。USB端子に接続するタイプが多い。ノートパソコンやスマートフォンでは、最初から子機の機能を内蔵しているものがほとんどで、即座に無線LANを利用することができる。

　プリンターや複合機などの周辺機器も、無線LAN機能を搭載しているものが増えている。パソコンとUSBケーブルで接続する必要がなく、好きな場所に置けるのがメリットだ（下図）。

　自宅で利用する無線LAN以外に、屋外にアクセスポイントを用意し、多数のユーザーが利用できる**公衆無線LANサービス**（ホットスポット）もある（右図上）。

　アクセスポイントは、ファーストフードや喫茶店、コンビニ、駅、空港などの商業施設や、大学や病院などの公共施設に設置されていることが多い。商業施設に設置されているアクセスポイントは、各店舗や携帯電話会社がその利用者のために設置していることが多く、利用するためには、基本的にユーザー認証が必要になる。最近は、無線LAN機能を搭載するスマートフォンの急速な普及に伴い、無線LANのアクセスポイントも増加している。

　無線LANの規格は複数ある。いずれも広域で利用できるものではないので、

電波を使ってデータ通信を行う無線LAN接続

無線LANは、LANケーブルの代わりに電波を使い、無線でデータ通信を行う。有線ルーターの代わりに、「無線LANルーター」を利用する。受け手の機器側にも、電波を送受信する「子機」が必要。最近のノートパソコンやスマートフォン、タブレット、ゲーム機などは、子機機能を最初から搭載しているので、そのまま無線LANに接続できる

免許や届出は不要だ。現在は高速通信が可能な**IEEE 802.11n**という規格が主流になっている（下表）。

　無線LANで使用する電波の周波数帯は、規格によって2.4GHzと5GHzの2つがある。異なる周波数帯の機器同士は通信できない。上記11nは規格では両方に対応するが、2.4GHz帯のみ対応の11n機器もある。2.4GHz帯は、無線LAN以外の機器でも利用するため、混信の可能性が高い。高速・安定に通信するには、5GHz帯を利用するのがよい。

街中で利用できる「公衆無線LAN」

街中に無線LAN親機を設置し、外出時に無線LANを利用できるようにしたものが「公衆無線LANサービス」だ。図は「ワイヤ・アンド・ワイヤレス」が提供する公衆無線LANサービスの東京駅付近にあるアクセスポイントの位置。これらの場所で無線LANを利用できる（2012年3月現在）

4つある無線LAN規格、主流は「IEEE 802.11n」

名称	最大速度	周波数帯	概要
IEEE 802.11n	600Mbps	5GHz帯/2.4GHz帯	現在主流の規格。5GHz帯と2.4GHz帯の両方に対応するが、機器によっては2.4GHz帯のみに対応する。最大通信速度も機器によって異なる。規格上は600Mbpsだが、2012年3月現在では450Mbpsの製品が最大
IEEE 802.11g	54Mbps	2.4GHz帯	11bの後継規格で、同じ2.4GHz帯を利用するが、最大速度は54Mbpsとアップしている
IEEE 802.11a	54Mbps	5GHz帯	5GHz帯を使う方式。5GHz帯は利用機器が少なく、チャンネル数も多いので、混信が少なく安定した通信が期待できる
IEEE 802.11b	11Mbps	2.4GHz帯	初期の無線LANで採用された規格。2.4GHz帯を使い、速度は11Mbpsと速くはない

無線LANには、表の4つの規格がある。それぞれ、使用する電波の周波数帯や最大速度が異なる。周波数帯が異なる規格同士は通信できない。現在は、「802.11n」が主流になっている

無線で高速に通信できる「モバイルWiMAX」

　無線でインターネットに接続できるサービスが**モバイルWiMAX**（ワイマックス）だ。無線LANとは異なり、1つの基地局が1〜3km程度の範囲をカバーする。速度も速い。たとえば、UQコミュニケーションズが提供するモバイルWiMAXでは、下りが最大40Mbps、上りが最大15.4Mbpsだ。通信の際は、持ち運ぶことができ、一度に複数の無線LAN機器と接続できるモバイルルーターで通信を行うことが多い。また一部のノートパソコンやスマートフォンには、最初からモバイルWiMAX機能を搭載したものもある（下図）。

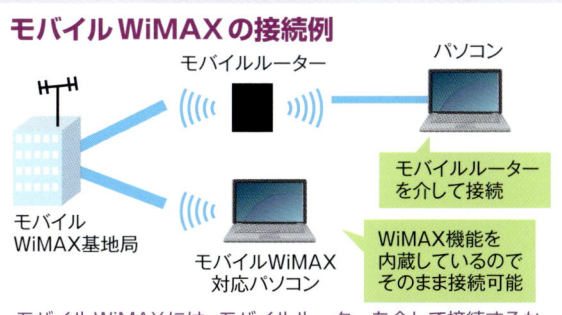

モバイルWiMAXの接続例

モバイルWiMAXには、モバイルルーターを介して接続するか、モバイルWiMAX機能を内蔵したモバイル機器を使用する

第1章 インターネットを利用する

プロバイダー

第1章 インターネットを利用する

私たちがインターネットを利用する際には、接続サービスを提供するプロバイダーと契約する必要がある。ここでは、プロバイダーの役割などについて解説しよう。

●インターネットへの接続サービスを提供

インターネットへの接続サービスを提供している業者を**ISP**（Internet Service Provider）、あるいは単に**プロバイダー**と呼ぶ（下図）。

インターネットを利用するには、単に回線を用意すればよいわけではなく、プロバイダーとの契約も必要になる。回線の種類によっては、複数のプロバイダーから、自分のニーズに適したものを選べるようになっている。また、プロバイダー自らが回線の提供を行っているケースもある。

プロバイダーは、インターネットへの接続と同時に、さまざまな付加サービスを提供している。従来は、インターネット接続のオプションとして、電子メール用アカウントの提供や、自作Webページ（あるいはブログ）を公開するためのWebサーバーのレンタルスペースを提供していた。

現在はこれらに加え、他社と比較したときの優位性を確保するため、有料・無料にかかわらず、多彩なサービスを提供するプロバイダーが増えてきた。たとえば、迷惑メールやウイルス対策などのセキュリティー強化、ネット上のサーバーにファイルを保管できるネットストレージサービス、ネット回線を利用したテレビ配信やIP電話などだ。

また、プロバイダー自身が、各種の情報へのリンク先をまとめたポータルサイトを運営したり、音楽や動画の配信、オンラインショッピングといったサービスを展開しているケースもある。

インターネット接続を提供するプロバイダー

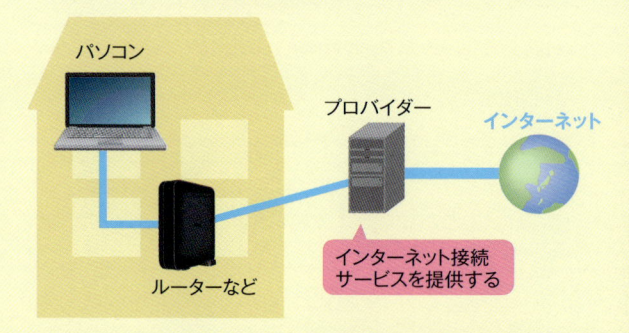

パソコン／ルーターなど／プロバイダー／インターネット

インターネット接続サービスを提供する

こんなサービスも提供
- メールサービス
- Webサーバーのレンタルスペース
- セキュリティー対策
- ネットストレージサービス
- ポータルサイトの運営
- 動画や音楽の配信

インターネットを使うには、「ISP（プロバイダー）」を利用する。プロバイダーを介して、全世界に広がるインターネットへ接続できる。プロバイダーによっては、インターネット接続以外に関連サービスも提供する

●プロバイダー同士はIXで接続

　プロバイダーは、ほかのプロバイダーと接続し、世界規模のインターネットを構築している。

　自社で回線を保有するような大手のプロバイダーの一部は、高速な専用線で相互に接続している。たとえば、米国と日本の大手プロバイダーは、専用の海底ケーブルでつながっている。しかし、すべてのプロバイダーが専用線で接続するのは、コスト的にも大変だ。そこで、**IX**（Internet eXchange）という相互接続ポイントを利用している（下図上）。

　またプロバイダーの中には、IXに接続したプロバイダー（一次プロバイダー）を経由して接続サービスを提供する業者（二次プロバイダー）もある。

　プロバイダーは、各地にアクセスポイントを設けていて、ユーザーはそれを通じて接続する。接続の際には、IDやパスワードを使ったユーザー認証が必要だが、アクセスポイントごとにユーザー情報を管理するのは効率が悪い。そこで利用されるのが、**RADIUS**（Remote Authentication Dial In User Service）などのユーザー管理システムだ。

　RADIUSの場合、RADIUSサーバーでユーザー情報を一元管理する。アクセスポイントには、RADIUSサーバーのクライアント機能を持たせる。ユーザーからの接続要求があると、アクセスポイントはRADIUSサーバーに問い合わせを行い、正しいユーザーかどうかを判断する。認証された場合は、ユーザーの接続を許可するという仕組みだ（下図下）。

プロバイダー同士は専用回線で接続

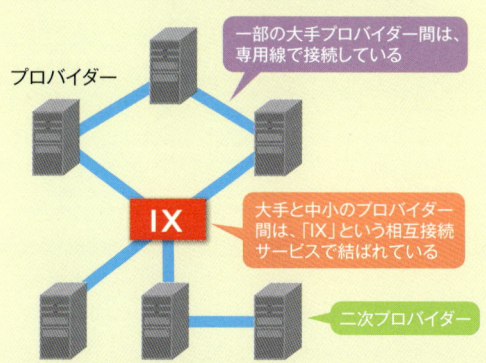

プロバイダー同士は互いに接続し、世界規模のインターネットを構築している。大手と中小のプロバイダー間は「IX」という相互接続ポイントで接続されている

アカウント管理と認証を一元化する「RADIUS」

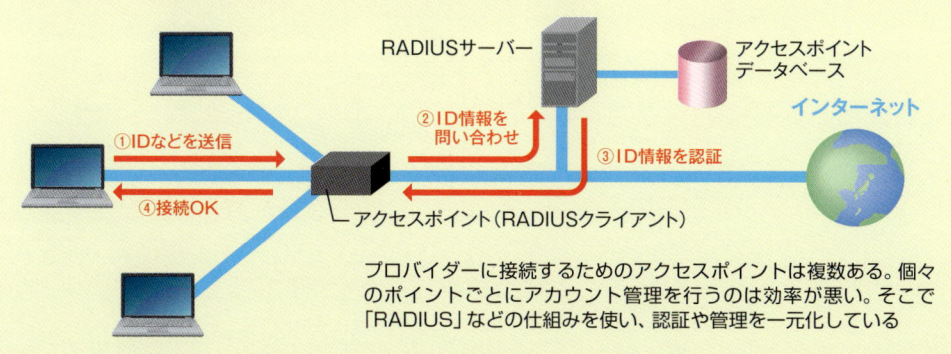

プロバイダーに接続するためのアクセスポイントは複数ある。個々のポイントごとにアカウント管理を行うのは効率が悪い。そこで「RADIUS」などの仕組みを使い、認証や管理を一元化している

第1章 インターネットを利用する

Webブラウザー

インターネット上のWebサイトのWebページを表示するアプリケーションがWebブラウザー。Webページの構成を記述するHTMLファイルを解析して、画面に描画する。

●HTMLを解析して画面上にWebページを描画

インターネット上には、多彩なコンテンツを提供するWebサイトが無数にある。Webサイトの各ページ（Webページ）を見るには、**Webブラウザー**というアプリケーションを利用する。

Webブラウザーの主な役目は、指定されたURLに基づいてWebサーバーとデータをやり取りしたり、受信したデータを使ってWebページを表示することだ。Webページの構成内容は、**HTML**（HyperText Markup Language）形式のテキストファイルに記載されている。HTMLでは、文章・表・図の配置、文字の色やサイズなどの装飾、枠線の有無、クリックしたときの動作、リンク先などを指定できる。

WebブラウザーはHTMLファイルを解析して、Webページをウインドウ内に描画する（下図）。描画には、Webページで使う画像、動画、音声などのデータも別途必要だが、これらもWebサーバーから入手する。

Webページによっては、表現力の向上のため、「Adobe Flash」など特殊な形式のデータを利用することもある。これらは、Webブラウザーに組み込む**プラグイン**（アドイン、アドオン）と呼ぶ外部プログラムを利用して描画する。そのため、プラグインをインストールしていないWebブラウザーでは表示できない。

WebブラウザーがWebサーバーと通信する際には、テキストデータでやり取りを行うHTTPというプロトコルを使う。なお、流出すると困るようなデータは、SSL（Secure Sockets Layer）と呼ぶ暗号化通信でやり取りが可能だ。

HTMLを解析してページを表示する「Webブラウザー」
HTMLファイル → **Webブラウザー**

Webページを表示するアプリケーションが「Webブラウザー」だ。Webページ内の文章、レイアウト、動作などは、「HTML」形式のテキストファイルに記載されている。WebブラウザーはWebサーバーと通信して、指定したページのHTMLファイルと、関連する画像・音声・動画などをダウンロードし、ブラウザー内のウインドウにWebページを表示する

●しのぎを削るWebブラウザーの開発

パソコン用Webブラウザーには、複数の種類がある（右表）。国内で最もシェアが大きいのが、マイクロソフト社の**Internet Explorer**（IE）だ。パソコン用OSのWindowsに付属していることもあり、多くのユーザーが利用している。

IEに対抗して、Webページの描画速度の高速化や、IEにない便利な機能を搭載することで、ほかのブラウザーも頭角を現してきた。これに触発され、IEも速度や機能を強化し、現在は熾烈な開発競争が行われている。

ただし、同じWebページでも別のWebブラウザーでは画面表示が違ってしまうといった問題もある。これを解決するため、HTML5（246ページ参照）などの新しい規格が登場している。

最近は、パソコン以外にスマートフォンやゲーム機、大画面テレビなどでも、Webブラウザーの搭載が増えている。

主なパソコン用Webブラウザー

名称	概要
Internet Explorer	Microsoft社が開発したブラウザー。世界で第1位のシェアを持つ
Google Chrome	Google社が開発したブラウザー。グーグル関連サービスと密着した機能を持つ
Firefox	Mozilla Foundationが管理している、オープンソースのブラウザー。高速性や拡張性に優れる
Safari	Apple社が開発したブラウザー。MacとWindowsの両方に対応する
Opera	ノルウェーのOpera Software ASA社が開発したブラウザー。ゲーム機や携帯電話などにも搭載されている

パソコン用のWebブラウザーは主なものだけでも数種類ある。国内で最もシェアが大きいのが、マイクロソフト社の「Internet Explorer」。次点を「Firefox」「Google Chrome」が争うという構図だ。Webブラウザーによって、搭載する機能や表示速度などが異なったり、ページのレイアウトが違って表示されることがある

タグで構造を指定するHTML

HTMLはテキスト形式ファイルだが、中ではタグ（Tag）と呼ばれる特殊な文字列を使い、文書の構造を指定している。

たとえば、「\<b\>こんにちは\</b\>」は、「こんにちは」という文字を太字で表示するという意味。ここで使われている\<b\>\</b\>がタグだ。タグは、囲んだ文字列に対して、何らかの指示を行うものと考えてよい。

タグには表のようにさまざまな種類があり、これを組み合わせることでWebページを作成できる。JavaScriptなどの動作制御用のプログラムを埋め込み、複雑な処理もできるようになっている。

HTMLのタグの例

主なタグ	意味
\<title\> ～ \</title\>	Webページのタイトルを表す
\<h1\> ～ \</h1\>	見出しを表す。文字のサイズにより、h1からh6の6種類がある
\<p\> ～ \</p\>	1つの段落を表す
\<br\>	改行を表す。これは\</br\>は必要なく、始まりのタグだけでよい
\<b\> ～ \</b\>	間にある文字を太字にする
\<table\> ～ \</table\>	表組（テーブル）を指定するタグ。この中で、横1列を表す\<tr\> ～ \</tr\>、セルの文字を表す\<td\> ～ \</td\>などのタグを使って表を表現する
\<a href="URL"\> ～ \</a\>	間にある文字にハイパーリンクを設定する。「URL」のところに、リンク先のURLを記載する
\<script type="種類"\> ～ \</script\>	HTMLの中にデータ処理手順を記載したスクリプト（プログラム）を埋め込む。「種類」の部分に、「text/javascript」のように、スクリプトの種類を記載する

メール

電子メールは、個人でも仕事の場でも、欠かせないコミュニケーションツールになっている。インターネットの中で、電子メールがどのように送受信されているのかを解説する。

●送信はSMTP、受信はPOP3を利用する

電子メールの登場は、私たちのコミュニケーションに大きな変革をもたらした。今や電子メールは、日常生活の必須のツールになっているともいえる存在だ。この電子メールが、どのように送受信されているかを見てみよう。

メールソフトで作成した電子メールは、まず送信者が利用する**送信メールサーバー**に送られる。このとき、メールソフトとメールサーバー間では、**SMTP**（Simple Mail Transfer Protocol）というプロトコルでデータをやり取りする。どのメールサーバーを利用するかは、メールサービスを提供しているプロバイダーなどから指定される。

SMTPは基本的にユーザー認証は不要だが、最近ではセキュリティー向上のため、認証が必要なケースもある。また、迷惑メールの大量送信などを防ぐため、プロバイダーによっては「25番ポートブロック」という仕組みを取り入れている。これは、プロバイダー配下のクライアント以外からのメールサーバー利用を拒否するものだ。

送信メールサーバーが受け取ったメールは、受信者側の**受信メールサーバー**に転送される。このときも、SMTPを使ってメールを送信する。受信者が受信メールサーバーに保管されたメールを読むには、メールソフトを使ってサーバーからダウンロードする形だ。

受信時のデータのやり取りは、ユーザー認証が必要なPOP3（Post Office Protocol 3）というプロトコルを使うことが多い。ダウンロードしたメールは、メールソフトで閲覧できる（下図）。

送信は「SMTP」、受信は「POP3」というプロトコルを利用

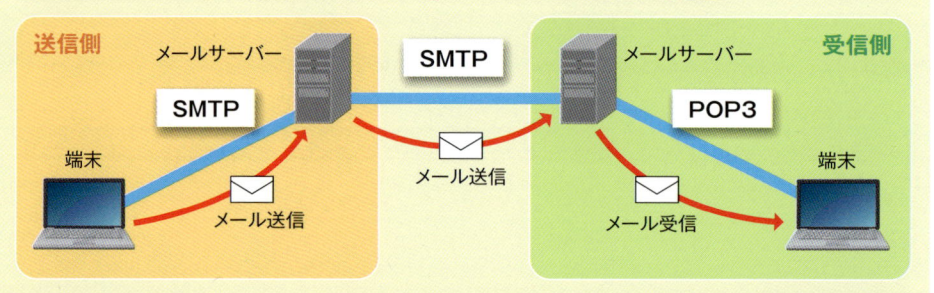

電子メールを送る際は、まず自分が利用する送信メールサーバーに対して「SMTP」で通信し、メールをサーバーに送る。サーバーは同様にSMTPを使って、送信先のメールサーバーへメールを送る。受信側の端末は、「POP3」などで通信し、受信サーバーからメールを受け取る。POP3で通信する場合は、IDとパスワードによる認証が必要だ。SMTPは基本的に認証はいらないが、最近はセキュリティー向上のため、認証の仕組みを取り入れるケースもある

●サーバーでメールを管理できるIMAP4

メールを受信する際は、**POP3**というプロトコルを利用することが多いが、最近では**IMAP4**（Internet Message Access Protocol 4）というプロトコルを利用することもある。

POP3は、基本的にメールサーバーで保管している受信メールを端末側にダウンロードする。メールの削除、フォルダーによる仕分けなど、メールの管理は、ダウンロード後に端末のメールソフトで行うのが一般的だ。

ただしこの方法では、複数の端末で同じメールサーバーを利用するケースで運用が面倒になる。たとえば、あるパソコンでダウンロードしてサーバーから削除したメールは、別のパソコンでは読むことができない。

POP3では、ダウンロードしたメールをサーバーに残しておくことも可能だが、未読／既読やフォルダー仕分けなどのメール管理は複数のパソコンで別々に行わなければならず、かなり面倒だ。

これに対しIMAP4では、基本的にメールデータはサーバーに残し、未読／既読やフォルダー仕分けなどの管理もサーバー上で行う。このため、複数のパソコンでのメール管理が容易だ。必要があれば、メールのコピーをパソコンにダウンロードできるので、インターネットに接続しなくても閲覧は可能だ（下図）。

IMAP4は複雑なプロトコルなので、以前は対応するメールソフトが少なかったが、現在では多くのメールソフトで利用可能となった。

複数の端末でメールを管理するには、Webメール（243ページ参照）を使う手もある。ただしWebメールの利用には、ネットへの接続が必須になる。

「POP3」と「IMAP4」の違い

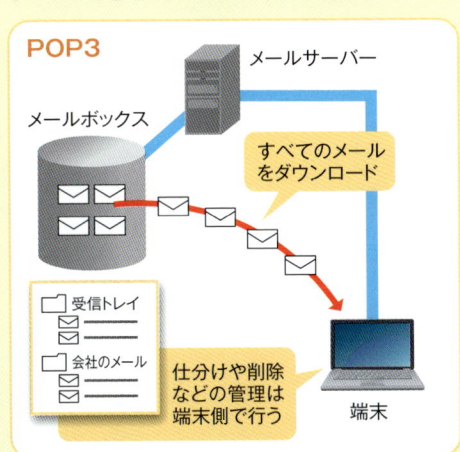

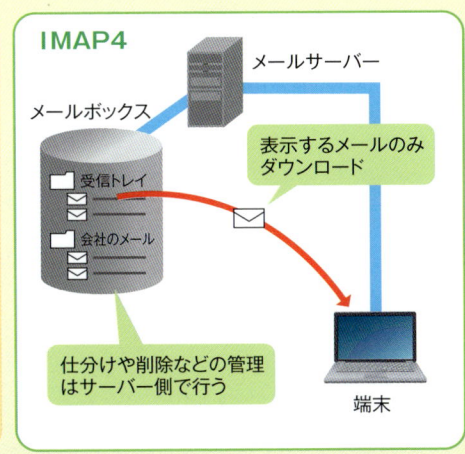

POP3
- メールサーバー
- メールボックス
- すべてのメールをダウンロード
- 受信トレイ
- 会社のメール
- 仕分けや削除などの管理は端末側で行う
- 端末

IMAP4
- メールサーバー
- メールボックス
- 表示するメールのみダウンロード
- 受信トレイ
- 会社のメール
- 仕分けや削除などの管理はサーバー側で行う
- 端末

メールを受信する際は、「POP3」の代わりに「IMAP4」を利用するケースもある。POP3では基本的にすべてのメールをダウンロードし、仕分けなどの管理は端末側で行う。IMAP4では、メールはサーバーに残したまま、仕分けなどの管理を行う。クライアントは、表示したいメールのみをダウンロードできる

第1章 インターネットを利用する

ファイル共有

インターネットを介して、ファイルをやり取りしたいことは多い。
ここでは、ファイル交換のためのファイル共有について解説する。

●2種類あるファイル共有の手法

　ネットワークを通じて、オフィス文書や写真といったファイルをやり取りしたいことは多い。電子メールに添付して送る方法もあるが、容量の制限などもあり面倒。そんなときに利用するのが、**ファイル共有**だ。大きく分けて、ファイル共有には2つの方法がある（右図）。

　1つは、**クライアント・サーバー型**と呼ばれるもの。インターネット上にあるファイルサーバーに、ファイルを保管するための記憶領域を用意する。各端末は、その場所を使ってファイルを置いたり、取り出したりするものだ。

　サービスによっては、フォルダーにアクセス権を設定し、指定したユーザー以外は利用できないようにしたり、ダウンロードのみを許可するなどの機能制限が可能だ。逆に、不特定多数のユーザーにファイルを公開できるものもある。

　もう1つは、**ピア・ツー・ピア（P2P）型**と呼ばれるもの。クライアント・サーバー型が、端末とサーバー間でファイルのやり取りをするのに対して、ピア・ツー・ピア型は、端末同士が直接通信を行ってファイルのやり取りをする。

　ピア・ツー・ピア型は、管理用のサーバーを設置する場合もある。ただし、ファイルサーバーほど性能が高いものを用意する必要がないため、低コストでファイル共有の仕組みを実現できるのがメリット。一部のメッセンジャーソフトにもこの仕組みが採用されている。

ファイルを共有するための2つの方法

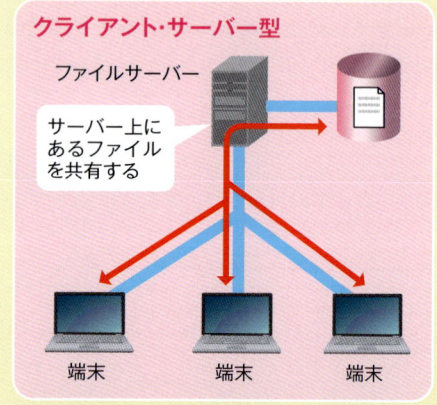

クライアント・サーバー型

ファイルサーバー
サーバー上にあるファイルを共有する
端末　端末　端末

「クライアント・サーバー型」は、ファイルサーバーにファイルを保管するための記憶領域を用意する。各端末は、その記憶領域を介して、データのやり取りを行う

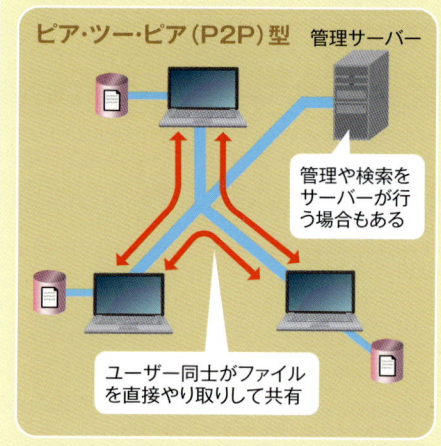

ピア・ツー・ピア（P2P）型　管理サーバー

管理や検索をサーバーが行う場合もある

ユーザー同士がファイルを直接やり取りして共有

「ピア・ツー・ピア（P2P）型」は、端末同士が直接ファイルのやり取りを行う。端末の管理やファイルの検索などを行う管理用のサーバーを設置する場合もある

●匿名性の高いファイル共有ソフトが問題に

　クライアント・サーバー型のファイル共有では、ファイルサーバーの記憶容量の限界があり、大容量のファイルを多数保管するのは難しい。また、サーバーに作業が集中するので、サーバーの能力によっては、多数の端末からのアクセスには対応しきれないケースもある。

　そのため、動画などの大容量ファイルの共有には、P2P型のファイル共有ソフトが使われることも多い（右表）。ファイルのデータを各端末に分けて保管することで、容量制限やアクセスの一極集中を緩和できるからだ。

　しかし、その一方で、匿名での利用が可能なP2P型のファイル共有ソフトが、著作権を侵害した違法な動画の配布などに使われることもある。

　P2P型のファイル共有ソフトでは、ファイルのデータが、自動的に各端末に分けて保管される。このため使用しているユーザーは、自分で意識しなくても、違法なファイルの配布に加担してしまうことになる。

　またファイル共有ソフトが、ウイルス感染の温床となるケースも見受けられる。興味を引くタイトルの動画ファイルなどに偽装したウイルスが、ファイル共有ソフトを通じて流通し、それを開いたユーザーが感染してしまうといった具合である（右図）。

　とくに、パソコン内部のファイルを勝手に外部に公開するウイルスに感染してしまい、自身の個人情報のみならず、企業の機密データが流出して問題になった事例もある。このため企業によっては、ファイル共有ソフトの利用を禁止するなどの措置をとっている。

主なP2P型ファイル共有ソフト

名称	概要
BitTorrent	ブラム・コーエンが開発したファイル共有ソフト。利用頻度の高いファイルを高速に入手できる仕組みが特徴。匿名性は低い
Share	国産のファイル共有ソフト。Winnyの後継ソフトと言われる
WinMX	フロントコード・テクノロジーが開発。ファイル共有ソフトが広まるきっかけとなったソフト
Winny	国産のファイル共有ソフト。開発者が逮捕されたことで話題になったが、後に最高裁で無罪が確定した

パソコン上で動作する主なP2P型のファイル共有ソフト。ソフトの中には、匿名性を持つため、不特定多数の間で違法なファイルの共有に利用されるケースがある

ウイルス感染などの危険がある

芸能人の秘密.mp4 — 興味を引くタイトルのファイルを開くとウイルスに感染。個人情報の流出などにつながる

テレビ番組.mp4 — 著作権を侵害した違法ファイルの配布に加担してしまうことも

不特定多数の間でファイル共有を行うソフトは、ウイルスの温床となるケースも多い。興味を引くタイトルのファイルを開くとウイルスに感染し、個人情報の流出などの被害が起きるといった具合だ。また、ファイル共有ソフトでは著作権を侵害した違法なファイルが流れることもあり、知らぬまに配布に加担することになりかねない

Webページの検索

膨大な情報で溢れているインターネットの世界では、検索が欠かせないものになっている。ここでは、インターネットにおける検索の仕組みについて見ていこう。

●素早く知りたい情報を探し出す

インターネットには、無数のWebページがある。その中から、自分に必要な情報を探し出すために利用するのが、**Google**に代表される**検索エンジン**だ。

検索エンジンを使う際は、探し出したい情報に関連する単語(キーワード)を入力する。すると検索エンジンは、キーワードに関連したWebページの見出しや一部の文章を表示する。基本的に見出し部分にはWebページへのリンクが設定されていて、クリックで移動できるようになっている。

当初は、さまざまな検索エンジンがあったが、1998年に登場したGoogleは検索結果の有用性についての評価が高く、一気に全世界へ広まった。

Googleなどの検索エンジンは、無料で利用できる代わりに、キーワードに関連した広告を表示することで、収入を得ていることが多い。

検索エンジンでは、1つのキーワードによる検索だけでなく、多彩な検索手段を用意している。たとえばGoogleの場合、複数のキーワードを空白で区切って入力すると、すべてのキーワードに関連した情報を検索するAND検索になる。複数キーワードの間に「OR」と入力すると、どれか1つのキーワードに関連した情報を検索するOR検索が可能だ。キーワードの先頭に−(マイナス)を付けると、そのキーワードに関連するWebページを除外することもできる。

またGoogleでは、検索結果を絞り込むためのメニューを画面左に用意している。「画像」をクリックすると画像のみが表示できるし、「1週間以内」をクリックすると、現在から1週間以内に作成されたページのみを表示できる(下図)。

広大なネットの中から必要な情報を探し出す

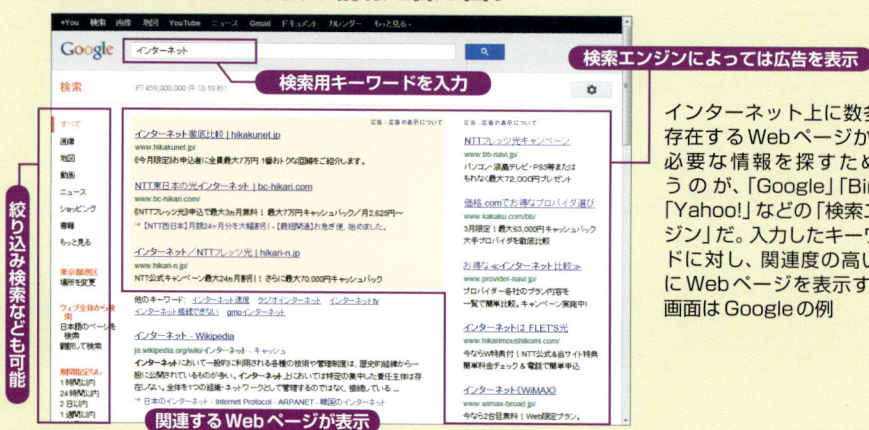

インターネット上に数多く存在するWebページから、必要な情報を探すため使うのが、「Google」「Bing」「Yahoo!」などの「検索エンジン」だ。入力したキーワードに対し、関連度の高い順にWebページを表示する。画面はGoogleの例

●Webサイトを自動巡回してデータを収集

　検索エンジンは、古くは**ディレクトリー型**のものが多かった。これは、管理者が手作業でWebサイトを分類したデータベースだ。分類は、階層構造になっている。利用者は、キーワードに関連したWebサイトをデータベースから検索するか、分類を次々とたどってWebサイトを探し出す。手作業でデータベースを構築するので、信頼性が高い。しかし、現在はWebサイトの数が多く、手作業でデータベースに反映させるのは難しくなっている（右図）。

　現在の主流は、**ロボット型**の検索エンジンだ。ロボットあるいは**クローラー**などと呼ばれるWeb自動巡回プログラムを使って、数多くのWebページのデータを収集する。そのデータを基に、検索用データベースを作成する。検索要求があった場合は、データベースを参照して関連度の高いページを結果として返す仕組みだ（下図下）。

　検索エンジンごとに、関連度の高いWebページを探し出すための手法が異なるため、検索結果も違うものになる。

手作業で分類する「ディレクトリー型」

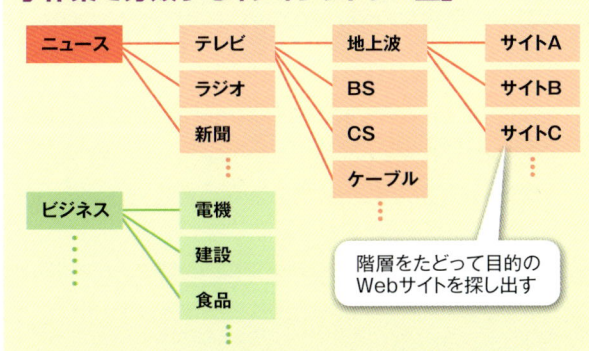

「ディレクイトリ型」の検索エンジンは、管理者が手作業でWebサイトを分類したもの。分類は、大分類、中分類…のように、階層化されている。現在は、単独ではあまり利用されていない

Webサイトをデータベース化する「ロボット型」

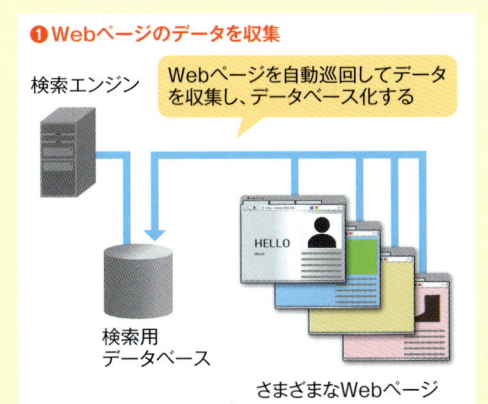

❶ Webページのデータを収集
Webページを自動巡回してデータを収集し、データベース化する

❷ 収集したデータを基に検索を行う
キーワードを送信
データベースを参照して、関連度の高い順にWebページのリンクを表示する

「ロボット型」の検索エンジンは、「クローラー」や「スパイダー」と呼ばれるWeb自動巡回プログラムが、定期的にWebページを巡回し、情報を収集。これを基に、検索用のデータベースを作成する。検索の要求があった場合は、データベースを参照して、キーワードへの関連度が高いページから順に結果を表示する

第1章 インターネットを利用する

IP電話

インターネット回線を利用した電話サービスの提供が増えている。これをIP電話という。
一般の固定電話に比べ、通話料が安いなどのメリットがある。

●インターネット経由で通話を行う

インターネット回線を利用して、音声通話を可能にするサービスが**IP電話**だ。音声データをIPパケットでやり取りする**VoIP**（Voice over Internet Protocol）という技術を使って実現している。IP電話は、基本的に回線業者やプロバイダーが提供するサービスだ。

IP電話では、音声のアナログ信号をデジタル信号に変換することで、インターネット経由でのやり取りを可能にしている。初期のインターネット回線は低速で、IP電話の音声品質は悪かった。しかし、FTTHといった高速で安定した回線が利用できるようになると、音声品質も向上した。またIP電話は、VoIPゲートウェイという機器を介して、一般の固定電話や携帯電話とも通話が可能で、一般の電話と同じ感覚で利用できる（下図）。

一般の固定電話と比較し、IP電話にはさまざまなメリットがある。

まず低コストである点。固定電話では、距離に応じて通話料金が変わるが、IP電話では途中までインターネット回線を利用するので、距離にかかわらず通話料は一定のケースが多い。通話料金や基本料金も、固定電話より安いものがほとんど。中には、IP電話同士なら通話料が無料のサービスもある。IP電話によっては、既存の電話機をそのまま使え、固定電話の電話番号を利用できるものもある。

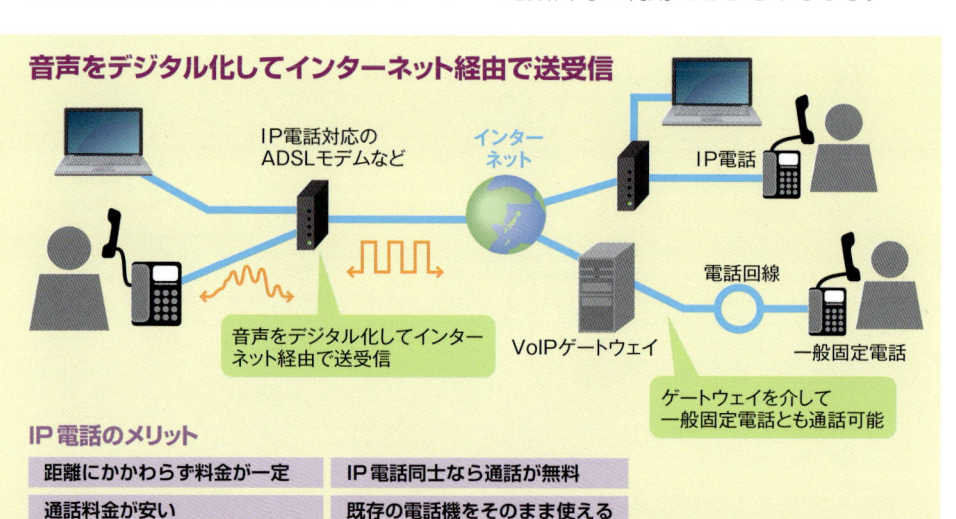

音声をデジタル化してインターネット経由で送受信

- IP電話対応のADSLモデムなど
- インターネット
- IP電話
- 音声をデジタル化してインターネット経由で送受信
- VoIPゲートウェイ
- 電話回線
- 一般固定電話
- ゲートウェイを介して一般固定電話とも通話可能

IP電話のメリット

距離にかかわらず料金が一定	IP電話同士なら通話が無料
通話料金が安い	既存の電話機をそのまま使える

IP電話とは、音声をデジタル化してインターネットに流すことで、音声通話を可能にするもの。NTTなどの回線業者やプロバイダーが提供することが多い。インターネット回線を使うことで、通話コストを抑えられるメリットがある。高速な光回線を使う場合は、一般電話とほぼ同じように利用できる。ADSLなどの場合は、119など緊急電話番号へかけられないなど一部制限がある

●パソコンやスマートフォンで利用するインターネット電話ソフト

インターネット回線の種類やプロバイダーにかかわらず、パソコンやスマートフォンを使ってインターネット経由の音声通話を可能にするソフトウェアもある。「**インターネット電話ソフト**」などと呼ばれている。

基本的に、パソコンやスマートフォン同士なら、インターネット利用料以外に料金はかからない。パソコンで使う場合は、マイクとスピーカー、またはそれらが一体になったヘッドセットなどを接続し、通話を行う（下図上）。

「Windows Live メッセンジャー」といった、パソコン同士で文章のやり取りを行うメッセンジャーソフトは、音声通話やテレビ電話にも対応していることが多い。テレビ電話にする場合は、パソコンにWebカメラなど、USB接続のカメラを接続する。最近のパソコンでは、最初からWebカメラを内蔵しているタイプも多い。

パソコンやスマートフォン同士だけでなく、IP電話と同様に一般固定電話との発着信が可能なソフトもある（下表）。

代表例が、マイクロソフト社が買収したことで話題になったSkypeだ。ただし、一般固定電話と通話する場合は料金が発生する。

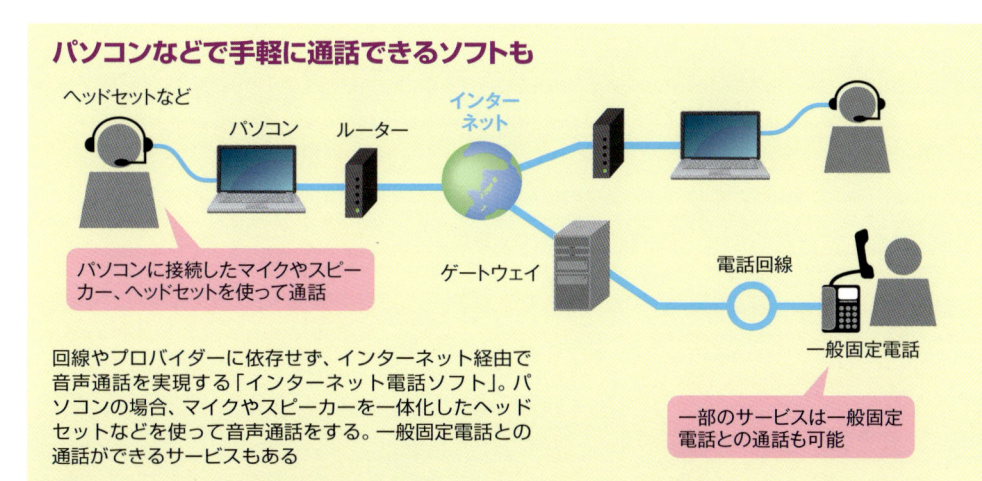

パソコンなどで手軽に通話できるソフトも

回線やプロバイダーに依存せず、インターネット経由で音声通話を実現する「インターネット電話ソフト」。パソコンの場合、マイクやスピーカーを一体化したヘッドセットなどを使って音声通話をする。一般固定電話との通話ができるサービスもある

一部のサービスは一般固定電話との通話も可能

主なインターネット電話ソフト

ソフト名	概要
Windows Live メッセンジャー	マイクロソフト社が提供するメッセンジャーソフト。文字会話（チャット）、音声通話、ビデオ通話が可能
Yahoo! メッセンジャー	ヤフーが提供するメッセンジャーソフト。チャット、音声通話、ビデオ通話が可能
Google Voice	Google社が提供するIP電話ソフト。Gmailの画面から、有料で電話をかけることが可能。2012年3月の時点では、日本ではフル機能は使えない
Skype	スカイプ（マイクロソフト社の一部門）が提供する音声/ビデオ通話ソフト。有料だが一般電話への発信や着信が可能

主なインターネット電話ソフトの例。基本的にパソコン同士なら通話は無料。一般電話との通話には料金がかかる。発信だけでなく、着信が可能なサービスもある

第1章 インターネットを利用する

ウイルス

パソコンを利用するときに、常に気をつけなければならないのがコンピューターウイルスの感染だ。感染すると、個人情報の流出など大きな被害を受けてしまうことになる。

●さまざまな被害をもたらすウイルス

世界で初めて**コンピューターウイルス**に関する論文を発表したフレッド・コーエン博士は、ほかのファイルに感染して増殖するものを**ウイルス**、単体のプログラムで自己増殖するものを**ワーム**、単体の自己増殖はしない悪意のあるプログラムを**トロイの木馬**と分類した。

一方、経済産業省が1995年に発布した「コンピュータウイルス対策基準」によれば、自己伝染、潜伏、発病のいずれかの機能を有する悪意のあるプログラムをウイルスと定義している。このように、ウイルスの定義にはいくつかあるが、現在では悪意のあるプログラムを総じてウイルスと呼ぶことが多い。

ウイルスの感染経路はさまざまだ。わかりやすいのは、何らかの形で入手した感染済みのファイルを開くことで、ウイルスプログラムが起動し、自分のパソコンに感染するケース。このほか、ウイルスの中には、USBメモリーを挿したときに自動起動して感染したり、Webページの閲覧で感染するものなどがある。

ウイルスに感染すると、重要なファイルの消去や個人情報の流出といった被害はもちろん、自身が感染源となりウイルスを広げるなど、知らぬ間に加害者となってしまう危険もある（下図）。

いたるところにウイルス感染の危険がある

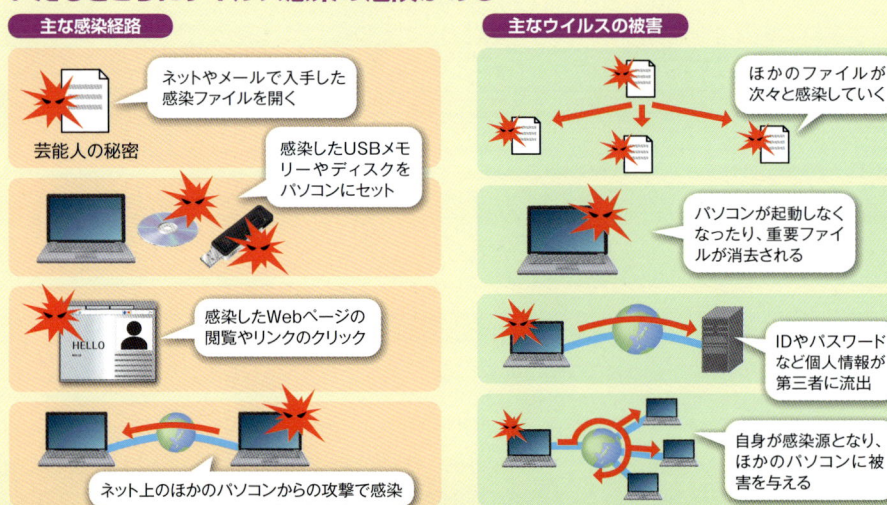

主な感染経路
- ネットやメールで入手した感染ファイルを開く（芸能人の秘密）
- 感染したUSBメモリーやディスクをパソコンにセット
- 感染したWebページの閲覧やリンクのクリック
- ネット上のほかのパソコンからの攻撃で感染

主なウイルスの被害
- ほかのファイルが次々と感染していく
- パソコンが起動しなくなったり、重要ファイルが消去される
- IDやパスワードなど個人情報が第三者に流出
- 自身が感染源となり、ほかのパソコンに被害を与える

コンピューターウイルスとは、悪意のあるプログラムのこと。感染したパソコンでは、裏で自動的にウイルスプログラムが起動し、自身を複製するなどして感染を広げ、重要なファイルを削除したり、個人情報を流出させるなどの被害を与える。自身が加害者となり、知らぬ間に他人に迷惑をかけてしまうこともある

●パスワードを盗む「キーロガー」と第三者に制御される「ボット」

　ウイルスの動作や被害状況には、さまざまなパターンがある。ここでは最近話題になっている代表的なウイルスの例を見ていこう。

　まずは、**キーロガー**と呼ばれるウイルスだ。キーロガーは、ユーザーの知らぬ間に自動的に起動し、秘かにキーボードからの入力を監視して記録に残す。記録したキー操作の内容は、情報収集用のサーバーへ自動的に送信される（右図上）。キーロガーに感染すると、IDやパスワードといった機密情報が流出することになりかねない。十分に注意が必要になる。

　もう1つ話題になっているのが、**ボット**というウイルス。ボットは、第三者からのリモートコントロールを受けて、何らかの動作をするプログラムのことだ。具体的には、外部のサーバーからの命令を受け、パソコン内のファイルを勝手に外部へ流したり、迷惑メールを勝手に送信する、ほかのパソコンをインターネットを通じて攻撃するといった動作を行う。

　ボットが厄介なのは、感染した多数のパソコンを操ることで、大規模な被害をもたらすことが可能な点だ。感染したユーザーは、自身が知らぬ間に犯罪に加担してしまうことになる。

　ボットに感染したパソコンの集まりをボットネットなどと呼ぶが、ウイルス作者はボットネットを操り、不正行為を行う。たとえば、ボットネットから特定のサーバーへ一斉アクセスをして、サーバーをダウンさせる **DDoS攻撃**（Distributed Denial of Service attack）などだ（下図下）。

パスワードを盗み出す「キーロガー」

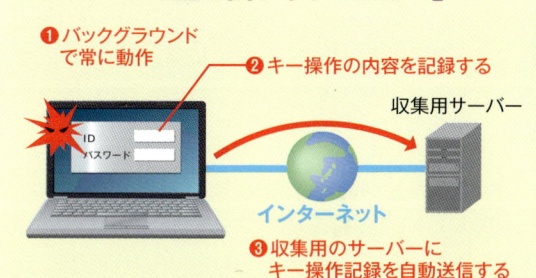

❶ バックグラウンドで常に動作
❷ キー操作の内容を記録する
❸ 収集用のサーバーにキー操作記録を自動送信する

「キーロガー」は、IDやパスワードを盗み出すプログラム。パソコン起動時にバックグラウンドで動き出し、ユーザーのキー操作を記録する。それを、ウイルス作者が用意した情報収集用サーバーへ自動的に送信する

知らぬ間に自身が加害者となる「ボット」

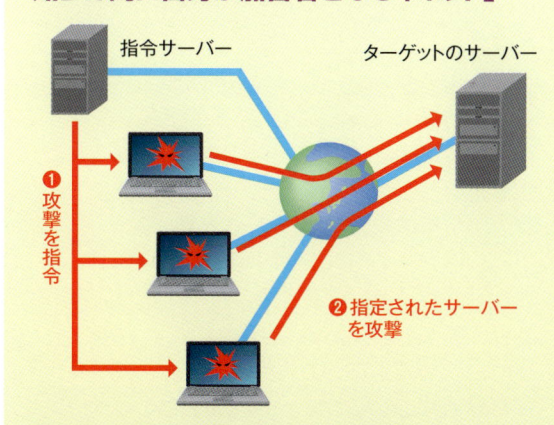

❶ 攻撃を指令
❷ 指定されたサーバーを攻撃

「ボット」とは、パソコンを第三者が制御するためのプログラム。ボットに感染したパソコンは、指令サーバーからの命令により、「迷惑メールの大量発信」「個人情報の流出」「ほかのサーバーへの攻撃」などを行う。とくに最近は、ボットに感染した多数のパソコンを利用し、膨大なアクセスをすることで特定のサーバーをダウンさせる「DDoS攻撃」が問題になっている

第1章 インターネットを利用する

セキュリティー（1）

パソコンには、ウイルス感染や情報漏えいなどの危険を防ぐための仕組みが用意されている。
ここでは代表例として、ウイルス対策ソフトと暗号化について解説する。

●ウイルス感染を未然に防ぐ

ここでは、セキュリティーを高める技術として、**ウイルス対策**と暗号化について解説する。

ウイルス対策（アンチウイルス）ソフトは、パソコンやスマートフォンなどの状態を監視し、ウイルスを発見して駆除するソフトのことだ。

対策ソフトがウイルスを探し出すための手法は、大きく分けて２つある。

１つは、**パターンマッチング**。ウイルスプログラムのコードをまとめたデータベース（**ウイルス定義ファイル**）とファイル内のコードを比較し、一致したものをウイルスと判定する（右図上）。

対策ソフトのメーカーは、新種のウイルスを発見するとウイルス定義ファイルを更新し、被害の拡大を防ぐ。

ただし、ウイルスの発見から定義ファイルの更新までにはタイムラグがあり、その間は感染を防ぐことはできない。

そこで、もう１つの**ヒューリスティック**という手法を併用することが多い。

これは、ウイルスプログラムの中でよく利用されるコードの有無をチェックしたり、ウイルスプログラムがよく行う振る舞いをしていないかどうかをチェックするものだ（右図下）。

ヒューリスティックは、あくまでもウイルスの疑いがあることを調べる手法。どのレベルでウイルスと判定するかは、対策ソフトによって異なる。場合によっては、誤認する可能性もある。

ウイルス対策ソフトの仕組み

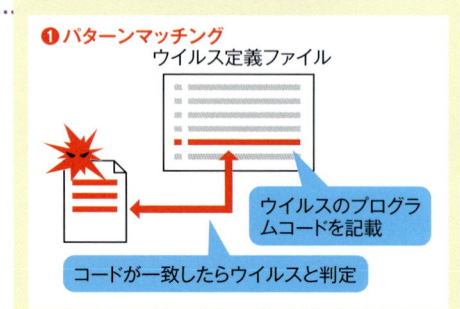

❶ パターンマッチング
ウイルス定義ファイル
ウイルスのプログラムコードを記載
コードが一致したらウイルスと判定

❷ ヒューリスティック
ウイルスでよく利用する命令コードのリスト
同じコードがあると"怪しい"と判断

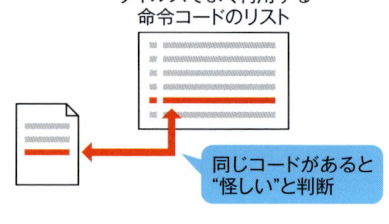

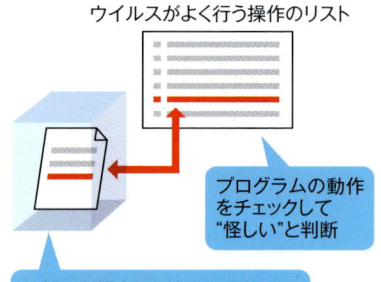

ウイルスがよく行う操作のリスト
プログラムの動作をチェックして"怪しい"と判断
外部に影響を及ぼさないように隔離した状態でプログラムを実行

ウイルス対策ソフトは、主に２つの方法でウイルスを検知する。１つは、定期的に更新される「ウイルス定義ファイル」を使い、記載されたウイルスのプログラムコードに一致したファイルを探す「パターンマッチング」。もう１つは、ウイルスでよく利用されるコードが含まれているかどうかをチェックしたり、ウイルスがよく行う操作をしているかどうかをチェックして、"怪しさ"を判断する「ヒューリスティック」だ

●暗号化で情報の漏洩を防ぐ

重要な情報が記載されたデータの漏洩を防ぐ手法の1つが、**暗号化**だ。あるキーワード(「暗号化キー」や「パスワード」と呼ばれる)を基に、データの内容をまったく別の形に変換する。こうしておくと、第三者が内容を見ても判別はできない。ファイルを元の形に戻す(復号)には、正しい復号化キーが必要になる。

この暗号化は、従来は**共通鍵方式**が使われていた。これは、まず送り手がキーを使ってデータを暗号化する。受け手側は、送り手が暗号化に用いたものと同じキーを使って、復号するというものだ(右図上)。

ただし、この方法では、暗号化キーを安全な方法で相手に伝える必要がある。その際に、暗号化キーが漏洩する危険がある。

その欠点を払拭したのが**公開鍵方式**と呼ばれるものだ。

受け手側は、公開キーと秘密キーのペアを作成し、公開キーのみを相手に送る。相手は、公開キーを使ってデータを暗号化する。こうして暗号化したデータは、秘密キーでのみ復号できる。このため、相手に送る公開キーは、外部に漏洩しても問題はない。第三者に公開しても構わないので、公開キーという(下図下)。

さらに安全を保つため、キーの利用者の身元を「信頼できる第三者」である認証局(Certification Authority:CA)が審査、保証するPKI(Public Key Infrastructure:公開鍵基盤)という仕組みも用いられている。

「共通鍵方式」と「公開鍵方式」の違い

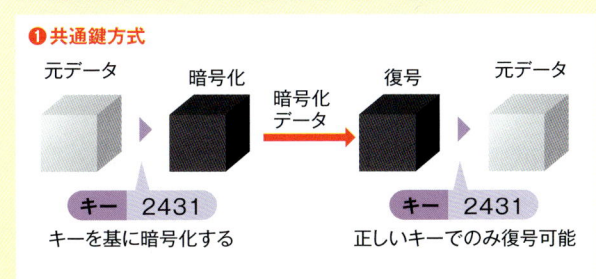

❶共通鍵方式

元データ → 暗号化 → 暗号化データ → 復号 → 元データ

キー 2431 / キー 2431

キーを基に暗号化する / 正しいキーでのみ復号可能

❷公開鍵方式

公開キーと秘密キーのペアを作成

公開キー 2431
秘密キー 8657

2431 ← 公開キーを相手に送る

元データ → 暗号化 → 暗号化データ → 復号 → 元データ

キー 2431 / キー 8657

公開キーで暗号化 / 秘密キーでのみ復号可能

悪意のある第三者にデータを利用されないようにするための手段が「暗号化」だ。従来の「共通鍵方式」では、データの暗号化と復号化(元に戻すこと)の際に同じキーを利用するため、キー自体を送る際に漏洩の危険があった。これに対し「公開鍵方式」では、まず受け手側が「公開キー」と「秘密キー」のペアを作成。相手には公開キーのみを送付する。暗号化の際には公開キーを、復号化の際には秘密キーを使うため、公開キーが漏洩しても問題はない。暗号化データは秘密キーでのみ復号でき、公開キーでは復号できないからだ

第1章 インターネットを利用する

セキュリティー（2）

パソコンのセキュリティーを高めるには、不正なデータ通信を遮断するという方法がある。
そのためのプログラムがファイアウォールだ。具体的な仕組みについて解説する。

●許可した以外のデータ通信を遮断する

　パソコンの安全対策として、インターネット経由の攻撃といった不正アクセスに対し、通信を遮断することで防御する方法がある。これを実現するのが**ファイアウォール**である。パソコンとインターネットの間に、まさに"壁"のように存在するソフトウェアだ。たとえばWindowsは、標準でWindowsファイアウォールという機能を搭載し、不正なアクセスへ対処している。

　ファイアウォールで使われている手法の1つが、**パケットフィルタリング**と呼ばれるものだ。

　インターネットでは、データはパケットと呼ばれる小さな単位でやり取りされる。201ページで解説したように、外部とデータ通信するアプリケーションは、宛先にポート番号とIPアドレスの組みを指定し、パケットをやり取りする。

　そこで、「安全」と確認されたIPアドレスとポート番号を利用するパケットだけ通行を許可し、そのほかのパケットを遮断するというのがパケットフィルタリングだ。

　パソコンのファイアウォール機能を有効にしていると、アプリケーションが見知らぬポート番号を使おうとした場合に、通信を許可するかどうかを確認するためのポップアップウインドウが表示される。ここで通信を拒否した場合は、以後同じポート番号を使ったパケットは遮断されるという仕組みだ（下図）。

　パケットフィルタリングのファイアウォール機能は、パソコンのプログラム以外に、ルーターなどに搭載されているケースもある。

不明なデータ通信を防ぐ「パケットフィルタリング」

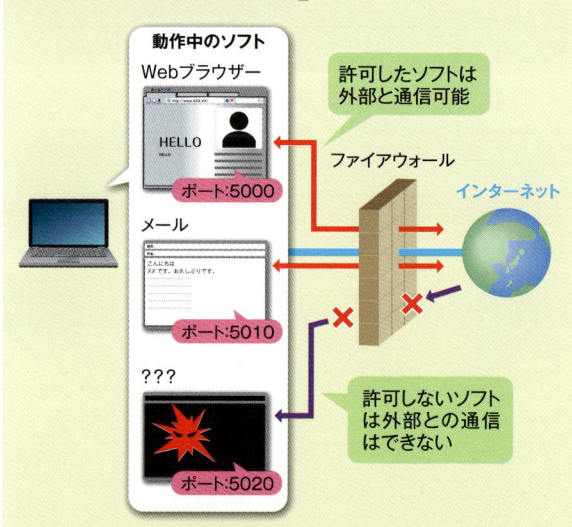

ファイアウォールの手法の1つが「パケットフィルタリング」。IPアドレスやポート番号を手がかりに、パケットの送受信をブロックするものだ。安全とわかっているものはパケットの送受信を許可し、そうでないものはブロックする。パソコンのファイアウォール機能はこの方法を利用するタイプが多い

●きめ細かなルールを指定できるゲートウェイ

　パケットフィルタリングでも、不正アクセスを防げないケースがある。パケットフィルタリングでは、IPアドレスやポート番号で通信の可否を定めるが、たとえば、いったん通信を許可したポート番号を、別の不正プログラムが利用するといったケースでは、そのまま通信ができてしまうことになる。

　そこで、より細かく通信の内容をチェックすることで、セキュリティーを向上させたものが**アプリケーションゲートウェイ**である。

　これは、端末とサーバーの間に、アプリケーションの機能を持たせたゲートウェイを用意し、それを介して通信を行うもの。たとえば端末からサーバーへの通信があった場合は、いったんゲートウェイが通信データを受け取り、その内容をチェックする。問題なければ、ゲートウェイがサーバーへデータを送る。サーバーからの返信もゲートウェイが受け取って内容をチェック。問題なければ、端末へ送る（下図）。

　このように、常にゲートウェイが介在して通信内容をチェックし、不正なアクセスを遮断する。

　アプリケーションゲートウェイは、パケット単位で通信を遮断するパケットフィルタリングと違い、アプリケーションレベルで通信の内容をチェックできる。このため、たとえばWebブラウザーなら特定URLへのアクセスを遮断するといった、きめ細かいルールを設定できる。ただし、アプリケーションごとにチェック用プログラムを用意する必要があるので、手間はかかる。

より高度なセキュリティーを実現する「アプリケーションゲートウェイ」

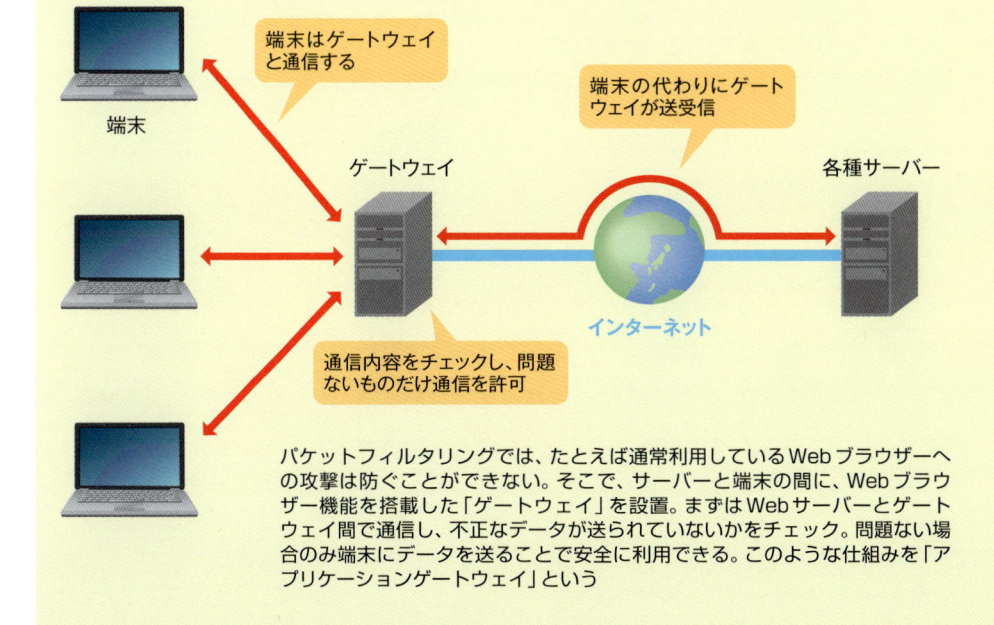

- 端末はゲートウェイと通信する
- 端末の代わりにゲートウェイが送受信
- 通信内容をチェックし、問題ないものだけ通信を許可

パケットフィルタリングでは、たとえば通常利用しているWebブラウザーへの攻撃は防ぐことができない。そこで、サーバーと端末の間に、Webブラウザー機能を搭載した「ゲートウェイ」を設置。まずはWebサーバーとゲートウェイ間で通信し、不正なデータが送られていないかをチェック。問題ない場合のみ端末にデータを送ることで安全に利用できる。このような仕組みを「アプリケーションゲートウェイ」という

第2章　パソコン最新情報

情報の取得から情報の発信へ

インターネットの普及は、コミュニケーションの手段を一変させた。個人が多数に向け情報を発信することが簡単になったのだ。インターネットで何が変わったかを見てみよう。

●個人が情報を発信する時代に

　インターネットの普及は、人間同士のコミュニケーションに大きな変革をもたらした。それは、情報発信だ。情報発信といえば、従来はテレビ、ラジオ、新聞といった、マスメディアが行うものだった。もちろん個人での情報発信も可能ではあったが、多数のユーザーへ発信することは難しく、コストもかかっていた。

　また、マスメディアからの情報発信は一方通行的なもので、情報に対してユーザー同士が議論するということも、小規模な範囲でしか行えなかった。

　これが、全世界を結ぶインターネットの登場により一変した。個人でも簡単にWebサイトを構築して、低コストで情報発信することが可能になった。

　またインターネットでは、ユーザー同士の会話などが簡単にできるため、情報に関する議論なども積極的に行える。企業などがユーザーと直接コミュニケーションを取るために、インターネットを利用することも多い。

　インターネットは、数多くのユーザーが利用している。そこで、ユーザーが共同で1つのコンテンツを作り上げるケースも多い。インターネットの百科事典サイト「ウィキペディア」がその例だ。このように、ユーザーの集合が作り上げるコンテンツを、**UGC**（User Generated Content）と呼ぶ（下図）。

個人が情報を発信するのが当たり前に

従来の情報発信は一方通行

個人が情報を発信

従来の情報は、マスメディアや企業などから一方通行で送られるものだった。これがインターネットの登場により、個人が自身で情報を発信できるようになった。また、ネット上の百科事典「ウィキペディア」（http://ja.wikipedia.org/）のように、不特定多数の人々が共同で1つのコンテンツを作り上げるケースも登場した

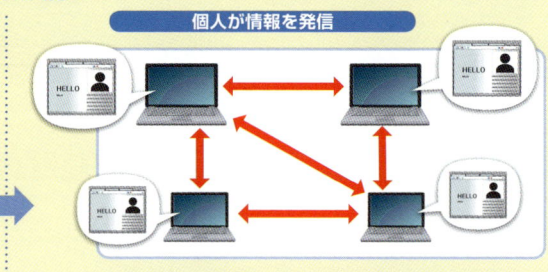

不特定多数が共同でコンテンツを作成

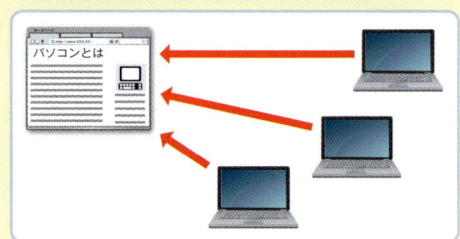

●コミュニケーションツールとして大活躍

　さまざまなユーザーが情報を発信しているインターネットは、膨大な情報であふれかえっている。その中から有用な情報を探すために、Googleなどの検索エンジンが登場した。検索といっても、単にキーワードを含むWebページを探すだけではない。関連性・有用性を独自の手法で判定し、それらが高いWebページを優先的に結果として表示する。これで、目的の情報に素早くたどりつける。

　インターネットで、個人が手軽に情報発信できるようなサービスも増えている。一例が、日記風の記事をまとめたWebページを作成する**ブログ**と呼ばれるサービスだ。文章や写真を入力するだけで、後は自動でWebページを作成してくれるので、手間がかからない。また、ほかのブログとのリンクを自動で作成するトラックバックという機能もある。トラックバックを追うことで、関連するテーマの記事を参照できる（右図上）。

　最近では、**SNS**というサービスも注目されている。これは、インターネット上で人間関係を構築するためのツールで、共通の話題を持つユーザー同士が会話などで交流を深めるものだ。

　同じような目的のために、電子掲示板というものもあるが、SNSがそれと異なるのは、ユーザーのプロフィール情報を検索して、同じ趣味などを持つユーザーを積極的に探せること。また、共通の話題を持つグループ内のユーザーを通じて、別のグループのユーザーと知り合える。インターネットは、場所の垣根がないため、より多くの友人を得られる可能性が高い（右図下）。

「ブログ」や「SNS」で情報を発信

「ブログ」は、日々更新される日記のようなコンテンツ。「トラックバック」という機能で、ほかのブログと相互にリンクでき、それをたどることでさまざまな情報に辿りつける。「SNS」は、同じ趣味などを持つ者同士がコミュニティーを作り、互いに情報交換を行うもの。コミュニティーのメンバーを通じてほかのコミュニティーのメンバーとのつながりを持つことができ、人脈を広げられる

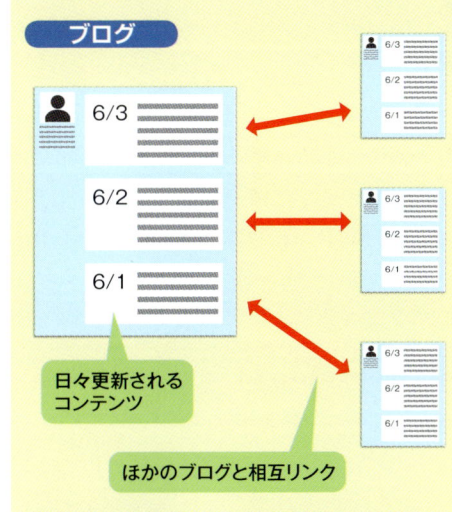

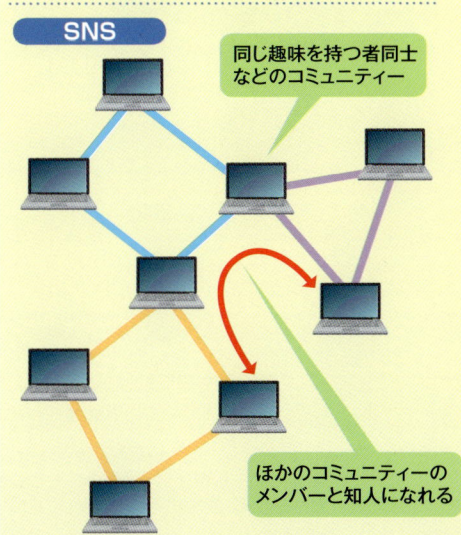

ブログ
日々更新されるコンテンツ
ほかのブログと相互リンク

SNS
同じ趣味を持つ者同士などのコミュニティー
ほかのコミュニティーのメンバーと知人になれる

第2章 パソコン最新情報

クラウドコンピューティング

従来はコンピューター側にあったアプリケーションやコンテンツを、インターネット上のサーバーで実行・管理するという考え方がクラウドコンピューティングだ。

●インターネット上のサーバーで管理

クラウドコンピューティング(単に「クラウド」とも言う)は、インターネットを利用した、従来とは異なるコンピューターの活用方法だ。

パソコンを例にすると、従来はアプリケーションソフトや、作成した文書、写真、音楽などのコンテンツは、パソコン内部のハードディスク、あるいはUSBメモリーやDVD-Rディスクといった外部記憶装置に保管していた。

これに対しクラウドでは、パソコン(端末)にはディスプレイやキーボード、最低限の記憶装置とインターネットの接続環境だけあればよい。

あとは、インターネットのサーバー上で、アプリケーションを動かしたり、各種のコンテンツを保管する。インターネットという雲(クラウド)の先にあるサービスを利用するという考え方だ。サービスを構成しているシステムなどは、雲の向こうにあって見ることはできないが、ユーザーは気にする必要はなく、必要なサービスを必要なときに使って結果を得るという形だ(下図)。

スマートフォンなど、自身で多くの記憶装置を持たない端末では、クラウド的な使い方が一般的なものになっている。

このような考え方やサービスは以前からあったが、2006年にGoogle社のCEO(当時)であるエリック・シュミットが言及したことで、クラウドというキーワードが広まったと言われている。

データもアプリもインターネット上のサーバーに

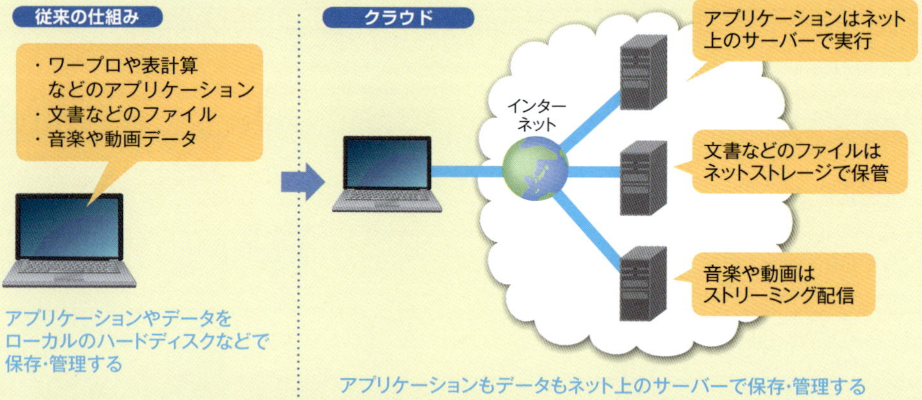

従来の仕組み
・ワープロや表計算などのアプリケーション
・文書などのファイル
・音楽や動画データ

アプリケーションやデータをローカルのハードディスクなどで保存・管理する

クラウド

アプリケーションはネット上のサーバーで実行

文書などのファイルはネットストレージで保管

音楽や動画はストリーミング配信

アプリケーションもデータもネット上のサーバーで保存・管理する

これまでは、アプリケーション本体や文書や音楽・動画などのファイルは、ローカルのハードディスクなどで保管・管理していた。これに対し「クラウドコンピューティング」では、アプリケーションやデータをネット上のサーバーで保管・管理する。たとえば、アプリケーションはアプリケーションサーバー上で実行、文書ファイルはネットストレージに保管、音楽や動画はストリーミング配信する、といった具合だ

●コストダウンや利便性向上につながる

　従来の環境と比較し、クラウドが有利な面はいくつかある。

　たとえば企業では、社員が使用するパソコン内のソフトや業務用データの個別管理は、非常に面倒だった。これがクラウドを利用すれば、ソフトもデータも一元管理でき、コストダウンが可能。個人の環境などもクラウド側に保管できるので、誰がどの端末を使っても問題はなく、機器の使用効率も向上する。

　個人でのパソコン利用についても、たとえば異なる機種でも同じソフト、同じデータを利用できるので、自宅のパソコン、出先のノートパソコン、スマートフォンと環境が変わっても、同じ作業ができることになる。

　具体的なクラウドサービスは、いくつもある。

　たとえば、ネット上のサーバーにファイルを保管して、どこからでも出し入れを可能にする**ネットストレージサービス**。Webブラウザーの中で動作する**Webアプリケーション**もクラウドサービスである。Webアプリケーションには、電子メールを扱う**Webメール**、ワープロ・表計算などを利用可能な**オフィスソフトサービス**、写真の管理や編集が可能な**Webアルバム**、コミュニケーションツールのSNSなどが含まれる。

　実際のWebアプリケーションでは、サーバーは3階層の構成になっていることが多い。ユーザーのWebブラウザーとの間で通信をするWebサーバー、実際にアプリケーションを動作させるアプリケーションサーバー、各種の情報を管理するデータベースサーバーだ。これらが互いに連携し、ユーザーのリクエストを処理している（下図）。

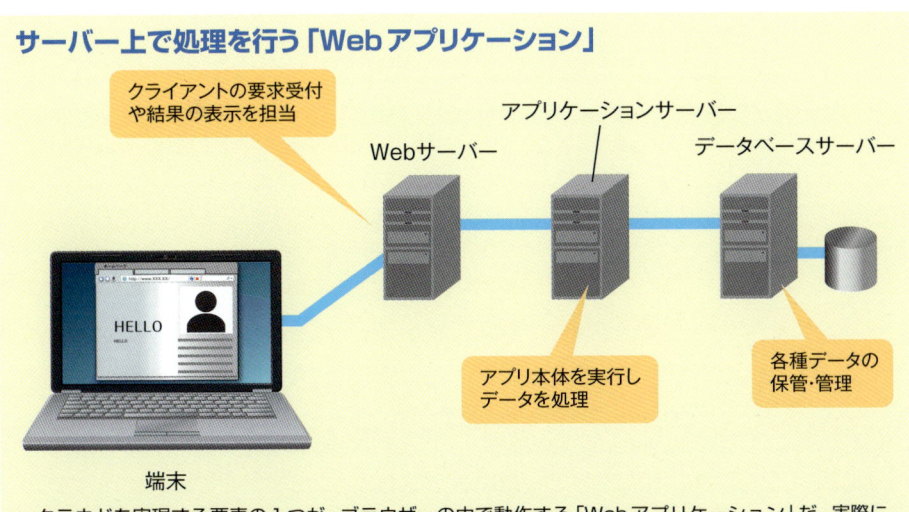

サーバー上で処理を行う「Webアプリケーション」

- クライアントの要求受付や結果の表示を担当 — Webサーバー
- アプリ本体を実行しデータを処理 — アプリケーションサーバー
- 各種データの保管・管理 — データベースサーバー
- 端末

クラウドを実現する要素の1つが、ブラウザーの中で動作する「Webアプリケーション」だ。実際には、アプリケーションサーバー上でプログラムが実行されている。アプリケーションサーバーへの要求の受付や結果の返答など、端末との仲介をWebサーバーが行う。必要に応じて、各種データを管理するデータベースサーバーなども利用する

第2章 パソコン最新情報

ブログ

インターネットで情報を手軽に公開できるサービスがブログだ。文字を入力して、写真を送信するだけでWebページが自動で出来上がるので、専門知識の必要なしに利用できる。

●文章や写真を手軽にネットに公開できる

ブログ（blog）は、日々更新する記事をまとめたWebページのこと。元々はWebの記録といった意味でウェブログ（Weblog）と呼ばれていたが、これが短くなってブログとなった。

基本的にユーザーが自分でWebページを公開するには、従来はエディター（文字編集ソフト）、あるいはワープロ風にWebページを作成するようなソフトを使い、ページの内容を記載したHTMLファイルを作成。それをサーバーにアップロードするなどの作業が必要で、手間がかかった。

これに対し多くのブログは、あらかじめ用意されている入力フォームに文章や写真を登録するだけで、自動的にWebページが生成される（下図）。簡単な作業で自分の記事をWebで公開できる手軽さが受け、利用者が激増した。

ブログは、Webページ作成の容易さ以外にも、便利な機能を持っている。その1つが、**トラックバック**という機能。これは、ほかのブログの記事に対し、自分のブログの記事へのリンクを自動的に設定する機能だ。

基本は、ほかのブログの記事を参照・引用したことを伝えるためのものだが、ほかのブログを読んだユーザーが、トラックバックを通じて自分の記事も読んでくれるというメリットもある。

ほかのブログの記事に、自分の記事へのトラックバックを作成したい場合は、そのブログに対しトラックバック要求を出す。これは、相手の記事のURLを入力するのが一般的だ。トラックバックの要求に対し、ブログの作者が承認すると、そのブログの記事に自分の記事へのリンクが作成される（右ページの上図）。

文章を入力するだけで即座にWebページに反映

文章を入力 → **自動でページ作成**

「ブログ」とは、日々更新する日記風の記事をまとめたWebページのこと。特徴の1つに、Webページの作成が容易なことが挙げられる。文章を入力したり画像を指定するだけで、Webページを作成できる。各記事に対して第三者がコメントを書いたり、リンクが張られたほかのブログを一覧表示するといったことが可能（画面は「Yahoo!ブログ」の例）。

●ブログの更新情報をまとめてチェック

　ブログでは、コメント機能も用意されているのが一般的だ。ブログの各記事に対して、読者がコメントを入力できる。記事の内容に対して、さまざまな議論が行えるわけだ。ただし、特定の記事に対し多くのユーザーが否定的なコメントを書き込むというトラブルが起きるケースもある。これをネットでは**炎上**などと表現する。

　もう1つ、ブログでは**RSS**への対応も重要な要素だ。RSSとは、Webサイトの更新情報をまとめたデータのこと。ブログの場合も、新規に記事を作成した場合は、RSSが自動更新される。この更新情報は、RSSリーダーというソフト、リーダー機能を持つWebブラウザー、リーダー機能を提供するWebサービスなどを使い、登録したWebサイトの更新情報の一覧を見ることができる（下図）。

　更新情報の一覧は通常、記事の見出しや本文の冒頭の数行が表示されるようになっていて、見出しにはそのWebページへのリンクが設定されている。更新情報を見て興味を持った場合は、クリックひとつで記事のWebページへ移動できる。

ブログを互いにリンクする「トラックバック」

ブログA ／ **ブログB**

❶ブログAへのリンクを作成
❷リンクが作成されたことを通知
❸ブログBへのリンクが自動作成

「トラックバック」は、記事中にリンクを張ったことをリンク元へ通知する機能。リンク元のブログでは、リンク先の一覧などを簡単に作成できる。一般的なWebページではリンクは一方的なものだが、ブログではトラックバックを使ってほかのブログと互いにリンクができるようになっている

新規記事の見出しを自動的に配信する「RSS」

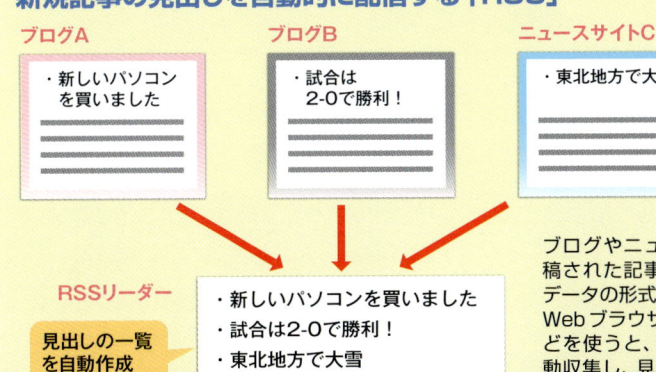

ブログA：・新しいパソコンを買いました
ブログB：・試合は2-0で勝利！
ニュースサイトC：・東北地方で大雪

RSSリーダー（見出しの一覧を自動作成）
・新しいパソコンを買いました
・試合は2-0で勝利！
・東北地方で大雪

ブログやニュースサイトなどで新規に投稿された記事の見出しや要約をまとめたデータの形式（フォーマット）が「RSS」だ。WebブラウザーやRSSリーダーソフトなどを使うと、指定したブログのRSSを自動収集し、見出し一覧を作成できる。どんな記事が追加されたかが、一目でわかる

SNS

インターネット上で、実社会と同じような人脈を手軽に構築するためのサービスがSNSだ。相手のプロフィール情報を検索したり、友人の紹介などで新たな友人を作ることができる。

●ネット上で人とのつながりを作る

インターネット上のサービスで、利用者数も多く、注目されているのが**SNS**（Social Networking Service）と呼ばれるものだ。

SNSとは、インターネット上でさまざまな人と交流するためのサービス。趣味、嗜好、出身地や出身校などのつながりでグループを作成。グループのメンバー間で、文字や写真などを利用したメッセージをやり取りすることで、交流を深める。全世界に広がるインターネットを利用することで、実社会以上に人脈を広げられる可能性がある。

著名なSNSとして、Facebook、MySpace、Google＋、国内ではmixiやMobageなどがある。TwitterなどもSNSの1つに含めることもある。SNSはパソコンだけでなく、携帯電話やスマートフォンでも、広く利用されるようになっている。

従来のインターネットでも、**電子掲示板**（Bulletin Board System：BBS）などの場を通じて、共通の話題について語り合い、人間関係を構築することは可能だった。

SNSでは、さらに多くの人間関係を構築するために、ユーザーが自身に適した人脈を見つけるためのさまざまなツールが用意されている。

人脈を広げるのに役立つ「SNS」

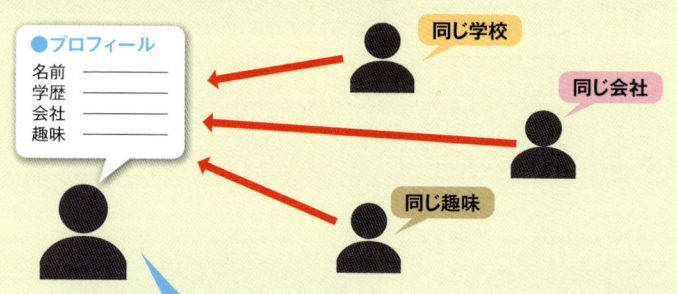

●プロフィール
名前
学歴
会社
趣味

同じ学校
同じ会社
同じ趣味

プロフィールを公開して共通の話題を持つ友人を見つける

会社のグループ
趣味のグループ

共通の友人を介して、新たな人脈を広げる

「SNS」は、実社会でいう"人脈"を手軽にインターネットで構築できるサービスのこと。ユーザーは「プロフィール」を公開することで、共通の話題を持つほかのユーザーと交流し、「友人」になれる。「友人」同士でメッセージのやり取りなどが可能だ。共通の話題を持つ者同士でグループを作って議論をしたり、共通の「友人」を介して見知らぬ人とも「友人」になれる

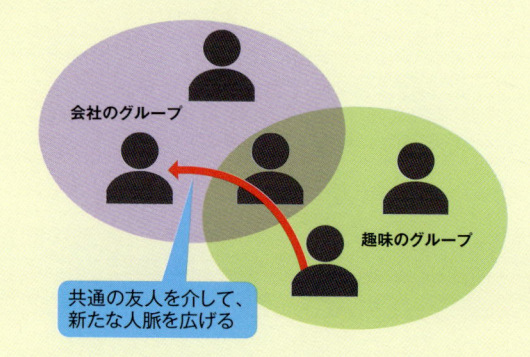

●企業もSNSの有用性に注目

SNSでよく利用されるのが、プロフィールによる検索機能だ。

会員は、名前、性別、年齢、出身地、出身校、勤め先、趣味といった情報を公開している。ほかの会員のプロフィールをキーワード検索して、「友人」候補を見つけ出すことができる。もし、該当する会員を見つけた場合、「友人」になるためのリクエストを相手に送る。相手が承認した場合、友人関係となり、互いにメッセージのやり取りなどが可能になる。

また、SNSでは実社会と同じように、複数のグループに所属する友人を介して、ほかのグループに所属する見知らぬ人と新たな友人関係を築くことができる。これにより、人脈を広げることが可能になる（左ページ下図）。

最近では、ゲームの世界でも、SNSの機能を取り入れた**ソーシャルゲーム**が登場している。複数のユーザーが互いにコミュニケーションをとりながら友人関係を構築し、ゲームの解決を図るというシステムだ。利用は基本は無料だが、アイテムによる課金制などを取り入れているものが多い。ゲームの基盤として、FacebookなどのSNSが利用されることも多い。

ソーシャルゲームで著名なのは、Zynga社が開発した、Facebook上で利用できる『FarmVille』など。日本でも、mixiなどと連携したサンシャイン牧場や、Mobageで利用できる『怪盗ロワイヤル』などが話題になっている（右図上）。

SNSでは、ユーザーの声を直接聞いたり、ユーザーへ確実な情報発信が可能といったこともあり、企業がマーケティングツールの1つとして利用するケースも増えている。

ゲームもソーシャル化

最近では、SNSのアカウントを利用した「ソーシャルゲーム」が注目されている。友人同士がコミュニケーションをとりながらゲームを進めたり、ほかのユーザーと競争ができることが特徴だ。画面はFacebook向けソーシャルゲーム大手のZynga社のソーシャルゲーム

企業がSNSを利用するケースが増えている

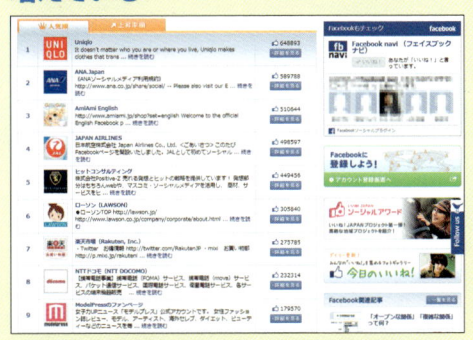

企業がSNS向けのWebサイトなどを用意し、マーケティングに積極的に活用している例が増えている。ユーザーと直接コミュニケーションをとれるなどのメリットがある。画面は「Facebook navi」の企業ページのリスト

大手SNSのFacebookでは、ユーザーと交流するためのFacebookページという専用ページを企業が作成できる。これをユーザーへの情報発信や、意見集約などに利用している（上図下）。

また、Twitterでも企業がアカウントを用意し、つぶやきによる情報発信を行うケースが増加している。

第2章 パソコン最新情報

FacebookとTwitter

SNSの代名詞といわれるのが、大規模SNSのFacebookや、短い文章を公開するTwitterだ。これらの具体的な内容やメリットについて解説しよう。

●8億人が参加している大規模SNS

Facebook(フェイスブック)は、全世界でのユーザー数が8億人以上の大規模SNSだ。従来は米国の学生専用のサービスだったが、2006年に一般向けに公開された。日本語版は2008年に登場している。

Facebookは、無料で利用できるサービス。ユーザー登録は実名が必要になっていて、信頼性を確保している。

236ページで説明したように、Facebookではプロフィールの公開・検索が可能で、これにより友人を見つけることができる。

Facebookでは、自分の近況をメッセージで友人に公開する。友人からのメッセージは、自分のホーム画面で一覧表示でき、コミュニケーションを図れる。

Facebookで便利なのは、メッセージに対して簡単に共感を示せること。「いいね！」というリンクやボタンをクリックするだけでよい。「いいね！」をクリックしたユーザー数が表示されるので、数が多いほどメッセージの内容や書いたユーザーに注目が集まる仕組みだ。

このほか友人のメッセージに対し、コメントを返信してコミュニケーションを深めたり、メッセージをほかの友人にも公開（シェア）することで情報共有ができる（左図）。

Facebookは、外部のWebページとも連携が可能だ。たとえばオンライン通販サイトなどで、商品にFacebookボタンが付いているケースがある。これをクリックして承認すると、商品情報が自動的にFacebookのメッセージとして取り込まれ、メッセージを友人にシェアすることで商品を紹介できる。

簡単にコミュニケーションが図れる「Facebook」

Facebook

「Facebook」は、全世界で会員数が8億人以上にもなる大規模なSNSだ。利用は実名が基本で、「友人」になる場合は相手の承認が必要になる。このような仕組みのため、トラブルが少なく、安心して利用できる。またFacebookは、メッセージなどに対して評価も可能。「いいね！」をクリックするだけと簡単なので、敷居が低い

●書き込みを評価する

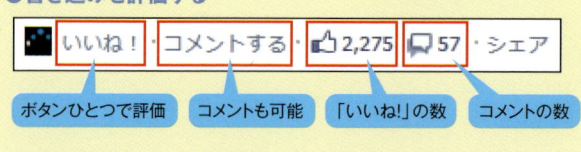

いいね！：ボタンひとつで評価
コメントする：コメントも可能
2,275：「いいね！」の数
57：コメントの数
・シェア

●「友人」になるには？

リクエストに対し承認がないと「友人」になれない

●短い文章をやり取りするTwitter

　Twitter（ツイッター）は、約140字の短い文章（「ツイート」や「つぶやき」と呼ぶ）を、即座に公開できるWebサービスだ。これを使って、ユーザー同士がコミュニケーションを行う。Twitterはパソコンだけでなく、スマートフォンや携帯電話などにも対応。どんな場所にいても手軽に書き込みできるので、積極的に利用するユーザーも多い。

　Twitterでは、ほかのユーザーを自分のリストに登録することを「フォロー」と呼ぶ。また、自分をフォローしているユーザーを「フォロワー」と呼ぶ。

　自分のホームページには、フォローしたユーザーのツイートと、自分が書き込んだツイートが時系列順に一覧表示される。ほかのユーザーのツイートに、返信することも可能だ（下図）。

　またホームページには、ツイートの一覧のほか、フォローしているユーザーと、フォロワーの一覧も公開されるようになっている。その一覧から、自分が新たにフォローするユーザーを探し出せる。このような形で、ユーザーのつながりが広がっていく。もちろんFacebookなどと同じく、プロフィール検索によって、関連ユーザーを探し出すこともできる。

　各ユーザーのツイートを検索し、興味のある話題を書き込んでいるユーザーを探すことも可能だ。またツイートには、ハッシュタグと呼ばれるキーワードを付加できる。同じハッシュタグを持つツイートが一覧表示できるので、同じ話題についてツイートするときに役立つ。

　なお、Twitterも外部サイトとの連携が可能になっている（下図上）。

外部サイトとも連携が可能

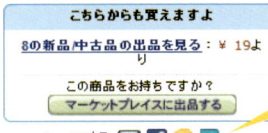

外部のWebページからFacebookやTwitterへ直接書き込める

FacebookやTwitterでは、外部のWebページにリンクを設定できる。リンクをクリックすると関連する情報が自動的にメッセージとして書き込まれる。画面は通販サイト「Amazon」の例

つぶやきを広める「Twitter」

フォローしている人のメッセージを時系列に表示

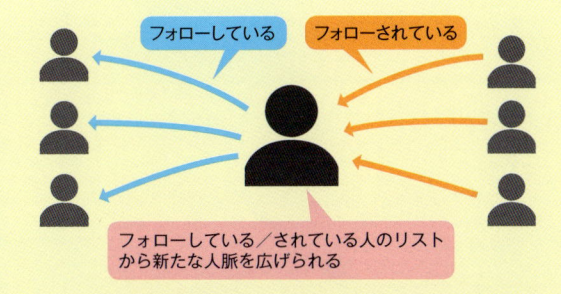

フォローしている　　フォローされている

フォローしている／されている人のリストから新たな人脈を広げられる

「Twitter」は、140文字までの短いコメントを書き込めるミニブログのようなもの。自分と登録（フォロー）したユーザーのツイートが時系列で表示される。あるユーザーに対し、どんなユーザーからフォローされているか、どんなユーザーをフォローしているかを確認することもでき、そこからまた新しいユーザーを見つけられる

第2章 パソコン最新情報

iCloud

パソコンやスマートフォンが、インターネット接続することを徹底的に利用したクラウドコンピューティングの例として、アップル社の「iCloud」を紹介する。

●アップルが提供するクラウドサービス

スマートフォンのiPhoneや、タブレット端末のiPadといった携帯端末を大ヒットさせたアップル社が、2011年10月に開始したクラウドサービスが**iCloud**だ。従来の携帯端末では、メール、アドレス帳、スケジュール、ワープロ文書、写真といった各種データを、バックアップしたり別の携帯端末と同期※するには、パソコンを使う必要があった。

これがiCloudを使うと、携帯端末内の各種データが自動的にインターネット上のサーバーに保管されるようになる。これを用いることで、バックアップやほかの端末との同期が、パソコンなしに携帯端末のみで可能になる（下図）。

iPhoneなどに向けたクラウドサービスは過去にもあった。たとえば、インターネット上のサーバーに文書ファイルなどを保管できるサービスや、アドレス帳などのデータを個別にサーバーへ保管するサービスなどだ。これらと違いiCloudは、さまざまな種類のデータを一括して管理できるメリットがある。携帯端末の場合、iCloudはiOS5（247ページ参照）以降で利用可能で、サーバーの記憶容量は5GBまで無料となっている（2012年4月現在）。

iCloudの使い方は至極簡単。設定画面で、どのデータを同期するかを選べばよい。パソコンの場合は、同期用ソフトを導入して利用する（右ページ下図）。

パソコンで同期できるのは一部のデータのみだが、ユニークなのは写真の同期。iPhoneなどで撮影した写真が、自動的にパソコン側に保存されるので、やり取りが非常に楽になる。

※同一性を保つこと。異なる端末のフォルダー間などで、一方の端末にファイルの追加や変更があった場合、もう一方の端末にも同じ追加や変更を加えることをいう

アップル社が提供するクラウドサービス「iCloud」

パソコン　インターネット　同期　iCloudサーバー

写真
音楽
文書
アドレス帳
ブックマーク
メール
など

iPhone
iPad

「iCloud」は、アップル社がiPhoneやiPad向けに提供するクラウドサービス。文書、音楽、写真などのデータを、自動でネット上のサーバーに保管し、登録した端末間で同期するというものだ。パソコンでも一部のデータが同期できる。利用者はほとんど何もすることなく、自動的に同期されるので簡単だ

240

●音楽関連機能に注目が集まる

　iCloudの機能は、アプリケーションの開発者向けにも公開している。開発者はiCloudの機能を自社のアプリに組み込むことが可能だ。実際、すでにiCloudに対応したサードパーティー製（アップル社以外の）アプリも登場している。

　たとえば、多機能ビューワーアプリのGoodReaderだ。GoodReaderが管理するフォルダーの中に、iCloudというフォルダーが新しく加わる。GoodReaderに登録した各種のファイルをiCloudフォルダーに移動すると、自動的にiCloudのサーバーへ保管される。

　iCloudでは、各種データの同期以外にも、ユニークな機能を提供している。それは音楽配信向けの機能だ。アップルは、iTunes Storeで楽曲のダウンロード販売を行うなど、音楽配信でも先進的な取り組みを以前から行っているが、iCloudでもそれは変わらない。

　たとえば、iTunes in the Cloudと呼ばれる機能。1人のユーザー（単一のアップルのIDを使っている人）がiTunes Storeで購入した楽曲やアプリを異なる端末で同期するものだ。パソコンのiTunesで楽曲を購入すると、iPhoneなどの端末にも自動的にダウンロードされるようになる。いちいち、パソコンとつないで同期を取る必要がなくなる。

　今後の注目が、iTunes in the Cloudを更に発展させたiTunes Matchだ。これは、iTunes Storeで購入した楽曲だけでなく、パソコン上でCDから取り込んだ曲や、ほかのサービスから購入した曲に関しても自動的にiTunesで同期するというもの。たとえば、CDからパソコンに取り込んだ楽曲をiTunesに登録すると、アップルが用意したネット上のライブラリーにある曲なら、iPhoneなどの端末で自動的に楽曲がダウンロードできるようになる。もし登録した楽曲がライブラリーにない場合は、パソコンから自動でアップロードされ、以後はそれを利用できる。有料であるが画期的なサービスだ。すでに米国では提供されているが、日本では2012年中に開始の予定だ。

設定は簡単、写真をパソコンへ自動転送することも可能

iPhoneなど　**Windows**

iPhoneなどで撮影した写真が、自動的にパソコン内にも保管される

iCloudの設定は簡単だ。iPhoneなどで、あらかじめアカウント登録を済ませてiCloudを有効にしておく。あとは、同期したいデータを設定画面で指定するだけ。パソコンでは、無料の「iCloudコントロールパネル」をインストールして、IDとパスワードを入力し、同期するデータを選ぶ。パソコンで便利なのが写真の同期機能だ。iPhoneなどで撮影した写真が自動的にパソコン内にコピーされる

第2章 パソコン最新情報

そのほかのクラウドサービス

インターネット接続を前提としたクラウドコンピューティングのネットサービスはいくつもある。
ここでは代表的な例として、ネットストレージ、Webメール、オフィスソフトサービスなどを紹介する。

●ファイルをネット上のサーバーに保管して共有

　ネット上にアプリ本体や各種データを保管・運用するクラウドサービス。ここでは、その具体例を紹介しよう。

　まずは、**ネットストレージ**や**オンラインストレージ**と呼ばれるサービス。文書、写真などさまざまなファイルをネット上のサーバーに保管できるものだ。無料のものから有料のものまで数多くあるが、個人ユーザーが手軽に利用できるのは無料のサービス。これには、Windows Live SkyDrive（マイクロソフト社）、DropBox（DropBox社）、SugarSync（SugarSync社）、Yahoo!ボックス（ヤフー）などがある。

　たとえばDropBoxは、簡単な操作でサーバーへの保管や同期ができるのが特徴のサービス。DropBoxの専用ソフトをパソコンにインストールすると、「DropBox」という名称のフォルダーができる。ここにファイルを入れると、自動的にインターネット上のサーバーへファイルが保存される。すると、別のパソコンのDropBoxフォルダーに自動でファイルがダウンロードされ、両者のフォルダーの内容が同一になる。専用ソフトが組み込まれていないパソコンでも、Webブラウザーを使ってファイルのアップロードやダウンロードが可能だ（下図）。

サーバーにファイルを保管できる「ネットストレージ」

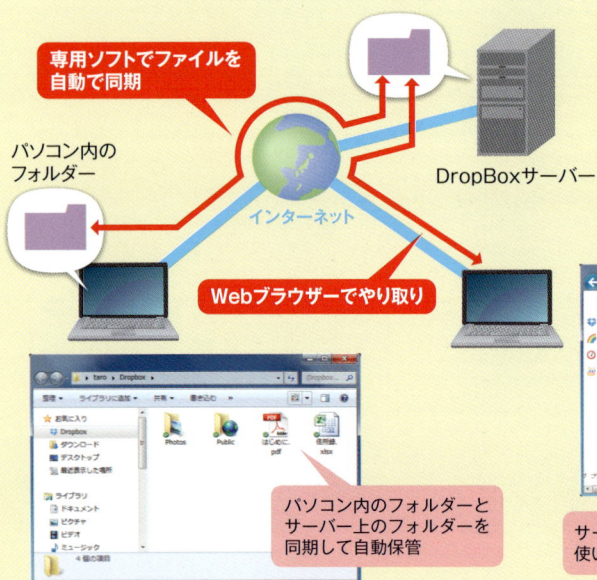

専用ソフトでファイルを自動で同期

パソコン内のフォルダー

インターネット

DropBoxサーバー

Webブラウザーでやり取り

ネット上のサーバーにファイルを保管するサービスが「ネットストレージ」。その代表例が「DropBox」だ。一定の領域を無料で利用できる。パソコン内の指定フォルダーに保管したファイルは、自動的に同期して、サーバー内にも保管される。サーバー内のファイルは、Webブラウザーを使ってやり取りも可能だ

パソコン内のフォルダーとサーバー上のフォルダーを同期して自動保管

サーバー上のファイルはWebブラウザーを使い、ほかのパソコンでダウンロードできる

● Webブラウザーでワープロや表計算ができる

　Webメールは、Webブラウザーの中で動作するメールソフト。代表例に、Yahoo!メール、Gmail、Hotmailなどがある。

　機能的には、通常のメールソフトとほぼ同じ。便利なのは、複数のパソコンで統一的にメールを管理できる点。従来のメールソフトでは、メールをパソコンにダウンロードして、パソコンの中で管理する。このため、仕分け用のフォルダーなどを個々のパソコンごとに設定する必要があり面倒だ。この点、Webメールなら、データはすべてサーバー側にあるので、どのパソコンでも同じようにメールを管理できる（右図）。

　また、Webブラウザー内でワープロや表計算が利用できるようになるのが**オフィスソフトサービス**だ。

　このようなサービスには、Googleドキュメント、Zoho Office Suiteなどがある。また、WordやExcelの開発元であるMicrosoft社も、Webブラウザーで操作可能なOffice Web Appsを提供している（下図）。

　単にソフトが動作するだけでなく、作成した文書ファイルの保管や共有などが可能な点も、Webアプリケーションならではのメリットだ。

　たとえば、Googleドキュメントでは、作成した文書ファイルを、そのままサーバーに保管できる。保管した文書は、複数ユーザー間で共有し、互いに編集が可能だ。1つの文書を多人数で作り上げるといった用途に活用できる。

Webブラウザーで利用可能な「Webメール」

専用ソフトの必要なしに、Webブラウザーだけで利用できるメールサービスが「Webメール」。画面の「Yahoo!メール」や、Google社の「Gmail」などが代表例だ

ワープロや表計算をWeb上で利用できる「オフィスソフトサービス」

作成した文書はネット上のサーバーに保管

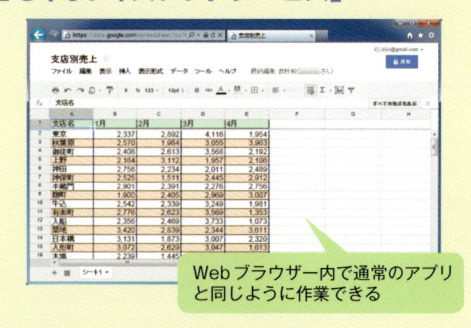

Webブラウザー内で通常のアプリと同じように作業できる

Google社が提供する「Googleドキュメント」は、Webブラウザー内でワープロや表計算の機能を利用できるWebアプリケーションだ。作成した文書ファイルはサーバー上に保管し、複数ユーザーで共有できる。1つの文書を多人数で閲覧・編集できる

第2章 パソコン最新情報

HTML5

Wedページの内容は、HTMLという形式で記述されている。
ただし、現状の仕様にはいくつかの課題がある。そこで登場したのが、次世代規格のHTML5だ。

●より高度なWebを作成できるHTML5

215ページで説明したように、Webページの内容は、HTML形式のテキストファイルで記述する。

HTMLファイルでは、Webページ内に表示する文字列・表・写真・動画などの指定、文字列の書式などの設定、文章や図の配置などのページレイアウト、クリックで別ページへ移動するハイパーリンクの設定など、Webページを構成するさまざま要素を指定している。

HTMLの仕様は、年を経るごとに拡張されていて、今ではHTML4が標準規格となっている。そして、次に登場予定の規格が**HTML5**だ。

現在のWebページやWebアプリケーションは、グラフィックや動画・音楽を使って表現力を高めたり、インタラクティブな反応など、多彩な機能を提供することが多い。

その際に、現在のHTML4ではいくつか問題点がある。その1つが、同じWebページなのに、Internet ExplorerやGoogle Chrome、Firefoxなど、Webブラウザーの種類によって表示や動作が違ってしまうことだ。これは、HTMLの仕様で厳密でないところがあるのが主な理由。このため、Webブラウザーの解釈の仕方によって、動作が異なってしまう（右図上）。

HTML5では、Webブラウザーの違いで表示や動作の差異が生じないように、より厳密な規則を設けている。

従来の弱点をカバーしたHTML5

「HTML5」は、Webページを記述する言語「HTML」の最新規格。単なるHTMLだけでなく、クライアント側のリソースを利用するAPIなども規格に含まれている。これにより、従来のWebブラウザーの問題点を払拭するとともに、表現力の向上や、高機能のWebアプリケーションの開発などが可能になる

従来のHTML

Webブラウザーで表示が異なる

動画再生などにプラグインが必要

HTML5

・動画再生などに特別なプラグインが不要
・Webブラウザー間で表示の差などが出ない
・グラフィックなどの表現力が大幅に向上
・高度なWebアプリケーションの作成が可能

●代表的なWebブラウザーでは一部機能を搭載

　Webページでは表現力や機能を高めるため、Webブラウザーに組み込む**プラグイン**（アドイン）というソフトウェアを利用するケースがある（左ページ図中）。たとえば、対話型の表現や動画などの表示には、Adobe Flashというプラグインを使うことが多い。

　ただし、このようなWebページは、プラグインが組み込まれていないWebブラウザーでは正しく表示できない。たとえば、iPhoneなどの一部の携帯端末ではAdobe Flashをサポートしていないため、Adobe Flashを使ったWebページは、何らかの工夫をしないと、正しく表示ができない。

　HTML5では、仕様の中に動画などを扱う機能を最初から搭載しているため、プラグインの必要なしに動画を利用できるようになる。

　動画以外も、音声や高度なグラフィックといった表現に関わるものや、ユーザーの記憶装置にアクセスするといった、より高度なWebアプリケーションを構築するための機能を、HTML5では標準で利用できるようになる（左ページ図下）。

　HTMLは、1993年に最初の草案が登場。現在のHTML4は、Webの標準化団体であるW3C（World Wide Web Consortium）が1997年に仕様を勧告した。その後、HTML5についての仕様が検討され、2008年には最初の草案が発表された。ただし、2012年3月の段階ではまだ協議中で、最終的な仕様の確定には至っていない（右上表）。

HTML標準化の歴史

1990	世界初のWebサーバーとWebブラウザーが登場。初期のHTMLも開発
1993	HTML 1.0と呼ばれるインターネットドラフト（草案）が登場
1994	Webの標準化団体W3Cが設立
1997	W3CがHTML4の仕様を勧告
2008	W3CがHTML5のドラフトを発表

現在主流のHTML4は、1997年に標準化団体の「W3C」の勧告（標準化の最終段階）となった。HTML5はドラフト（草案）の段階だ（2012年3月現在）

　このように最終的な仕様は決定されていないものの、代表的なWebブラウザーであるマイクロソフト社のInternet Explorer、Google社のGoogle Chrome、Mozilla FoundationのFireFoxなどは、HTML5の一部の機能を搭載し、利用できるようになっている。

　たとえばMicorsoft社は、Internet ExplorerでHTML5を使った多彩な表現のデモページを公開していて、体験が可能だ（下図）。

HTML5に対応し始めるWebブラウザー

Internet Explorer 9

HTML5のドラフトが発表されて以降、「Internet Explorer 9」などのWebブラウザーは、HTML5の機能を一部実装している

第2章 パソコン最新情報

スマートフォン

スマートフォンとは、ネット接続や多彩なアプリを利用できる多機能な携帯電話のことだ。
iPhone のヒットを機に、従来の携帯電話からのシフトが始まっている。

●インターネットを活用できる多機能な携帯電話

スマートフォンは、多機能な携帯電話機のこと。インターネットへの接続が可能で、Webサイトの閲覧、メールなどのWebサービスが利用できる。また、パソコンのようにOSを搭載していて、インターネットから自分好みのアプリをダウンロードして、機能を拡張できるのも特徴だ。小型のパソコンと電話機能を統合したイメージの製品といえる。

スマートフォンの大きな転換期となったのは、2007年に米国で登場したアップル社の**iPhone**だ。同社の携帯音楽プレーヤーiPodの機能を内蔵したスマートフォンで、2008年には日本でも発売され大ヒットした。

スマートフォンにもパソコンと同様にいくつかのOSがあり、現在は、**iOS**を搭載したiPhoneと、**Android**を搭載した製品が主流となっている（右図）。ほかにも、Windows PhoneやBlackBerryといったスマートフォンがある。iOS搭載のスマートフォンはアップル社製のiPhoneのみだが、Android搭載機は各メーカーからさまざまな機種が販売されている。Android搭載機には、日本の携帯電話でよく利用される、赤外線通信、ワンセグチューナー、おサイフケータイといった機能を取り込んだ製品なども登場している。

スマートフォンは急速に普及している。NTTドコモの携帯販売台数のうち、スマートフォンが占める割合は、2010年は約13.2％だったが、2011年の第1四半期〜第3四半期には一気に35.9％にまで上昇している（右ページの上図）。

スマートフォンの2大勢力「iPhone」と「Android」

iPhone　　　　Android

（写真は「ARROWS X LTE F-05D」、写真提供：NTTドコモ）

・多数のアプリがあり、自分の好みのものを利用できる
・インターネットに接続し、メールやSNSなどを利用できる

急速に普及している「スマートフォン」。その2大勢力が、iOSを搭載するアップル社の「iPhone」と、Google社が提供しているOS「Android」の搭載機である。スマートフォンには、有料・無料のアプリケーション（アプリ）が多数用意されていて、自分の好みのものをダウンロードして利用できる。また、インターネットにつないで、メールやWebページの閲覧、TwitterなどのSNS、写真管理や表計算などのWebアプリケーションの利用が可能だ

●OSのバージョンアップで機能を拡張

スマートフォンの主流なOSであるiOSとAndroidは、バージョンアップを重ねるごとに機能を強化している。スマートフォンもパソコンと同じように、一部の機種ではOSのバージョンアップが可能になっている。

たとえばiOSの最新のバージョン5では、クラウドサービスのiCloud（240ページ参照）に対応。携帯電話内の各種データをインターネット上のサーバーに保管し、ほかのiOS搭載端末などと同期させることが可能になった。

一方のAndroidは、従来はスマートフォンとタブレット端末で異なるバージョンのOSを利用していたが、最新のバージョン4では両者を統合。開発者にとっては、スマートフォンもタブレットも同じ環境で開発が可能になるので、効率がよくなった。また、Webページの表示速度の向上など、機能強化も着実に行われている（下表）。

急速にシェアを伸ばしているスマートフォン
NTTドコモの携帯電話販売台数におけるスマートフォンの割合

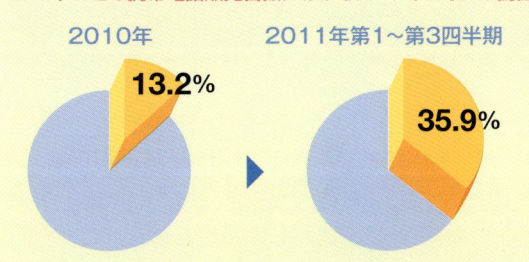

2010年 13.2%　→　2011年第1～第3四半期 35.9%

（NTTドコモの発表資料より）

スマートフォンのシェアは急増している。たとえばNTTドコモの携帯電話全体の販売台数におけるスマートフォンの割合は、2010年が13.2%なのに対し、2011年の第1四半期～第3四半期の合計では35.9%と約2.7倍になった

OSのバージョンアップと共に機能を強化

iPhoneなどに搭載されている「iOS」（以前は「iPhone OS」と言われた）と「Android」の主なバージョン。バージョンアップのたびに、高速化や新機能の搭載などが行われている

iOS

バージョン	登場時期	概要
1.0	2007年6月	米国で発売された最初のiPhoneに搭載されたバージョン
2.0	2008年7月	日本で発売された最初の機種であるiPhone 3Gに搭載されたバージョン
3.0	2009年6月	iPhone 3GSに搭載されたバージョン。コピー&ペースト対応など
4.0	2010年6月	iPhone 4に搭載されたバージョン。マルチタスクへの対応、電子書籍「iBooks」対応など
5.0	2011年10月	iPhone 4Sに搭載されたバージョン。クラウドサービス「iCloud」や、音声認識の「Siri」などに対応

Android

バージョン	登場時期	概要
1.5	2009年4月	日本で販売された最初のAndroidスマートフォンに搭載
2.1	2010年1月	音声検索、ライブ壁紙、3D表示強化など
2.2	2010年5月	高速化、テザリング対応など
2.3	2010年12月	複数カメラのサポート、ユーザーインターフェースの改良など
3.0	2011年2月	タブレット専用バージョン。大画面ディスプレイに最適化
4.0	2011年10月	タブレットとスマートフォン版を統合したバージョン

第2章 パソコン最新情報

タブレット端末と電子書籍

iPadの登場をきっかけに注目を集めるタブレット端末。
ここではタブレット端末の特徴やその使い方、とくに電子書籍について解説する。

● iPad登場で注目を集めるタブレット端末

タブレット端末とは、板状の筐体にCPUやメモリーなど、パソコンの処理に必要な装置と、タッチパネル、数個のボタン、スピーカーなどを組み合わせた携帯端末のことをいう。セールスの現場など、特殊な用途としては以前から存在していたが、2010年1月に発表されたアップル社のiPadにより一気に注目されるようになり、各社からさまざまなタブレット端末が発売されるようになった。

タブレット端末は、スマートフォンと同様、OSにiOSを搭載するiPadと、Androidを搭載する製品が主流になっている（下写真）。インターネット経由でアプリをダウンロードして、機能を拡張できる点もスマートフォンと同じだ。

ただし、画面サイズが大きい分、Webサイトの閲覧を効率的に行えたり、これまでノートパソコンで行っていたビジネス文書の確認や修正を簡単に行うことができる。さらにインタフェースとしてBluetoothを搭載している機種がほとんどなので、対応のキーボードを使って、ノートパソコンの代わりとしても利用することもできる。

インターネットとは、携帯電話の回線を使うか、無線LANで公衆無線LANサービスを使ったり、無線ルーターを介して接続する。

なお、タブレット端末と似た言葉に**タブレットPC**がある。広くは同じ意味を指す言葉だが、マイクロソフト社のOS「Windows XP Tablet PC Edition」とそれ以降のOSを搭載するモバイルノートパソコンのことを区別してタブレットPCと呼ぶこともある。

iPadとAndroid搭載タブレット

iPad（アップル社）

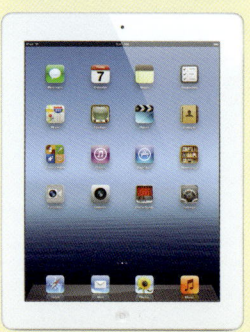

タブレット端末は、iOSを搭載するiPadと、Android搭載機が主流。スマートフォン同様、Android搭載機は各メーカーから発売されている

Android搭載端末

（写真は「Sony Tablet Sシリーズ」、写真提供：ソニー）

（写真は「ARROWS Tab LTE F-01D」、写真提供：NTTドコモ）

●タブレット端末で読書

タブレット端末の使い道の1つが**電子書籍**の閲覧。電子書籍とは、書籍をデジタル化して、パソコンや携帯端末の画面上で読めるようにしたものだ。

電子書籍は、デジタルデータなので紙の本のような保管用のスペースが必要ない、インターネットの販売サイトからダウンロード購入してすぐに読める、文字や図版の拡大・縮小表示が可能で目の悪い人でも読みやすい、などの利点がある。

電子書籍は、携帯電話用など以前から存在していたが、オンライン通販のAmazon社が、2007年に米国で電子書籍を読むための専用端末（リーダー）である**Kindle**と、大量の電子書籍を低価格で販売。これが一定の成功を収めたことで、市場が広がり、電子書籍を提供する出版社や新聞社なども増えてきた。

現在では電子書籍は、タブレット端末やリーダー（右写真上）以外に、パソコン、スマートフォン、携帯電話など、多彩な環境で読むことができる。

電子書籍の購入は、インターネットの販売サイトで行うことが多い。米国では前述のAmazonが有名で、日本国内にも参入の予定がある。国内でも、さまざまな電子書籍販売サイトがある。代表的なものに、ソニー電子書籍リーダー向けのReader Store、紀伊國屋書店が運営するKinoppyなどがある（右図下）。

このように普及が進みつつある電子書籍だが、いくつか課題がある。たとえば、電子書籍のフォーマットが複数存在することもその1つ。そのため、あるサービスを通して購入した電子書籍が、別のサービス用のソフトでは読めないといったことが起こりうるのが現状だ。

電子書籍が読める専用端末

タブレット端末以外に、電子書籍を読むための専用端末（リーダー）が、電子書籍サービスを提供する企業から販売されている

Kindle（Amazon社）

Reader（ソニー）

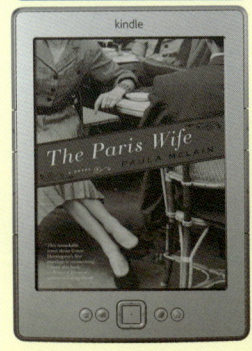

（写真は「PRS-G1」、写真提供：ソニー）

Webサイトなどで購入する

電子書籍は、インターネット上の販売サイトから購入するのが一般的。スマートフォンやパソコン用のWebサイトを利用したり、iOSやAndroid用のアプリ形式やアプリ経由で購入することが可能

Kindle Store（Amazon社、パソコン版）

Kinoppy（紀伊國屋書店、Androidタブレット版）

索引

数字

10 進数	160
16 進数	160
16 ビットパソコン	132
2 進数	160
3D ディスプレイ	97,110,112
8 ビットパソコン	130,132

A

ADSL	17,207
Ajax	171
Android	246
AON	209
ARPANET	197
ASCII	144

B

BASIC	167
BDXL	89,94
BIOS	58
Bluetooth	123

C

C 言語	168
C++	168
CATV インターネット	208
CCD 方式	105
CD	78,88
CD-R	78,90
CD-RW	90
CGI	170
CIS 方式	105
COPP	191
CPRM	95
CPU	21,23,26,44,46,48,50
CUI	152

D

DDoS 攻撃	225
DDR	55
DIMM	54
DNS サーバー	203
DOS/V	134
DRAM	54
DVD	78,88,92
DVI 端子	122

F

Facebook	238
FTTH	17,209

G

GPU	63,65
GUI	135,152

H

HDCP	191
HTML	214,215,244
HTML5	244
HTTP	205

I

iCloud	240
IEEE 1394	122
IEEE 802.11n	211
IMAP4	217
iOS	246
IP	198
iPhone	246
IPv4	199
IPv6	199
IP 電話	222
IP マスカレード	198
ISP	212
iTunes in the Cloud	241
iTunes Store	178,241
IX	213

J

Java	169

JavaScript 171

M

Mac OS X 156
microSD カード 87
MS-DOS 132,134

N

NAS 84
NAT 198

O

Objective-C 168
OCR 105
ONU 209

P

PCI Express 64
PCI Express x1 59,65
PCI Express x16 59,62,65
PCI スロット 59
Perl 170
PHP 170
PON 209
POP3 217

R

RADIUS 213
RAID 1 85
ROM 58
RSS 235
Ruby 170

S

SATA 59,122
SDRAM 55
SD カード 79,87
SMTP 216
SNS 12,231,236

SO-DIMM 54
SQL 151
SRAM 56
SSD 83

T

TCP 200
Thunderbolt 122
Twitter 239

U

UDP 200
UGC 230
Unicode 145
USB 86,122
USB メモリー 79,86

V

VoIP 222

W

W3C 245
Web アプリケーション 233
Web アルバム 233
Web サーバー 204
Web ブラウザー 141,214
Web プログラミング 170
Web メール 233,243
Windows 156
Windows 3.1 134,157
Windows 7 157
Windows 95 14,15,134,157

あ行

アセンブラ 163
アセンブリ言語 163
アドレスバス 53
アナログ RGB 端子 20,122
アナログ信号 176
アプリケーションゲートウェイ 229

索引

アプリケーションソフト……………… 140
暗号化……………………………… 227
インクジェットプリンター…………… 96,120
インターネット…………………… 12,16,196
インターネット電話ソフト…………… 223
インターネットモデル………………… 200
インターフェース…………………… 122
インタープリター…………………… 165
ウイルス…………………………… 224
ウイルス対策……………………… 226
エンコード………………………… 189
液晶ディスプレイ………………… 29,96,106
オフィススイート…………………… 142
オフィスソフトサービス……………… 233,243
オブジェクト指向…………………… 168
音楽配信サービス………………… 13,178
オンラインストレージ………………… 242

か行

解像度…………………………… 29,121
階調………………………………… 121
外部クロック……………………… 53,56
外部バス…………………………… 53,60
拡張スロット………………………… 21
画素……………………………… 106,121
仮想マシン………………………… 169
かな入力…………………………… 143
キーピッチ………………………… 98
キーボード……………………… 28,96,98
キーマトリックス…………………… 99
キーロガー………………………… 225
記憶装置…………………………… 24
キャッシュ………………………… 56
キャッシュDNSサーバー……………… 203
キャッシュメモリー………………… 56
共通鍵方式………………………… 227
クアッドコア………………………… 49
クライアント……………………… 204
クライアント・サーバー型…………… 218
クライアントサイドプログラミング…… 170
クラウドコンピューティング………… 232
グラフィックソフト…………………… 148
グラフィックボード…………………… 65
グループウェア……………………… 10

グローバルアドレス………………… 198
クローラー………………………… 221
クロック回路……………………… 44
京………………………………… 31
権威DNSサーバー………………… 203
検索エンジン……………………… 220
光学式マウス……………………… 101
高級言語…………………………… 164
公衆無線LANサービス……………… 210
コーデック………………………… 189
コントロールバス…………………… 53
コンパイラー……………………… 164
コンパイル………………………… 164
コンパクトフラッシュ……………… 79,87
コンピューターウイルス……………… 224

さ行

サーバー…………………………… 204
サーバーサイドプログラミング……… 170
サウスブリッジ……………………… 62
サンプリング……………………… 177
磁気ヘッド………………………… 80
視差バリア方式……………………… 113
システムソフト……………………… 140
システムバス……………………… 60
シフトJIS………………………… 145
シフト演算………………………… 161
修飾キー…………………………… 99
従量制…………………………… 206
シリアルバス……………………… 61
シリンダー………………………… 81
スーパーコンピューター……………… 30
垂直磁気記録方式…………………… 82
スカラー型………………………… 31
スキャナー………………………… 104
ストリーミング……………………… 188
スピンドルモーター………………… 80,88
スマートフォン…………………… 13,246
静電容量方式……………………… 103
セクター…………………………… 81
セル……………………………… 54
ソーシャルゲーム…………………… 237
ソースコード……………………… 164
ソフトウェア……………………… 140

た行

ターボ・ブースト・テクノロジー	51
ダイ	46
ダイナミック HTML	171
ダイヤルアップ接続	16,206
ダウンロード	188
タッチパッド	23,28,100
タッチパネル	97,102
タブレット端末	248
チップセット	21,58,60,62
地デジ対応パソコン	190
定額制	207
低級言語	164
定記録密度方式	81
抵抗膜方式	103
ディスプレイ	18,29,106
ディレクトリー型	221
データバス	53
データベース	150
テーブル	151
手書き認識	143
デコード（CPU）	45
デコード（動画ファイル）	189
デジタルコンテンツ	13
デジタル信号	176
デスクトップパソコン	18,20
デバイスドライバー	158
デュアルコア	49
電源ユニット	21
電子掲示板	236
電子書籍	249
電子ペーパー	97,109
電子メール	10,216
動画共有サービス	181
動画配信サービス	180
動作周波数	26
トップレベルドメイン	202
ドメイン名	202
トラック	81
トラックバック	234
トラックボール	100
トランジスター	46,47,48,126
トロイの木馬	224
ドロー系ソフト	148

な行

内部クロック	56
内部バス	53,60
長手磁気記録方式	82
日本語入力システム	143
入出力バス	61
入力装置	24
ネイティブコード	162
ネットストレージサービス	233,242
ネットワーク接続ストレージ	84
ノイマン型コンピューター	24
ノースブリッジ	62
ノートパソコン	15,19,22,136
ノンプリエンプティブマルチタスク	155

は行

ハードウェア	140
ハードディスク（ドライブ）	20,23,27,78,80
バイト	160
バイトコード	169
ハイパー・スレッティング・テクノロジー	51
パケット	196
パケットフィルタリング	228
バス	53,60
パソコン通信	16
パターンマッチング	226
パラレルバス	61
ハンディスキャナー	104
ピア・ツー・ピア型	218
ヒートシンク	45
光ディスク（ドライブ）	20,23,27,78,88
ピクセル	121,148
ビット	160
ビットマップ	148
否定	172
ビデオオンデマンド	13,180
ビデオメモリー	65
表計算ソフト	141
標本化	177
ファイアウォール	228
ファイル共有	218
ファイルサーバー	204,218
フィールド	151

索引

ブール代数 …………………………………… 172
フォトレタッチソフト ……………………… 149
復号化 ………………………………………… 189
符号化 ………………………………………… 189
プライベートアドレス ……………………… 198
プラグアンドプレイ ………………………… 159
フラットベッドスキャナー ………………… 104
プラッター …………………………………… 80
プリエンプティブマルチタスク …………… 155
プリンター …………………………… 29,96,120
プリントサーバー ……………………… 85,204
ブルーレイディスク …………………… 78,88,94
フレームシーケンシャル方式 ……………… 111
ブロードバンド ……………………………… 17
ブログ …………………………………… 231,234
プログラム …………………………………… 140
プロセッサー ………………………………… 46
プロトコル …………………………………… 196
プロバイダー ………………………………… 212
分散型ネットワーク ………………………… 196
ペイント系ソフト …………………………… 148
ペイントソフト ……………………………… 141
ベクターイメージ …………………………… 149
ベクター型 …………………………………… 31
ベクタープロセッサー ……………………… 31
偏光方式 ……………………………………… 112
ペンタブレット ……………………………… 100
ポインター ……………………………… 28,100
ポインティングデバイス ……………… 28,100
ポート番号 …………………………………… 200
ポケットコンピューター …………………… 133
ボット ………………………………………… 225

ま行

マイクロプロセッサー …………………… 46,128
マウス …………………………………… 28,96,100
マザーボード …………………………… 20,22,58
マシン語 ……………………………………… 162
マルチコア …………………………………… 49
マルチタスク ………………………………… 155
マルチメディア ……………………………… 174
ムーアの法則 ………………………………… 48
無線 LAN …………………………………… 210
命令セット …………………………………… 162

メールサーバー ………………………… 204,216
メールソフト ………………………………… 141
メモリー ……………………………… 20,24,26,52,54
メモリーアドレス ………………………… 44,52
メモリーカード ………………………… 79,87
メモリースティック ………………………… 87
メモリースロット ………………………… 20,59
メモリーチップ ……………………………… 54
メモリーバス ………………………………… 61
メモリーモジュール ………………………… 54
文字コード …………………………………… 144
モデム ………………………………………… 206
モバイル WiMAX …………………………… 211

や行

有機 EL ディスプレイ …………………… 97,108
ユーザーインターフェース ………………… 152

ら行

ライトスルー方式 …………………………… 56
ライトバック方式 …………………………… 56
ラップトップパソコン ………………… 19,136
ランダムアクセスメモリー ………………… 26
量子化 ………………………………………… 177
量子化レベル ………………………………… 177
リレーショナルデータベース ……………… 151
レーザープリンター ………………………… 120
レコード ……………………………………… 151
レンチキュラーレンズ方式 ………………… 113
ローマ字入力 ………………………………… 143
ロボット型 …………………………………… 221
論理積 ………………………………………… 172
論理和 ………………………………………… 172

わ行

ワードプロセッサー …………………… 133,142
ワープロソフト ………………………… 141,142
ワーム ………………………………………… 224
ワンボードマイコン ………………………… 129

取材・撮影協力
※掲載順

- 日本ヒューレット・パッカード
- ギガバイト テクノロジー社
- ナナオ
- ドワンゴ

写真・画像・資料提供
※企業形態の表記を除いたABC、五十音順

- NCSA/University of Illinois
- NEC
- NTTドコモ
- アイ・オー・データ機器
- アップル ジャパン
- インテル
- カシオ計算機
- キヤノン
- 工学社
- シャープ
- ジャストシステム
- ソニー
- 東芝
- トランセンドジャパン
- ナナオ
- 日本IBM
- 日本ギガバイト
- 日本マイクロソフト
- バッファロー
- パナソニック
- 日立製作所
- 富士通
- ヤフー
- 理化学研究所

参考文献 (順不同)

- 平澤茂一著『コンピュータ工学』(培風館)
- 坂村健著『痛快! コンピュータ学』(集英社)
- ウイリアム・アスプレイ著、杉山滋郎・吉田晴代訳『ノイマンとコンピュータの起源』(産業図書)
- 『体系的に学び直す パソコンのしくみ』(日経BPソフトプレス)
- 『ラクラクわかる パソコンのしくみ』(アスキー・メディアワークス)
- 『パソコンのしくみ』(新生出版社)
- 『図解雑学パソコン』(ナツメ社)
- 『わかる!図解パソコン』(ナツメ社)
- 『やさしくわかる!図解パソコン』(ナツメ社)
- 『ITパスポートのよくわかる教科書』(技術評論社)
- グレッグ・ワイアント/タッカー・ハーマーストロンム共著『イラストで読む マイクロプロセッサ入門』(インプレス)
- DTP&印刷スーパーしくみ事典(ワークスコーポレーション)
- 矢沢久雄著『プログラムはなぜ動くのか』(日経BP社)
- 『図解雑学プログラミング言語』(ナツメ社)
- ダニエル・アップルマン著『イラストで読む プログラミング入門』(インプレス)
- ミック著『SQL』(翔泳社)
- 『プロが教える 通信のすべてがわかる本』(ナツメ社)
- 『絶対わかる!ネットワーク超入門』(日経BP社)
- 『絶対わかる! TCP/IP超入門』(日経BP社)
- 『わかる!図解インターネット』(ナツメ社)
- 『中高年のための!これだけは知っておきたい図解パソコン用語』(ナツメ社)
- 『常識でわかるパソコン』(ナツメ社)

参考Webサイト (順不同)　※2012年3月30日現在

- 内閣府 (http://www.esri.cao.go.jp/)
- 総務省 (http://www.soumu.go.jp/)
- 経済産業省 (http://www.meti.go.jp/)
- INTERNET Watch (http://internet.watch.impress.co.jp/)
- TOP500 SUPERCOMPUTER SITES (http://i.top500.org/)
- 次世代スーパーコンピュータの開発・整備 (http://www.nsc.riken.jp/)
- CNET Japan (http://japan.cnet.com/)
- 科学技術政策研究所 (http://www.nistep.go.jp/)
- インテル (http://www.intel.com/jp/)
- ITpro (http://itpro.nikkeibp.co.jp/)
- @IT (http://www.atmarkit.co.jp/)
- 日経トレンディネット (http://trendy.nikkeibp.co.jp/)
- TDK TechMag (http://www.tdk.co.jp/techmag/)
- バッファロー (http://buffalo.jp/)
- FaceBook (http://www.facebook.com/)
- 東芝 (http://www.toshiba.co.jp/)
- 情報機器と情報社会のしくみ素材集 (http://www.sugilab.net/jk/joho-kiki/index.html)
- パナソニック (http://panasonic.jp/)
- ほぷしぃ「どんとこい! PC情報」(http://www.isl.ne.jp/it/)
- ＋D PC USER (http://plusd.itmedia.co.jp/pcuser/)
- EDN Japan (http://ednjapan.com/)
- キヤノン (http://canon.jp/)
- メディアドライブ (http://mediadrive.jp/)
- シャープ (http://www.sharp.co.jp/)
- 日本ウォーターズ (www.waters.com/)
- 凸版印刷 (http://www.toppan.co.jp/)
- アイ・オー・データ機器 (http://www.iodata.jp/)
- 和歌山大学 床井研究所のwebサイト (http://marina.sys.wakayama-u.ac.jp/~tokoi/)
- 日本IBM (http://www.ibm.com/jp/ja/)
- 基礎からよくわかるパソコン入門・再入門 (http://yamanjo.net/)
- PC Watch (http://pc.watch.impress.co.jp/)
- Apple (http://www.apple.com/jp/)
- ワイヤアンドワイヤレス (http://wi2.co.jp/)
- NTTドコモ (http://www.nttdocomo.co.jp/)
- マイクロソフト (http://www.microsoft.co.jp/)
- ヤフー (http://www.yahoo.co.jp/)
- ウィキペディア (http://ja.wikipedia.org/wiki/)
- StatCounter (http://gs.statcounter.com/)

監修者略歴

平澤　茂一（ひらさわ しげいち）

昭和13年、神戸生まれ。昭和36年、早稲田大学第一理工学部数学科卒業、昭和38年、同学部電気通信学科卒業。同年、三菱電機株式会社入社。昭和50年、大阪大学工学博士。昭和56年、早稲田大学理工学部工業経営学科（現創造理工学部経営システム工学科）教授。平成21年、早稲田大学名誉教授。同理工学研究所名誉研究員。同年、サイバー大学教授。平成24年、同大学客員教授、現在に至る。

平成6年、電子情報通信学会業績賞、小林記念特別賞受賞。平成13年、電子情報通信学会フェロー。平成20年、IEEE Life Fellow。著書に「理工系のための計算機工学」（昭晃堂）、「情報理論」、「符号理論入門」、「情報理論入門」、「コンピュータ工学」（いずれも培風館）などがある。

史上最強カラー図解
プロが教えるパソコンのすべてがわかる本

2012年7月10日　初版発行

監修者	平澤茂一（ひらさわしげいち）	Hirasawa Shigeichi, 2012
発行者	田村正隆	

発行所　株式会社ナツメ社
　　　　東京都千代田区神田神保町1-52　ナツメ社ビル1F（〒101-0051）
　　　　電話　03（3291）1257（代表）　　FAX　03（3291）5761
　　　　振替　00130-1-58661

制　作　ナツメ出版企画株式会社
　　　　東京都千代田区神田神保町1-52　ナツメ社ビル3F（〒101-0051）
　　　　電話　03（3295）3921（代表）

印刷所　ラン印刷社

ISBN978-4-8163-5248-5　　　　　　　　　　　　　　　Printed in Japan
〈定価はカバーに表示してあります〉
〈落丁・乱丁本はお取り替えいたします〉

本書の一部または全部を著作権法で定められている範囲を超え、ナツメ出版企画株式会社に無断で複写、複製、転載、データファイル化することを禁じます。